KB168732

easy BIM (구조편) 02

Revit 구조 모델링

본 서적에 대한 온라인 동영상 강의는 페이서(pacer.kr)에서 유료로 제공됩니다.

(교재 예제 및 배포 파일 https://m.cafe.naver.com/pseb)

easy BIM

02 구조편

Revit 구조모델링

페이서 킴 저

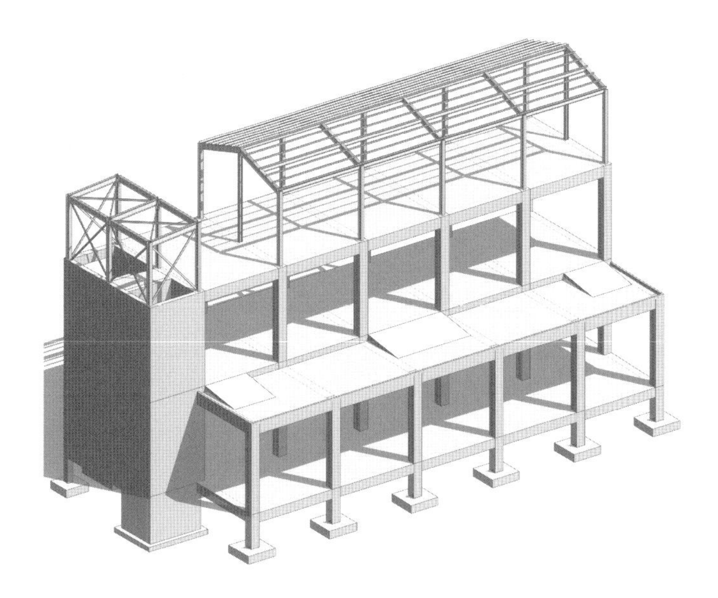

도서출판대가

머리말

최근 모든 산업계의 가장 큰 화두는 4차 산업혁명입니다. 이에 건축산업군에도 본격적으로 기술 도입이 시작되고 있습니다. 건설업계에서도 4차 산업혁명에 맞춰서 새로운 기술 도입이 가시화되고 있습니다.

미국과 유럽 등지에서 시작된 디지털 기술의 융합은 BIM(Building Information Modeling) 라는 새로운 용어를 만들었습니다.

3D의 도입은 다른 산업군에 비하면 굉장히 도입이 늦었다고 할 수 있습니다. 도입 초기에 예상과는 달리 제대로 사용하기 위해서는 높은 기회비용과 시간을 투자해야 한다는 것을 알게 되었습니다.

2000년 초반 도입 초기에는 많은 난관이 있었습니다. 건설업계의 요구와 실제 결과물의 비교를 통해서 많은 실무자들이 실망을 하기도 했습니다. 기존의 방식보다 저렴하지도 않고 많은 비용과 시간을 들인 결과물이 만족스럽지 않았기 때문이었습니다.

하지만 최근의 상황은 많이 변하고 있습니다. 많은 프로젝트가 파일럿 형태로 진행되고, 해외 프로젝트를 진행한 경험이 축적되면서 기술적으로 많은 발전을 하게 되었습니다. 조달청과 국토부의 계획에 따라 인력 양성 계획도 세워지면서 많은 실무자, 학생들이 이 분야에 관심을 가지게 되었습니다.
필자는 2010년 즈음에 처음으로 BIM이라는 분야를 접했습니다. 당시에 매우 놀랐던 기억이 있습니다. 실제로 사용하기까지는 몇 년이 지났지만 처음 느꼈던 느낌은 지금도 기억이 납니다.

BIM 툴 중에 대표적은 Revit을 접하면서 처음 느낌은 [어렵다.] 였습니다. 지금 이 순간에도 많은 분들이 독학을 하거나 혹은 학원, 직업 훈련 기관등을 통해서 학습을 진행하고 있을 것으로 생각합니다.

사용하면서 [조금 더 쉽게 알려줄 수는 없는가]에 대한 아쉬움이 있었습니다. 그러던 차에 좋은 기회가 와서 개인적으로 다수의 BIM 관련 프로젝트를 진행하게 되었습니다. 실무 경험을 살려 교육 기관에서 강사로 일하게 되었고, 기초부터 활용, 실무 과정 강의를 담당하면서 많은 고민을 했습니다.

조금 더 많은 분들이 쉽게 배울 수 있는 방법을 고민했고 카페, 유튜브 등의 채널을 운영하면서 받은 질문을 토대로 easy BIM 시리즈를 계획하게 되었습니다.

많은 분들이 쉽게 이해하고 사용하는 것에 중점을 두고 책을 만들었습니다.

페이서(Pacer.kr) 웹사이트를 통해 본 교재의 상세한 학습 내용을 동영상 강의로 만들었습니다. 필요한 사람들은 참고하길 바라며, 페이서(pacer.kr) 공식인증교재로 본서의 강의는 페이서 웹사이트에서 확인해 볼 수 있다. 이 책 출판에 도움을 준 도서출판대가 김호석 대표님과 세 명의 페이서 운영진(장종구, 이동민, 김재호)에게도 진실된 감사 인사를 전합니다.

저자

페이서 킴

Contents

08

RC Practice example

09

ST Practice example

easy BIM (구조편) 02

Revit 구조모델링

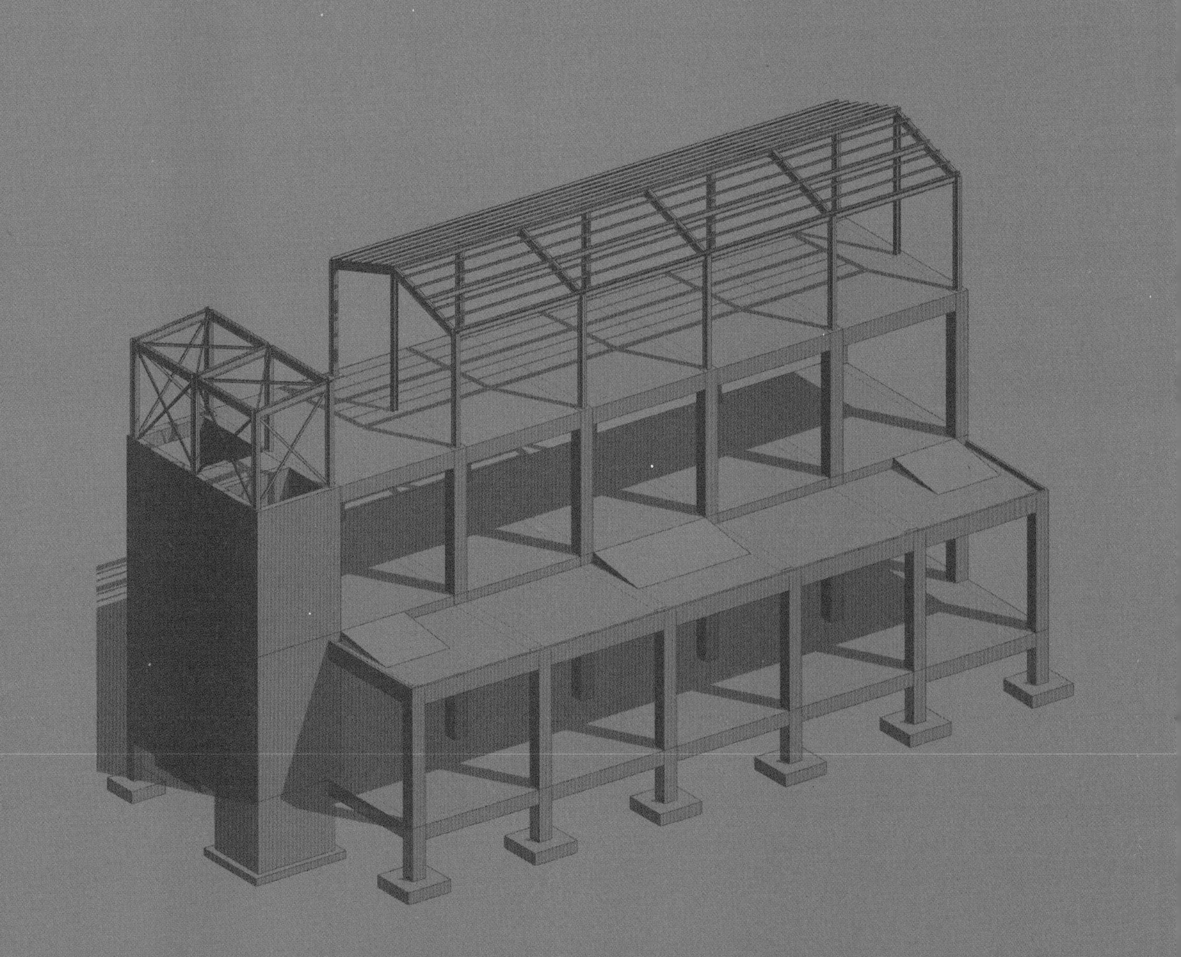

01 이 교재를 공부하기 위한 준비

- 사용하는 Revit 버전은 2016 이상입니다.
- 이 교재는 기초편을 다루고 있지 않습니다.
- 기초편 교재를 학습한 후 이 교재를 보는 것을 추천합니다.
- 이 교재에서 주로 다루는 내용은 RC 구조, ST 구조 등의 학습과 작도법을 담고 있습니다.
- 교재 앞의 설명 부분과 제공하는 예제의 모델링을 통해서 학습에 도움이 되기를 바랍니다.

02 프로젝트 구성

- 기본 학습서와 기초 예제를 통해서 프로젝트 탐색기의 기본 구성을 학습했습니다.
- 이번에 다루는 내용은 프로젝트 매개변수를 직접 적용시키는 방법을 학습합니다.
- 이 장을 통해서 프로젝트 탐색기를 원활하게 구성하는 방법을 학습합니다.

2.1 프로젝트 매개변수

- 프로젝트 매개변수를 만드는 이유는 여러 가지가 있습니다.
  그중에서 가장 큰 이유는 작업의 분류가 쉽기 때문입니다.
- 건축, 구조, 설비 등의 부분을 사용자별로 공종별로 분리해서 작업의 효율을 올릴 수 있습니다.
- 만드는 순서는 프로젝트 매개변수를 추가하고 탐색기 설정을 통해서 작업에 반영할 수 있습니다.

① Revit을 실행합니다. 새로 만들기 명령을 실행합니다.

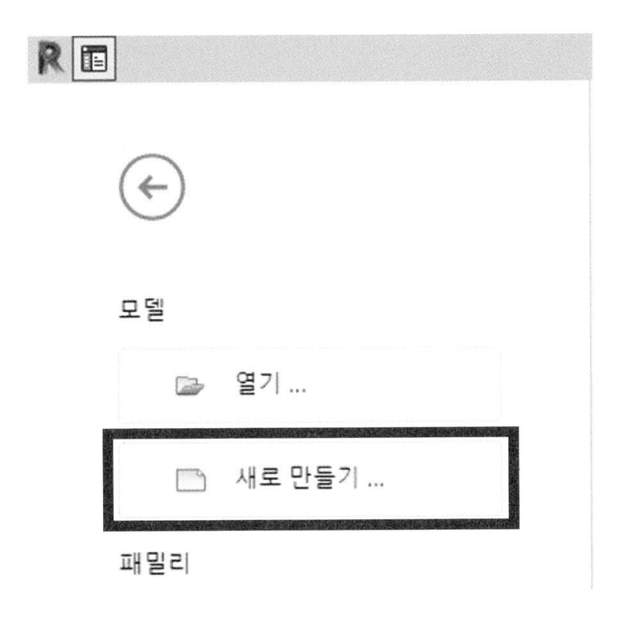

② 새로운 작업을 위해서 건축 템플릿을 선택합니다. (구조 작업의 경우도 건축 템플릿을 사용합니다.)

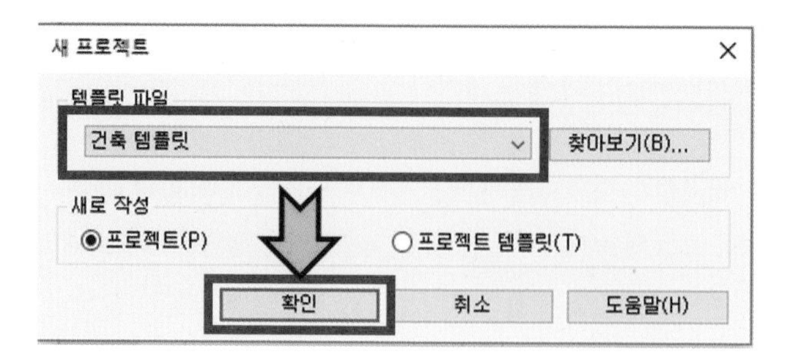

③ [관리] 탭의 프로젝트 매개변수를 실행합니다.

④ 프로젝트 매개변수 대화상자에서 새로운 매개변수를 지정하기 위해서 [추가]를 선택합니다.

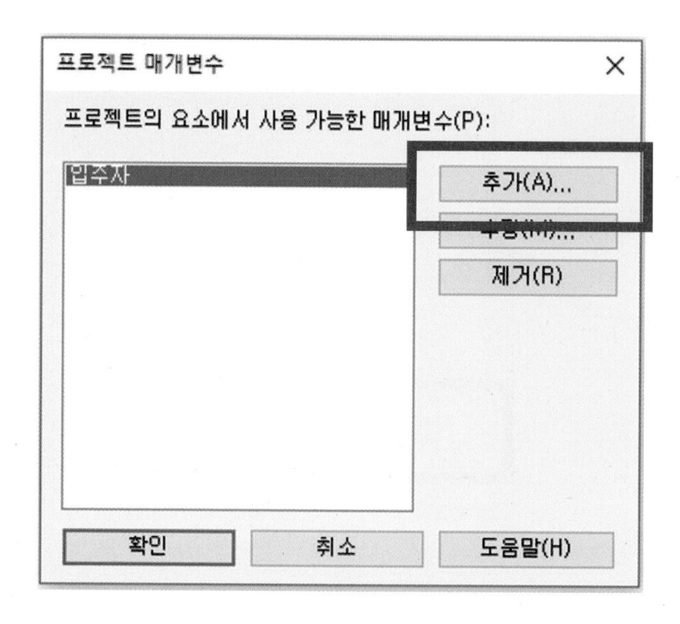

⑤ 매개변수 특성을 지정할 경우 이름은 [작업자]로, 유형은 [문자], 그룹은 [ID 데이터]를 지정합니다. 카테고리는 작업자의 작업 영역을 지정하는 것으로 모두 선택을 지정합니다.

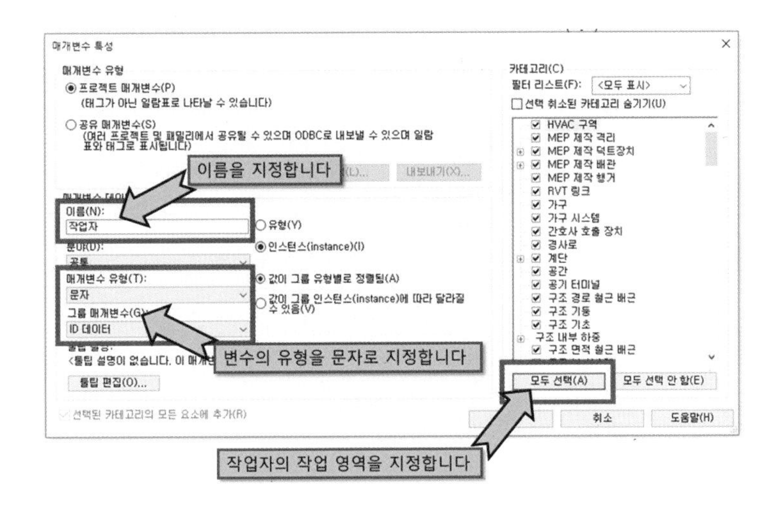

⑥ 작업자와 매개변수 그룹은 아래와 같이 적용됩니다.

- 작업자 : ID 데이터의 작업 항목입니다.
- 매개변수 유형 : 위의 작업자 항목을 질문으로 생각했을 때 답변의 형식을 뜻합니다.
- ID 데이터 : 작업 그룹을 지정합니다.

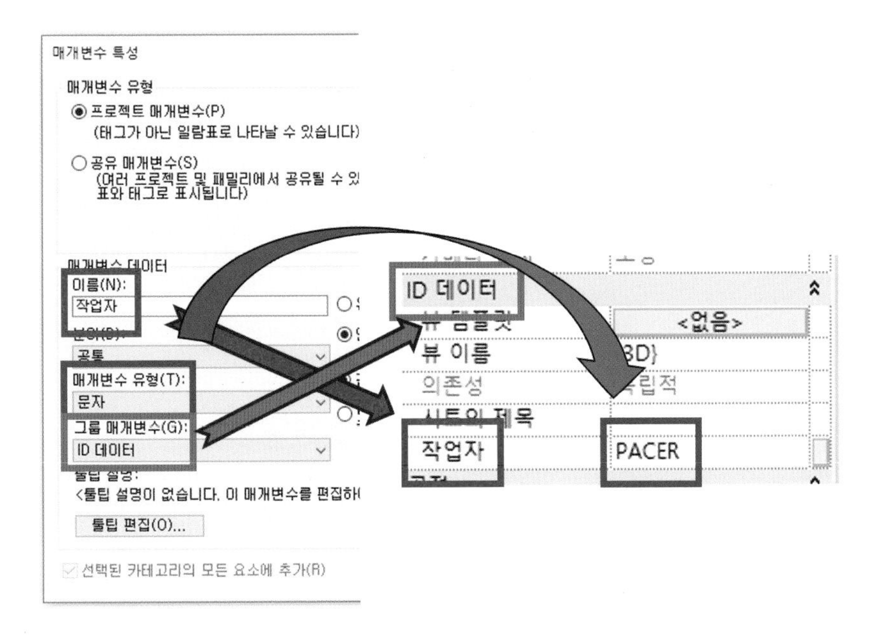

⑦ 새롭게 추가된 [작업자] 항목을 선택 후 확인을 선택합니다.

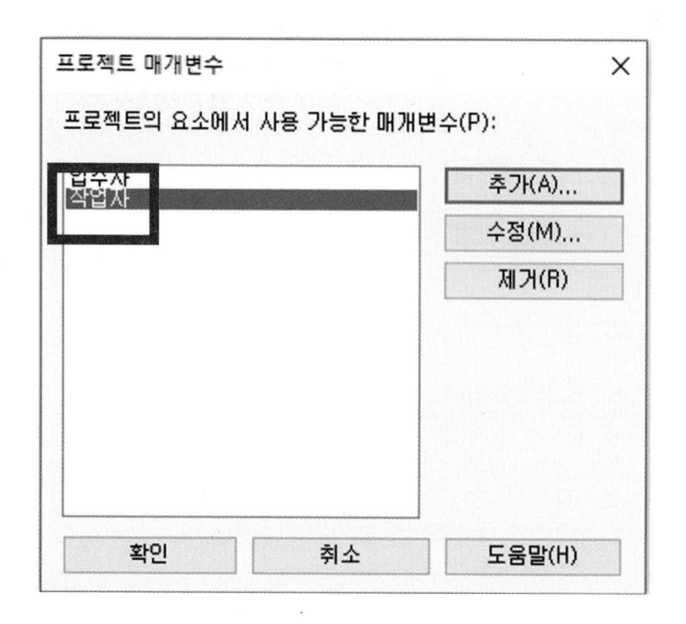

⑧ 특성 창에서 새롭게 추가된 항목을 확인할 수 있습니다.

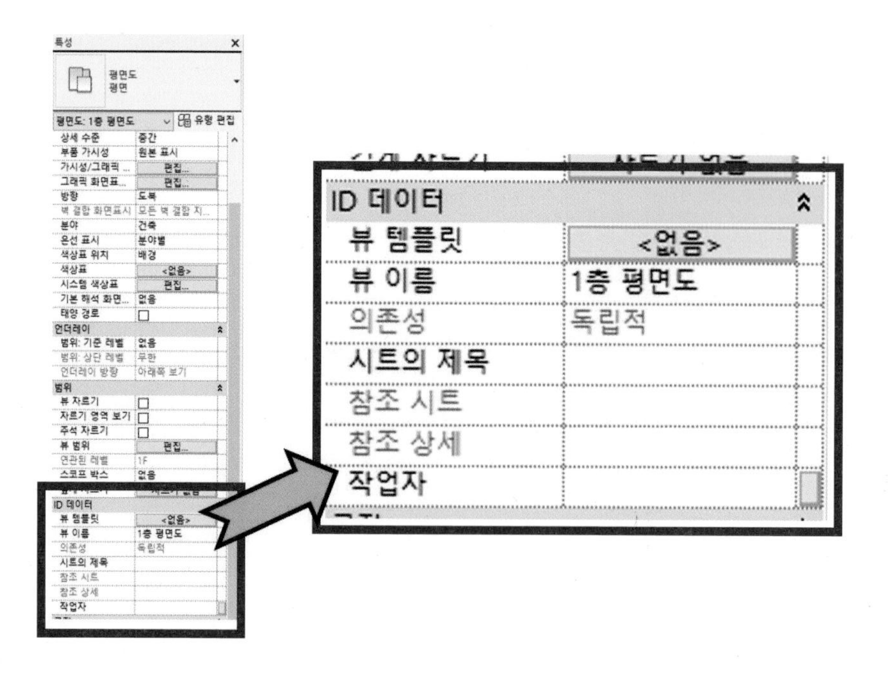

2.2 프로젝트 탐색기 구성

- 앞선 교재편에서의 프로젝트 탐색기 설정에서 한 가지 설정이 추가됩니다.
- [작업자] 항목을 추가해서 구성을 합니다.
- 건축과 구조, 그리고 작업자를 추가할 수 있습니다.

① 프로젝트 탐색기에서 뷰 이름을 선택 후 마우스 우 클릭을 합니다.

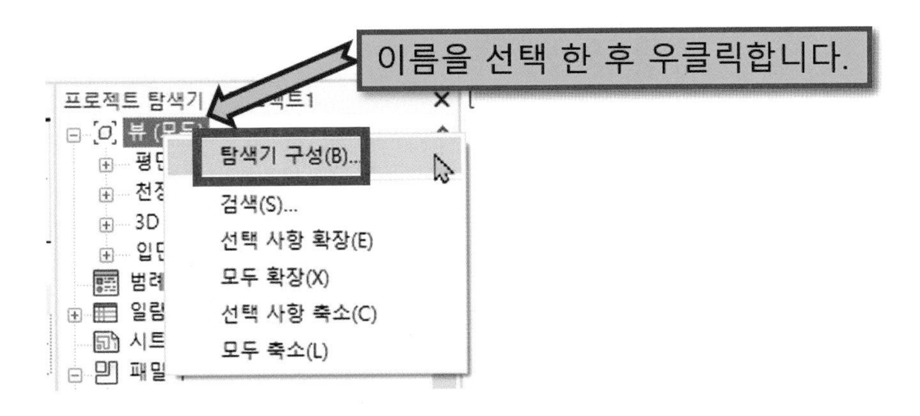

② 탐색기 구성 항목에서 [새로 만들기]를 선택합니다.

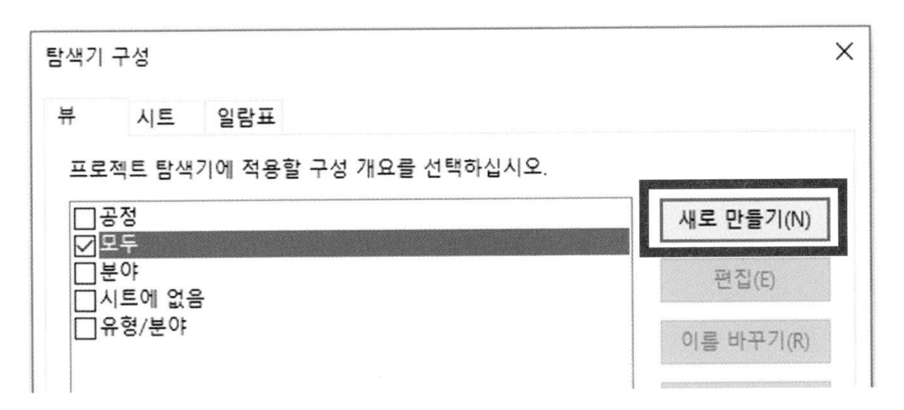

③ 이름은 프로젝트 명으로 지정합니다.

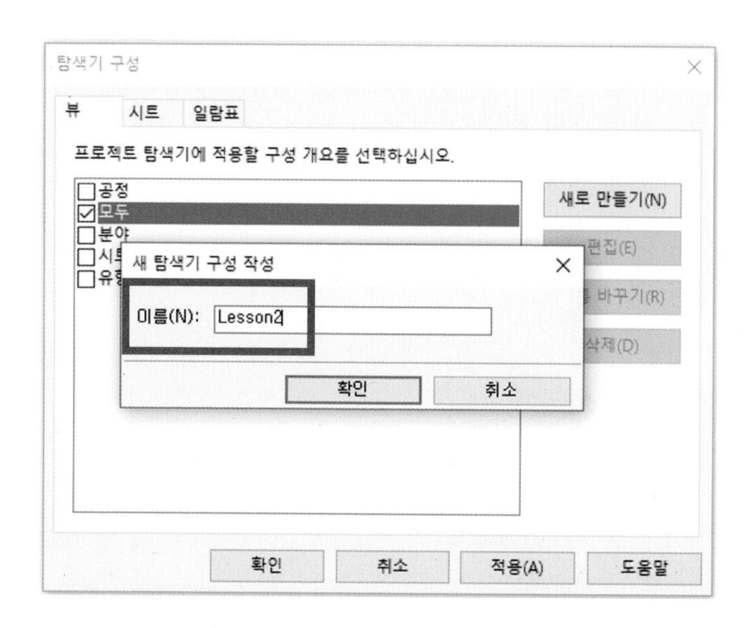

④ 그룹화 및 정렬 기준에서 1번째 항목은 [작업자], 2번째는 [분야], 3번째는 [패밀리 및 유형], 그룹화는 [연관된 레벨]로 설정합니다.

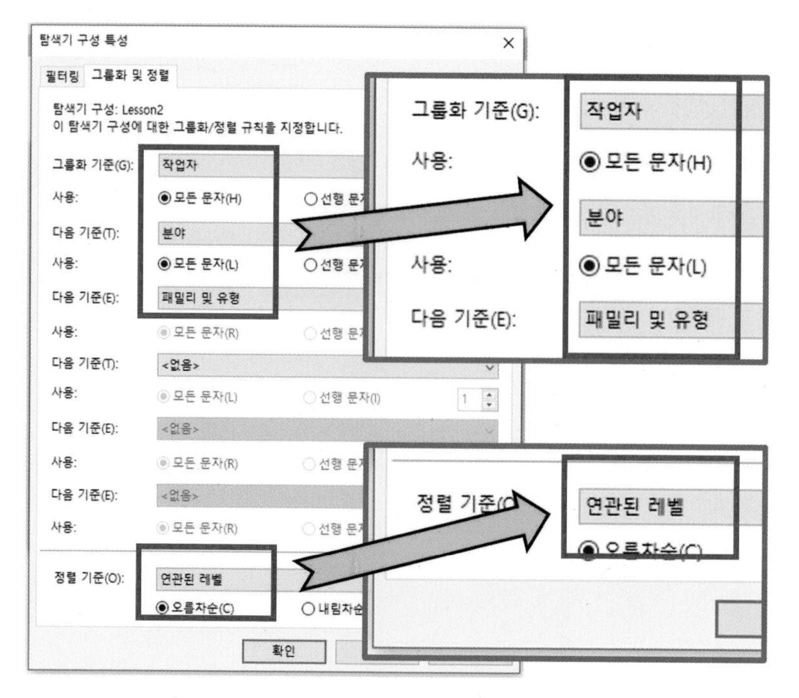

⑤ 새로 생성된 프로젝트 명을 선택한 후 확인을 선택합니다.

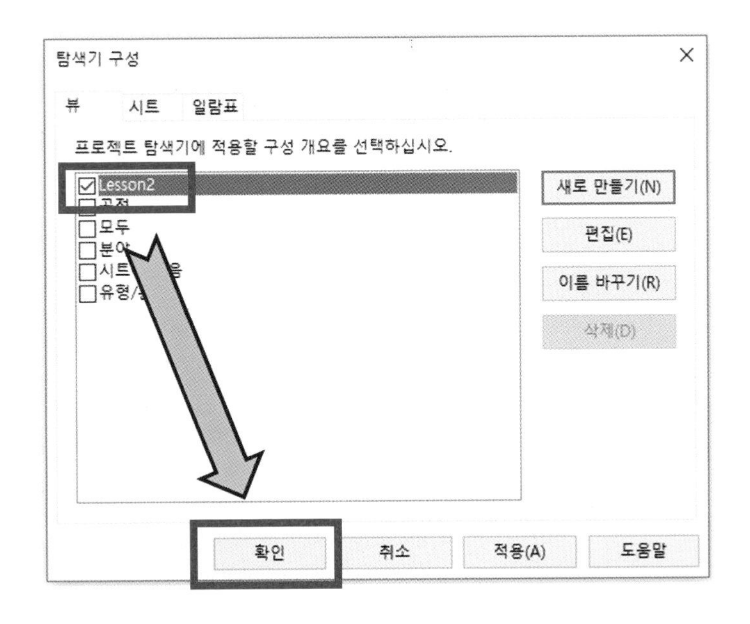

⑥ 프로젝트 탐색기의 뷰를 열어 리스트를 확인합니다. 1층 평면도를 선택한 후 키보드의 Shift를 누른 상태에서 남측면도까지 모든 뷰를 선택합니다. (평면은 선택하지 않습니다.)

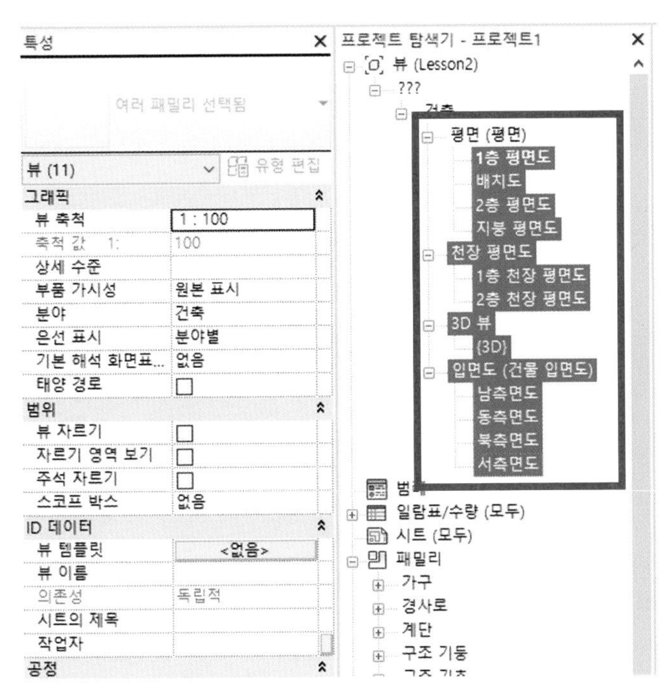

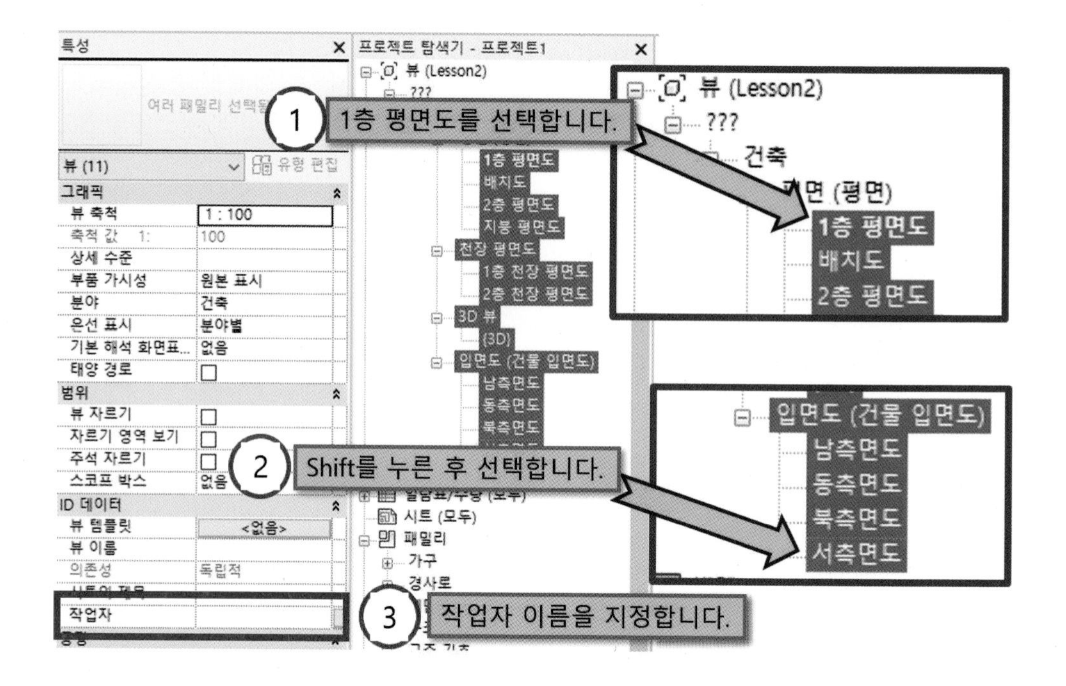

⑦ 특성 탭의 작업자를 지정합니다. (작업자의 이름 영문 이니셜, ID 번호 등을 입력합니다.)

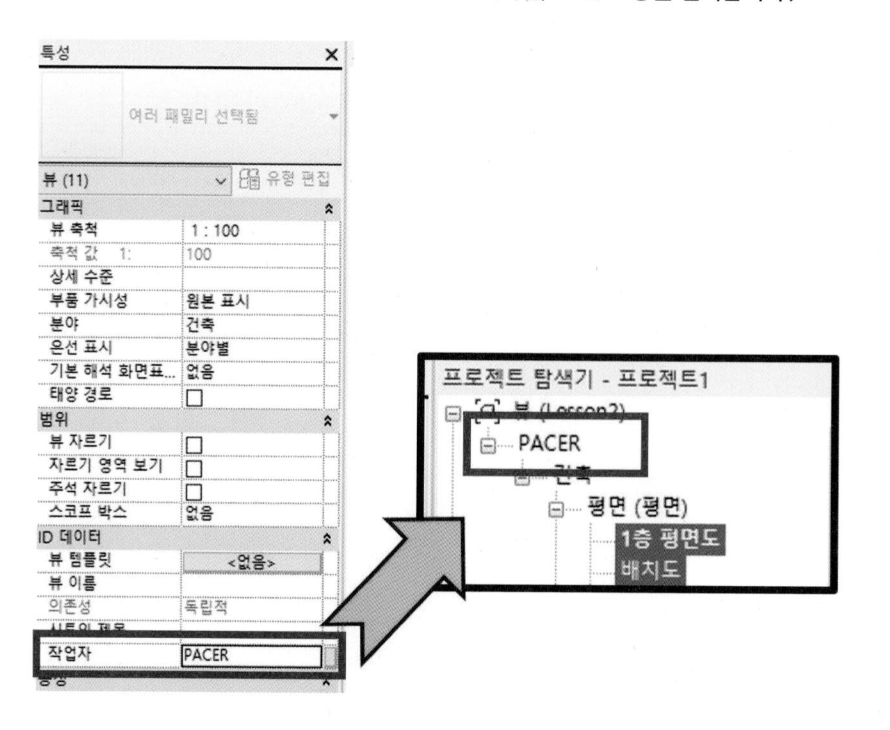

⑧ 배치도를 선택 한 후 작업자를 [00.DWG]로 변경합니다.

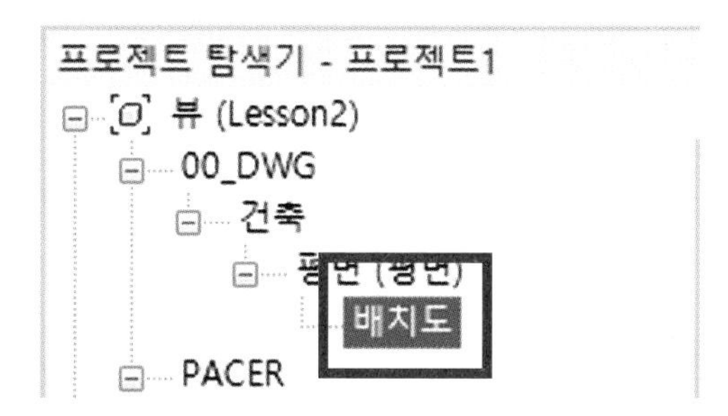

⑨ 프로젝트 탐색기에서 사용하지 않는 평면도와 천정 평면도를 삭제합니다.

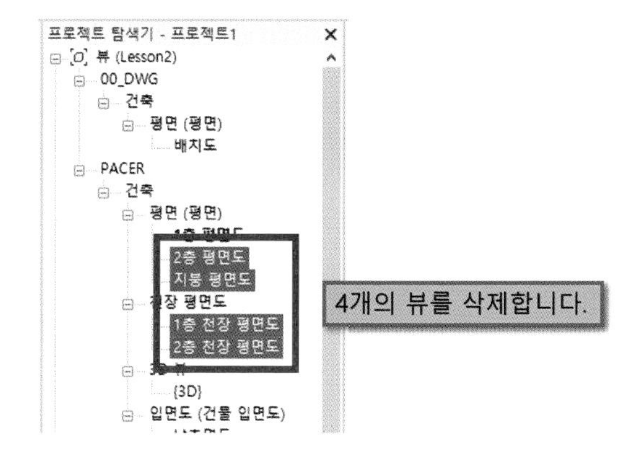

⑩ 아래와 같이 작성된 프로젝트 탐색기를 확인합니다.

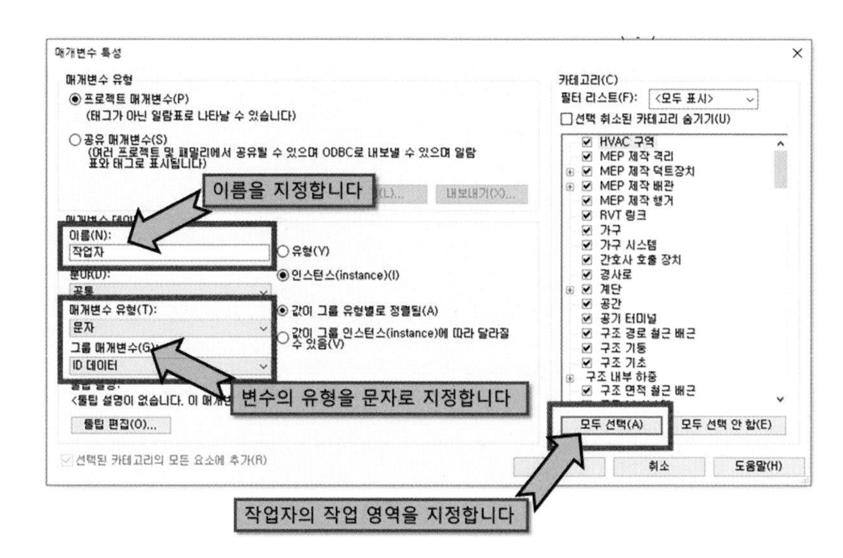

03 레벨 및 그리드 구성

- Revit을 이용한 설계나 프로젝트 진행 시에 제일 먼저 선행되는 작업이 레벨과 그리드 작성입니다.
- 다른 명령에 비해 비교적 간단하지만 주의 사항이 있습니다.
- 레벨을 먼저 작업 후 그리드를 작성해야 한다는 점입니다.
- 아래에서 차이점을 비교할 수 있습니다.

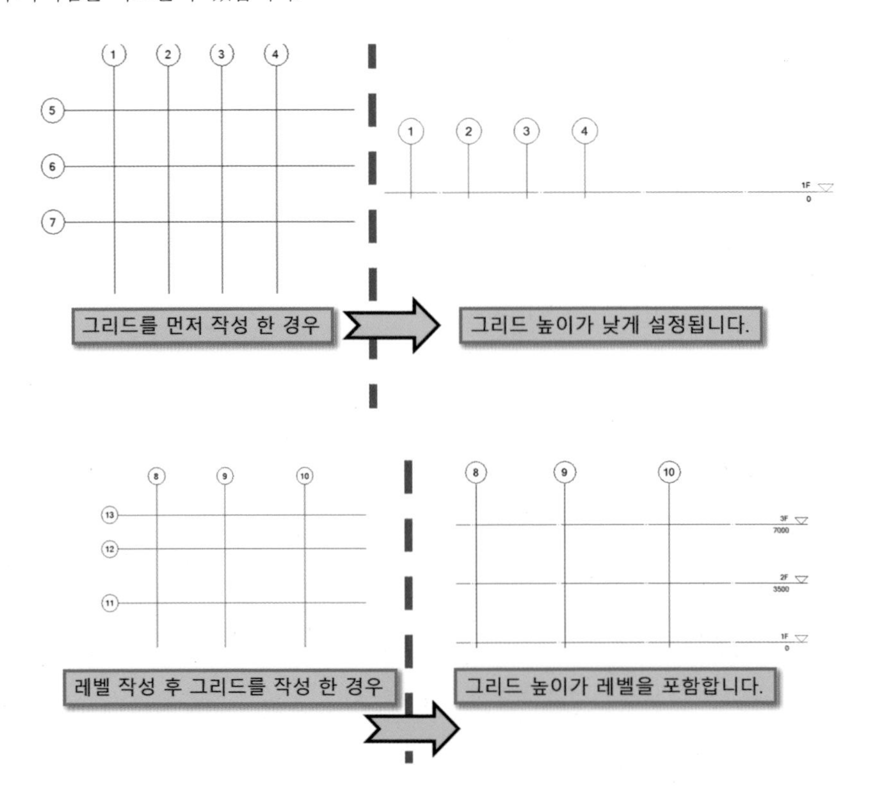

- 항상 레벨을 먼저 작성 후 그리드를 작성합니다.

3.1 레벨 작성

- 레벨은 앞서 다룬 내용에서 추가로 진행을 합니다.
- Revit에서 레벨 설정은 남측면도를 기준으로 작성합니다.
  사용되는 도면은 남측면도, 단면도를 사용합니다.

[기본 레벨 작성]

① 프로젝트 탐색기 목록에서 남측면도를 더블 클릭합니다.

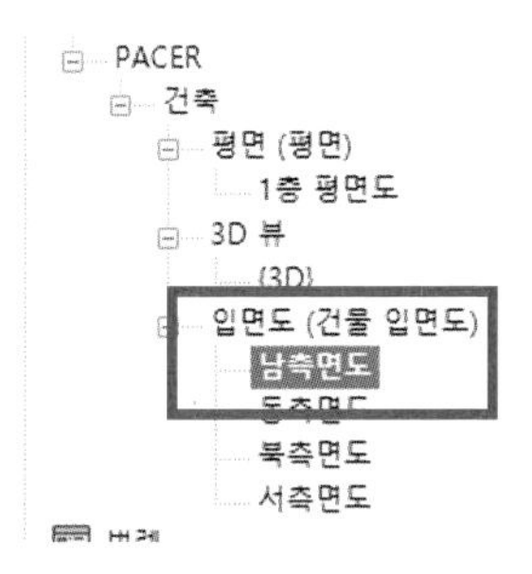

② 기본 설정되어 있는 2층과 지붕 레벨을 삭제합니다.
새로운 레벨을 복사해서 사용하기 위해 삭제합니다.

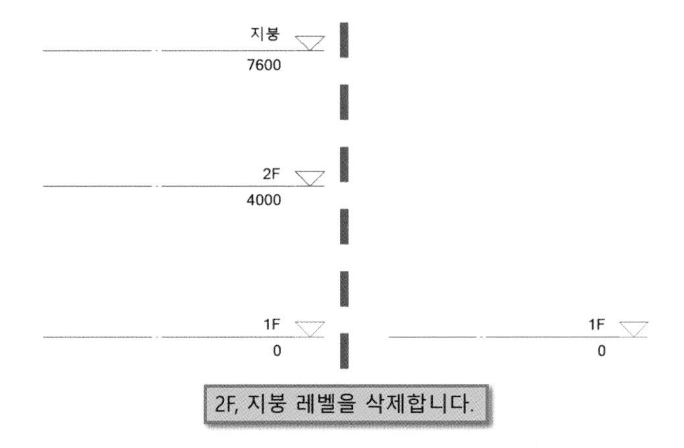

③ 프로젝트 탐색기의 뷰의 이름과 남측면도에서 나타나는 뷰의 이름을 FL.GL로 변경합니다.

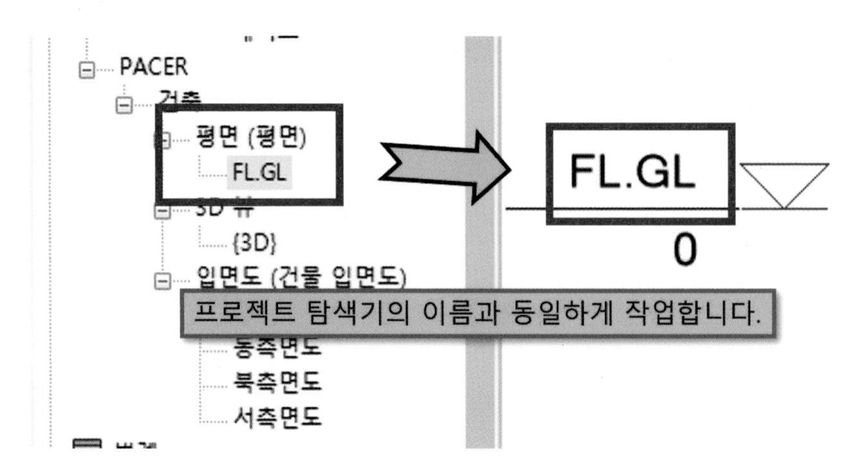

④ [FL.GL] 레벨선을 선택한 후 [COPY] 명령을 실행합니다. ([COPY] 단축키는 [CO]입니다.)

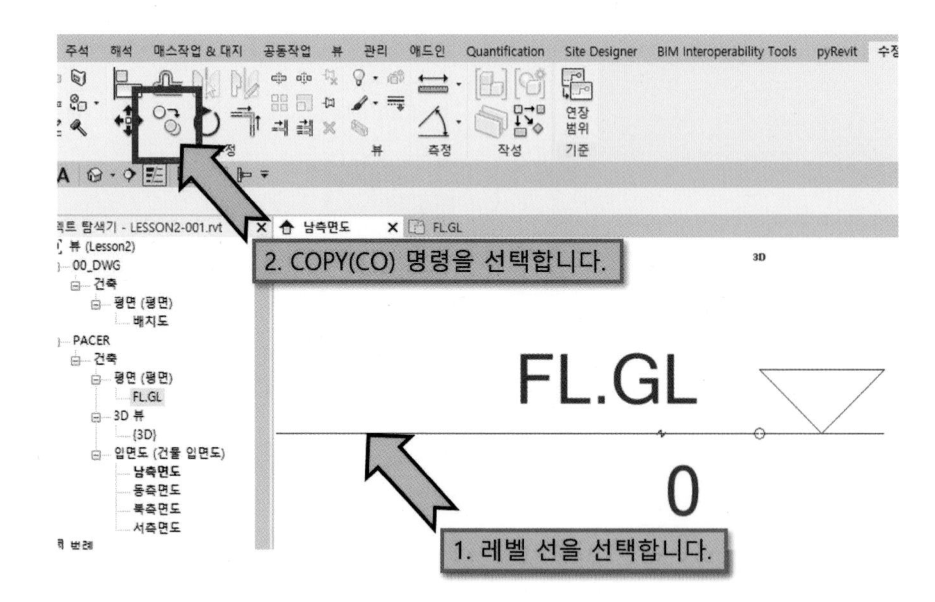

⑤ 구속과 다중을 체크합니다. (프로젝트 진행을 할 경우 최초 1번만 선택합니다.)

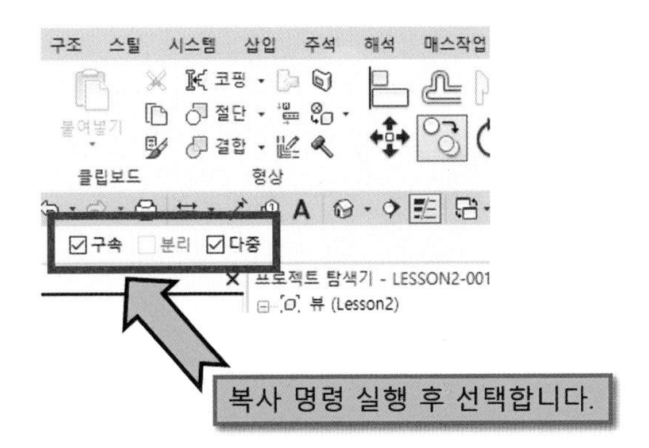

⑥ 1번째 레벨 라인 선상 임의의 지점에 시작점을 선택합니다. 마우스를 수직으로 이동시킨 후 원하는 높이 값을 입력합니다.

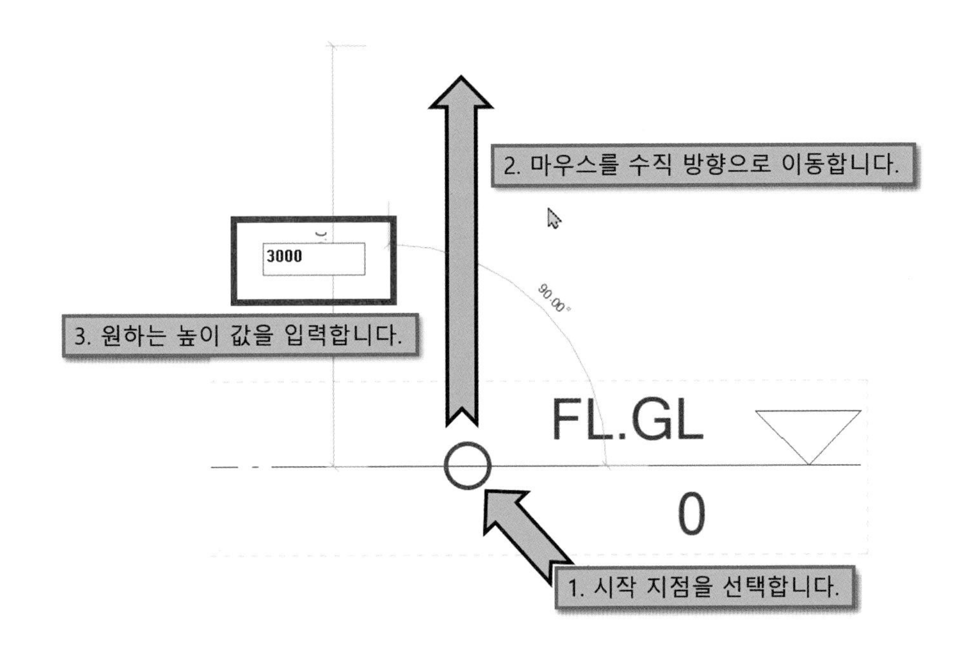

⑦ 여러 레벨을 작성할 경우 복사된 레벨 이름을 아래와 같이 변경합니다.

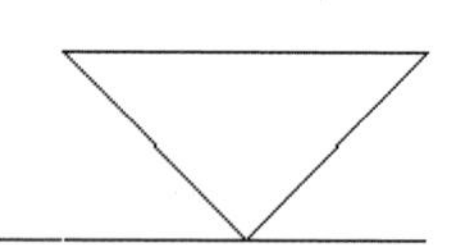

⑧ 그리고 복사 명령을 사용해서 복사를 진행합니다. Revit의 경우 문자열 끝을 기준으로 순서대로 작성이 됩니다. 끝 자리가 [01]이면 02, 03, 04 이런 식으로 이름이 작성됩니다.

FL.03
9000

FL.02
6000

FL.01
3000

FL.GL
0

[고도 값, 엘보 적용]

① 남측면도에서 원하는 레벨의 아래에 위치한 레벨 값을 두 번 클릭해서 선택합니다.
원하는 고도 값을 입력합니다. (150을 입력합니다.)

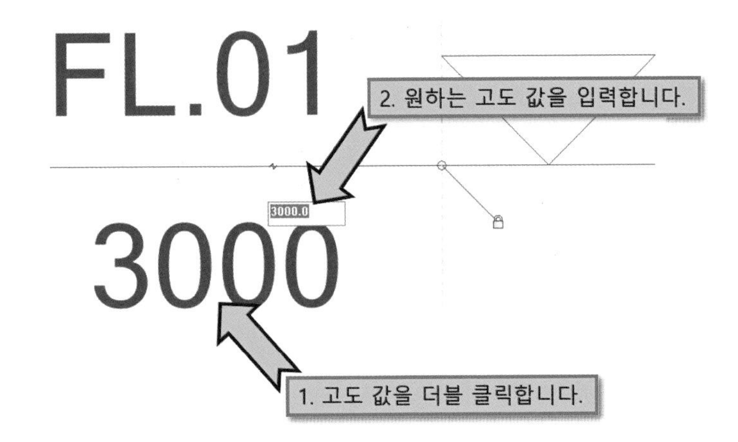

② 아래와 같이 레벨이 겹친 것을 확인 할 수 있습니다.

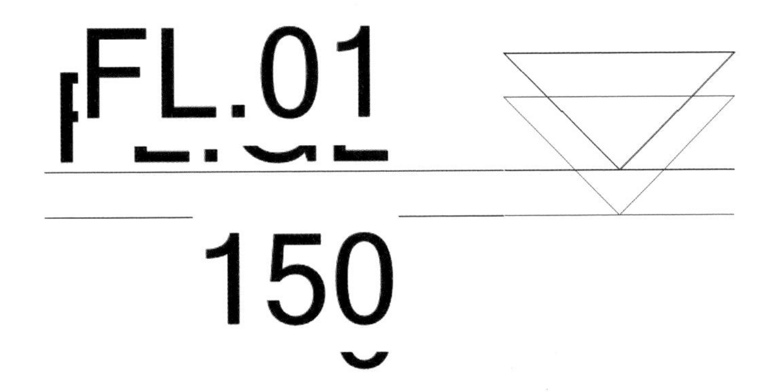

③ 위와 같이 필요한 레벨들이 겹쳐 있을 경우 엘보를 사용할 수 있습니다.

④ 레벨 [FL.GL]을 선택합니다. 레벨 선상에 있는 엘보 기호를 선택합니다.

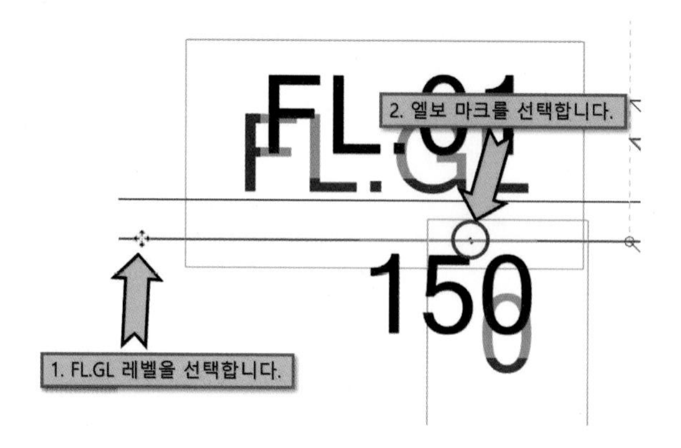

⑤ 정점을 선택한 후 드래그합니다.

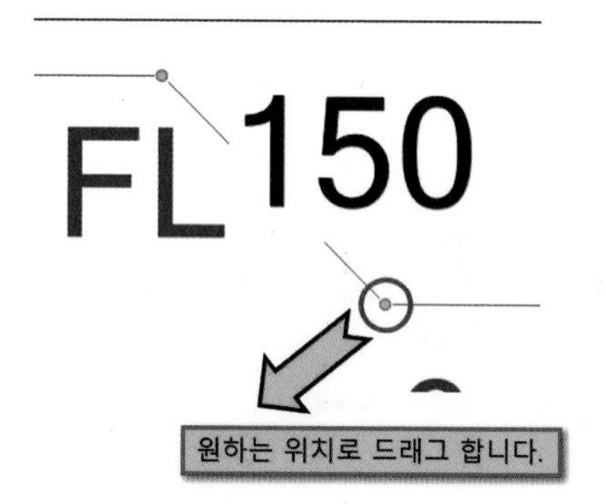

⑥ 원하는 위치로 이동합니다.

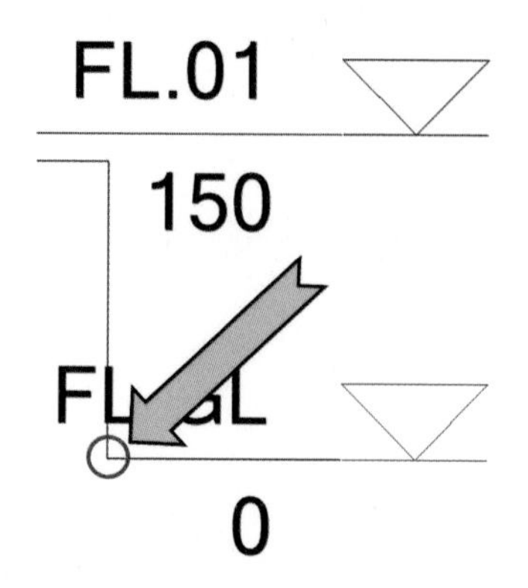

[레벨 반영하기]

① 작성된 뷰는 바로 프로젝트 탐색기에 등록이 되지는 않습니다.

② 새롭게 생성된 뷰는 [뷰] 탭을 이용해서 탐색기에 등록할 수 있습니다.

③ [뷰] 탭의 평면도 명령을 실행합니다. 풀 다운 명령 안에 평면도 명령이 별도 있습니다.

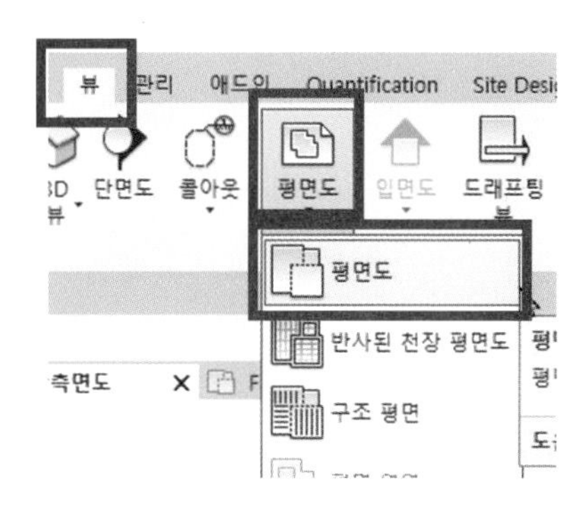

④ 생성된 모든 뷰를 선택, 확인을 입력합니다.

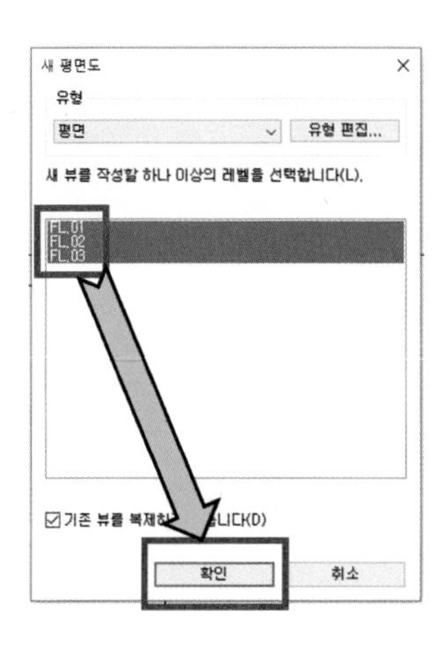

⑤ 프로젝트 탐색기를 보면 [???]로 나타나는 부분이 있습니다.
새롭게 생성된 뷰는 작업자가 지정이 안 되어 있어 모두 [???] 뷰 안으로 포함이 됩니다.

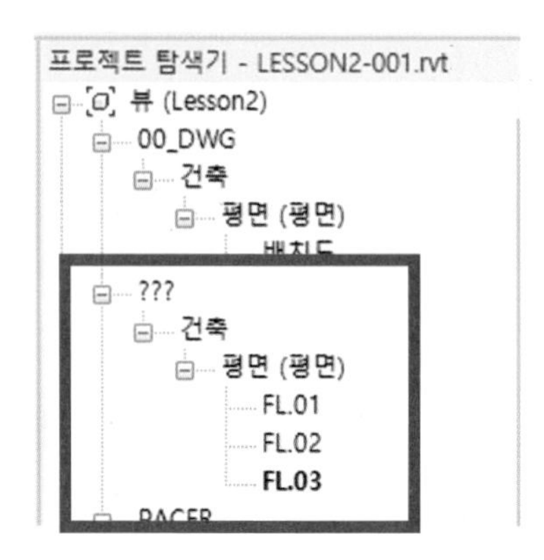

⑥ 생성된 뷰를 모두 선택 한 후 작업자를 지정합니다.

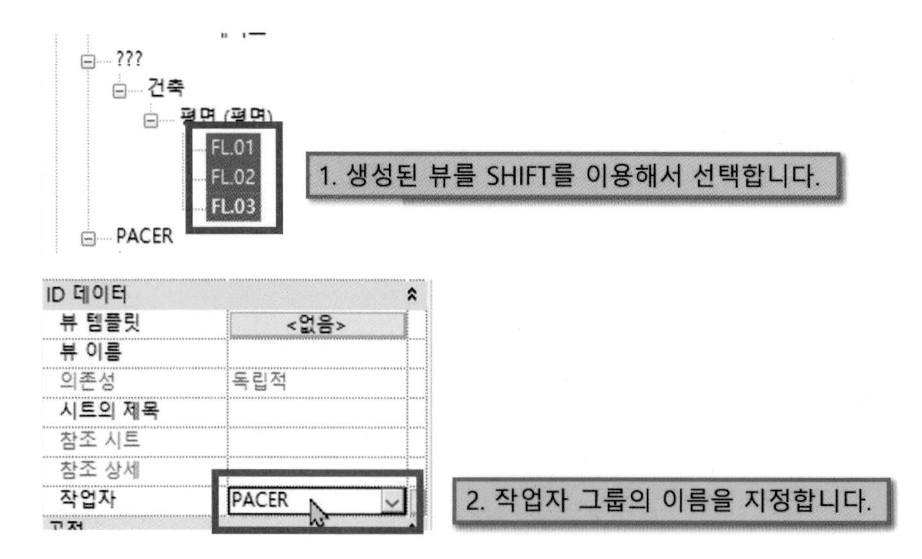

⑦ 탐색기 구성이 완료된 것을 확인할 수 있습니다.

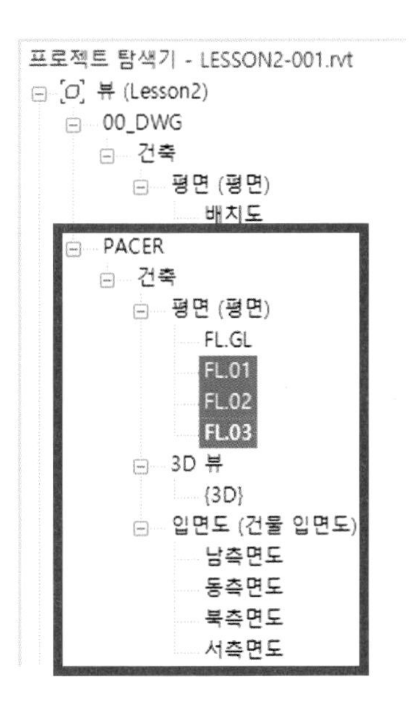

3.2 그리드 작성

- 그리드 작성은 레벨 작업이 끝난 후 진행합니다.
- 수직 그리드의 경우 아래에서 위로 작성합니다.
- 수평 그리드의 경우 우측에서 좌측으로 작성합니다.
- 그리드 간격을 3000으로 수직, 수평 그리드를 작성해보겠습니다.

① [1층 평면도] OR [FL.GL] 레벨로 이동합니다.

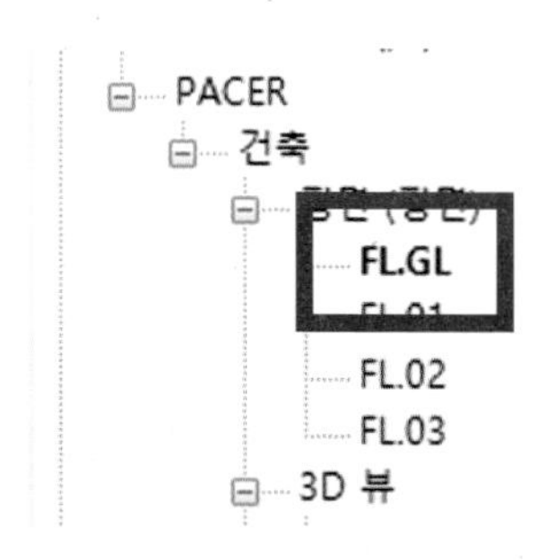

구조, 건축에 있는 그리드를 선택합니다. 단축키는 [GL]입니다.

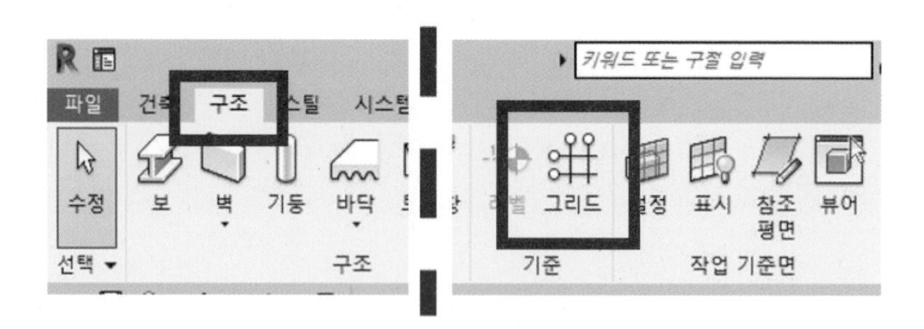

② 시작점을 좌 클릭합니다. 마우스를 수직으로 이동시킨 후 두 번째 지점을 좌 클릭합니다.
(이때 그리드 선의 길이는 생각보다 길게 그리는 것을 추천합니다.)

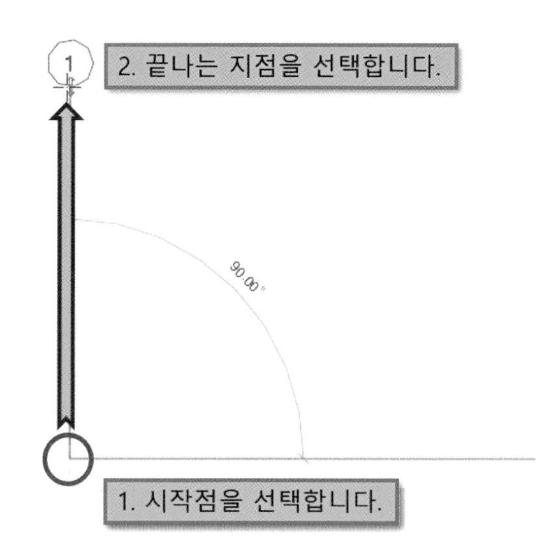

③ 그리드 헤드의 숫자를 더블 클릭합니다. 헤드의 이름을 [X1]으로 변경합니다.

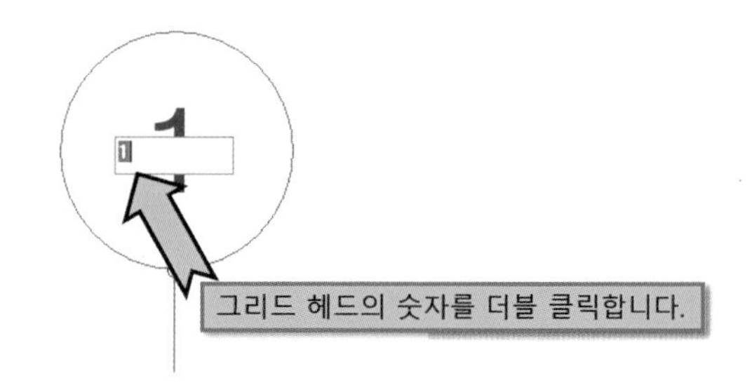

④ 복사 명령을 이용해서 3000 간격으로 3개를 만들어 줍니다.

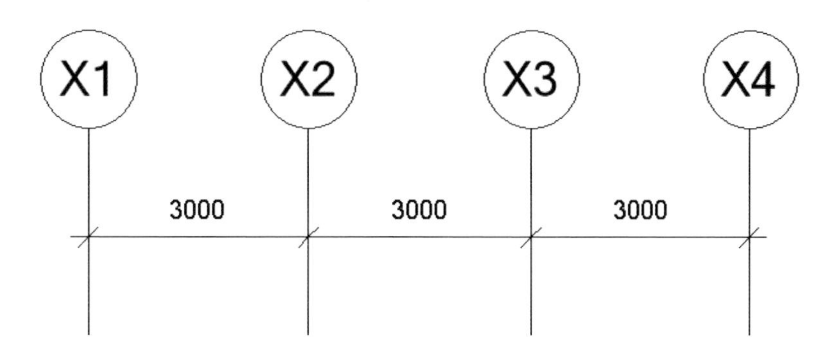

⑤ 같은 방법을 이용해서 가로도 만들어 봅니다.

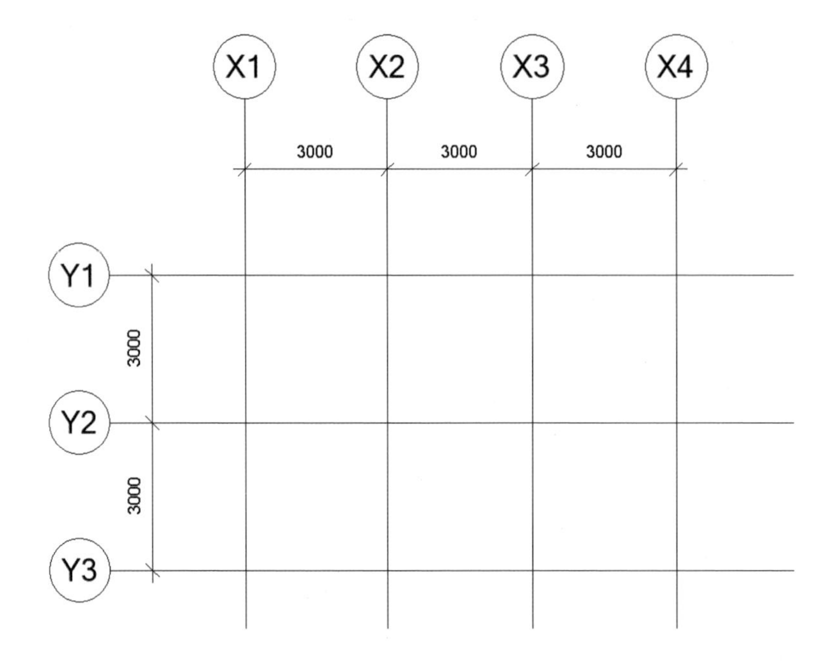

⑥ 남측면도와 동측면도로 각각 이동해서 그리드의 길이를 수직방향으로 늘여줍니다.
(남측은 북측과 연계되고 동측은 서측과 연계됩니다.)

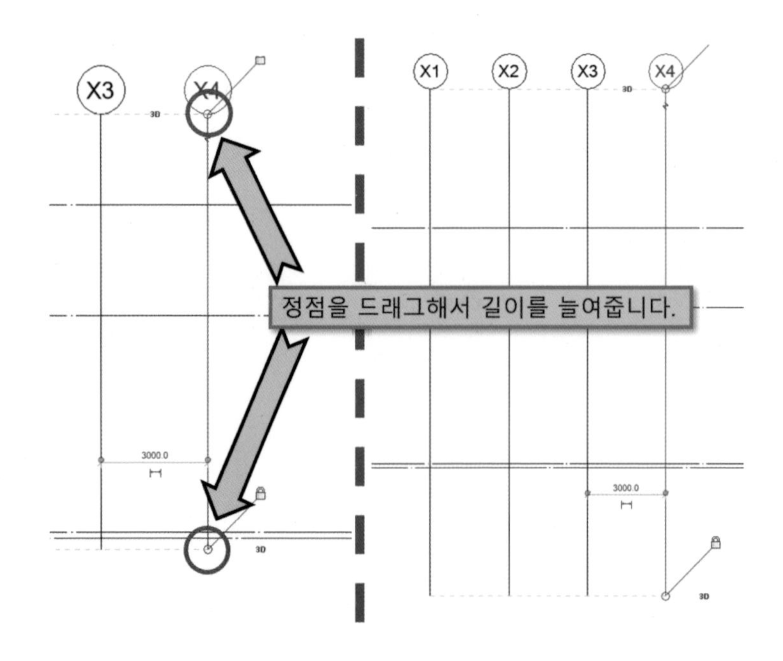

⑦ 아래와 같이 남측면도와 동측면도에 그리드를 적용시킵니다.

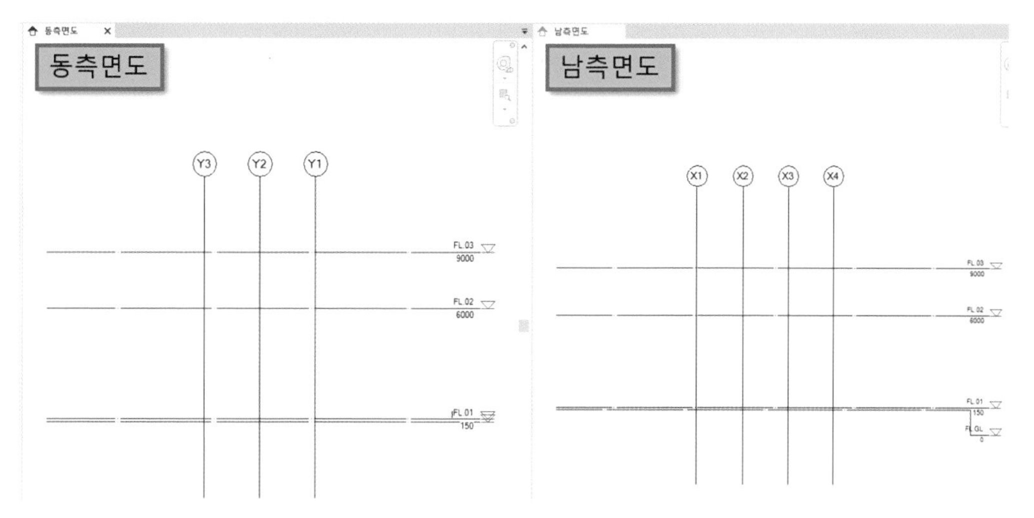

04 뷰의 활용

- Revit은 프로젝트를 진행하면서 뷰의 범위를 조정하는 경우가 많습니다.
- 평면은 뷰 범위와 자르기 범위 등을 이용해서 적용합니다.
- 입면, 단면의 경우 별도의 기능을 통해서 제어할 수 있습니다.

4.1 뷰 범위

[자르기 영역, 자르기 영역 표시]

- 자르기 영역과 영역 표시 기능은 모든 뷰에 사용되지만 특히 [평면뷰]에서 많이 사용이 됩니다.

① 먼저 제공되는 예제 파일[L02-04-01.rvt]을 열어 봅니다.

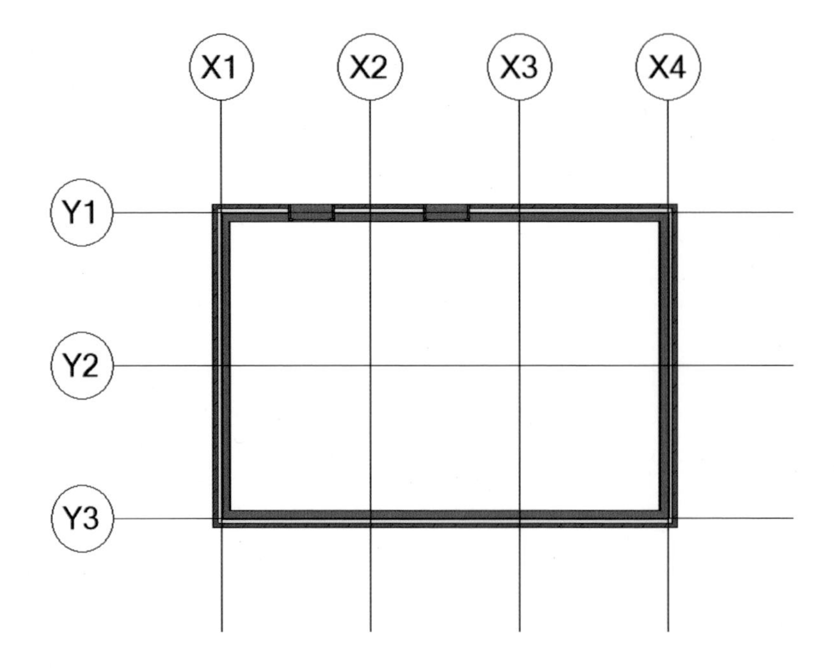

② 자르기 영역과 관련한 아이콘은 아래 이미지를 참고합니다.

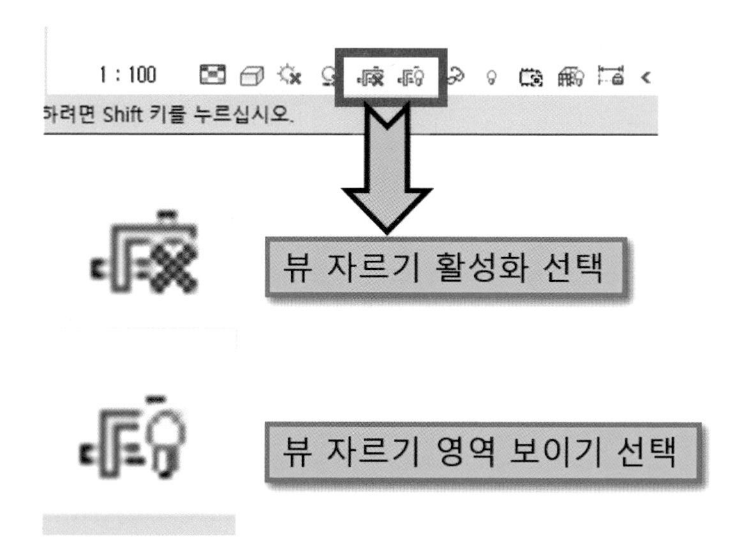

③ 두 개의 명령이 활성화가 되면 화면에 자르기 영역이 표시가 됩니다.

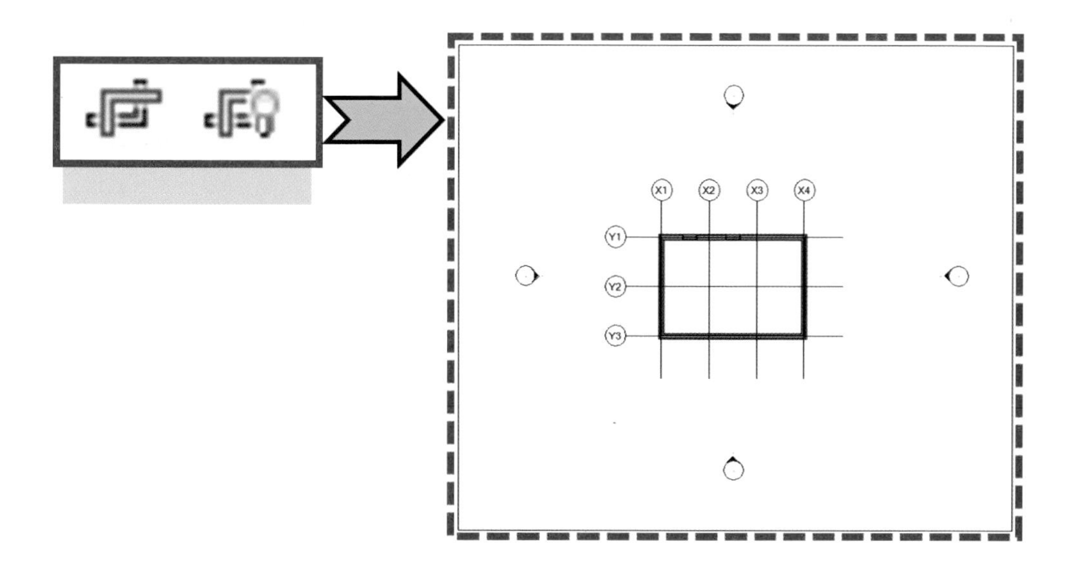

④ 영역의 가이드라인을 선택하면 정점이 나타납니다.
정점을 아래와 같이 이동시키면 화면이 잘리는 것을 확인할 수 있습니다

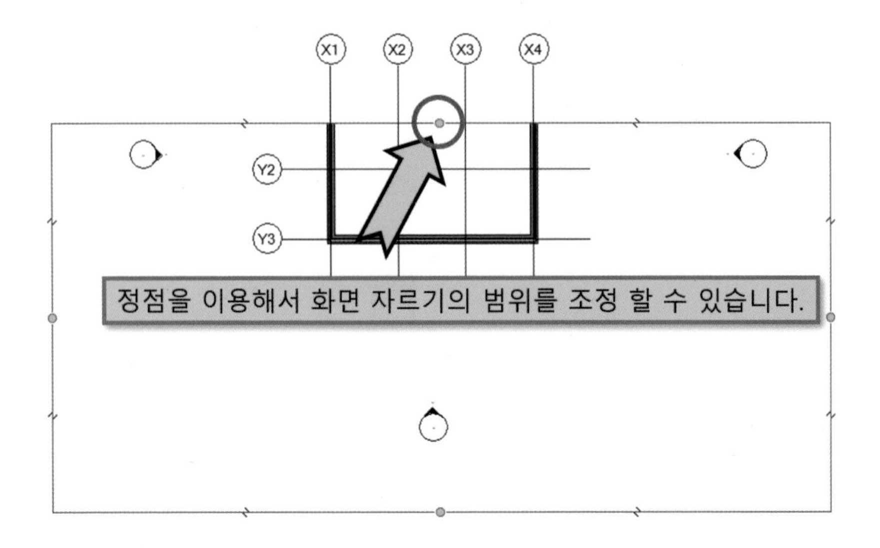

⑤ 영역표시를 OFF할 경우 자르기 영역을 나타내는 가이드 라인이 숨겨집니다.

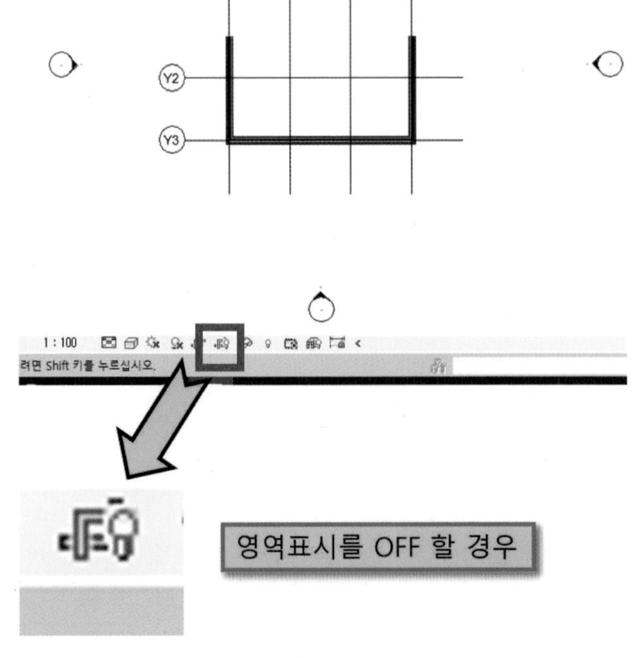

⑥ 자르기를 비활성화하면 원래 상태로 되돌아옵니다.

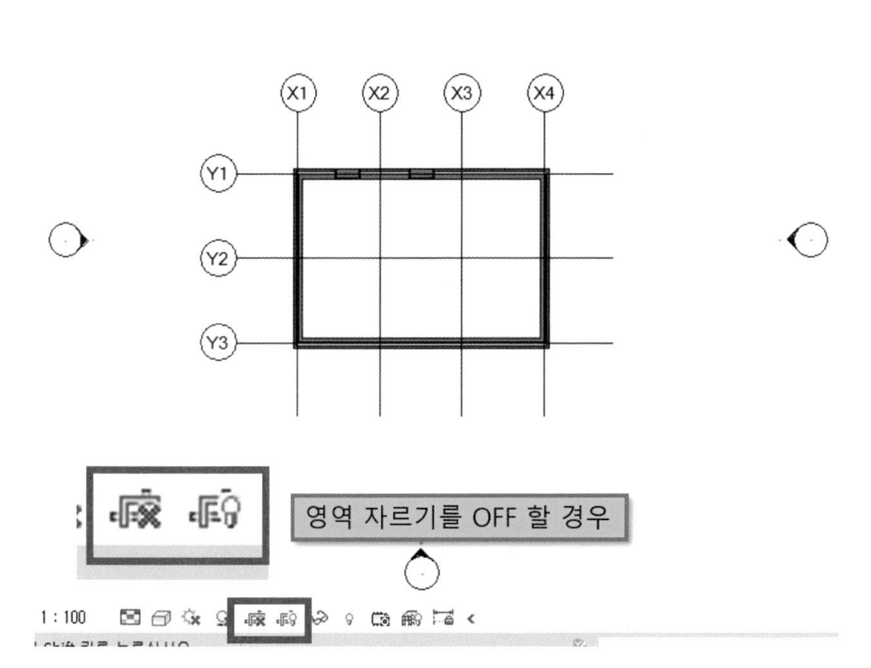

[뷰 범위]

- 뷰 범위는 평면과 천장 평면도에 적용됩니다.
- 용어에 대한 이해가 필요합니다.
- 먼저 현재 작업하고 있는 평면을 1층으로 한정합니다.

■ 상단 : 1층 바닥에서부터 상부 기준 높이입니다.

■ 절단 기준면 : 평면도 기준입니다. 바닥에서 1200은 건축에서 평면도의 기준 높이와 같습니다.

■ 하단/레벨 : 하단으로 보이는 깊이 값입니다. 이 두 개의 기능에 대한 자세한 설명은 건축편에서 다루도록 하겠습니다. 이번 장에서는 두 개의 높이는 항상 같다고 이해하시기 바랍니다.

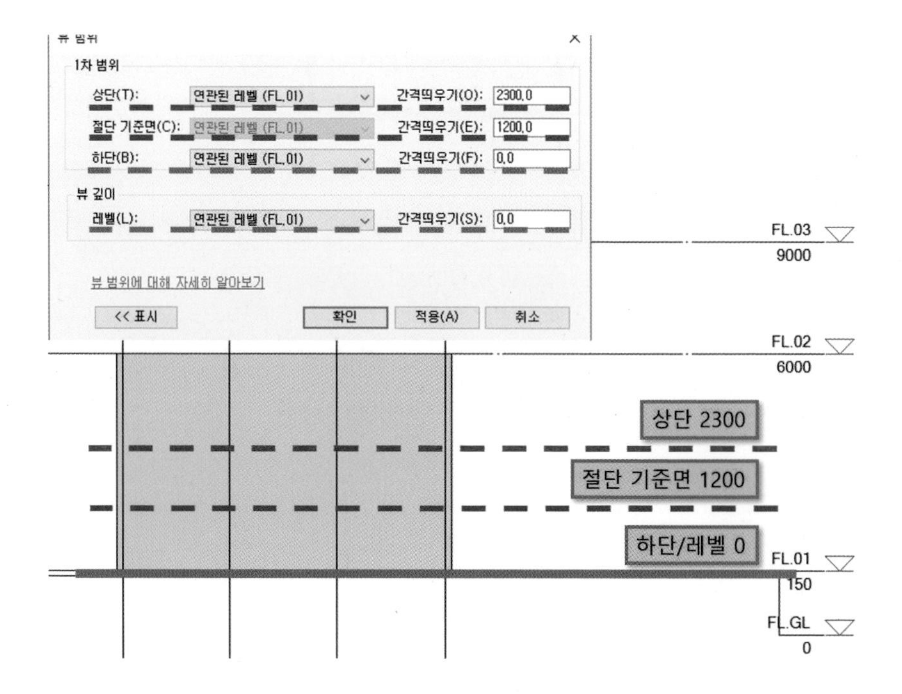

- 우리가 보는 평면도는 절단 기준면을 통해서 보이는 뷰를 말합니다.
- 아래 이미지에서 보면 절단 기준면을 이용해서 객체를 확인할 수 있습니다.
- 아래의 모델에서 차이는 창문의 높이가 절단 기준면 1200 위에 있을 경우 그보다 더 높은 곳에 있는 창문은 보이지 않게 됩니다. 절단 기준면을 1500으로 올리면 숨겨진 객체가 보이게 됩니다.

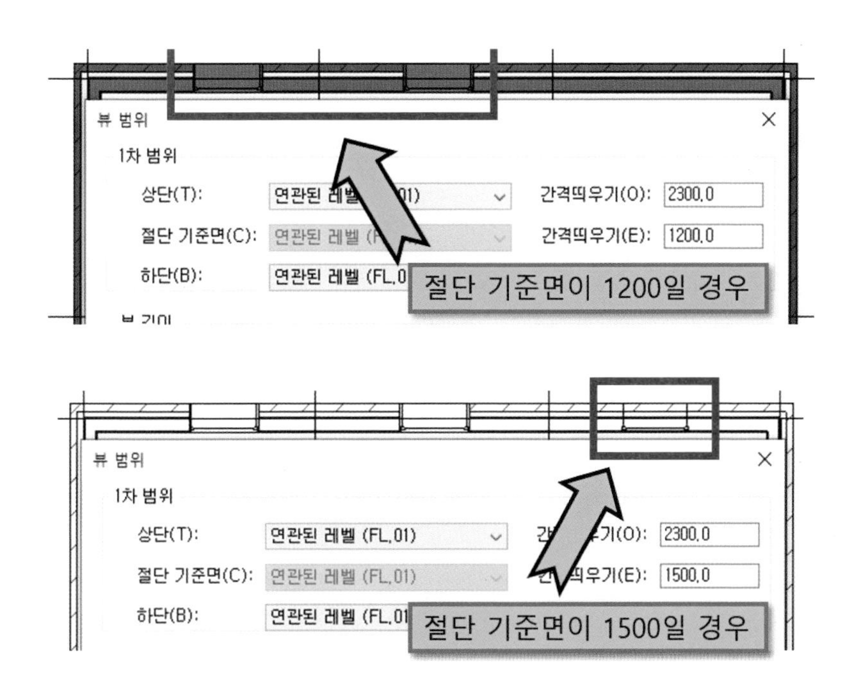

① 도면화 과정으로 인해서 절단 기준면 조정이 힘들 경우에는 [뷰] 탭의 평면도, 평면 영역을 선택합니다.

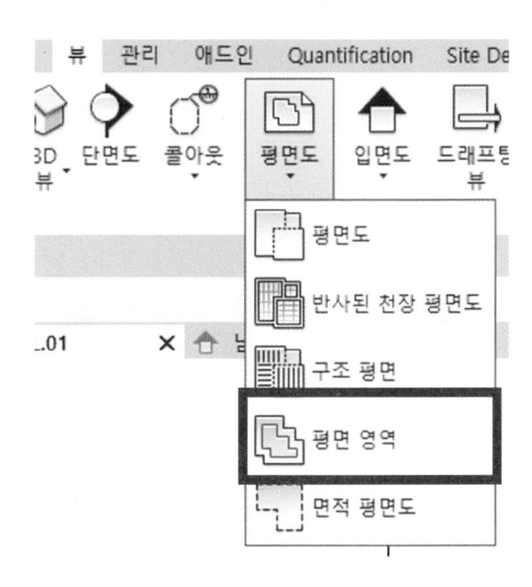

② 적용할 영역을 스케치 라인을 이용해서 작성합니다.

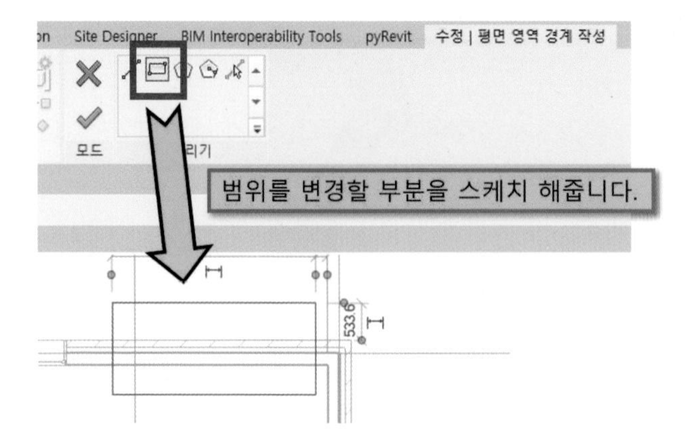

③ 특성 창의 범위를 선택합니다.

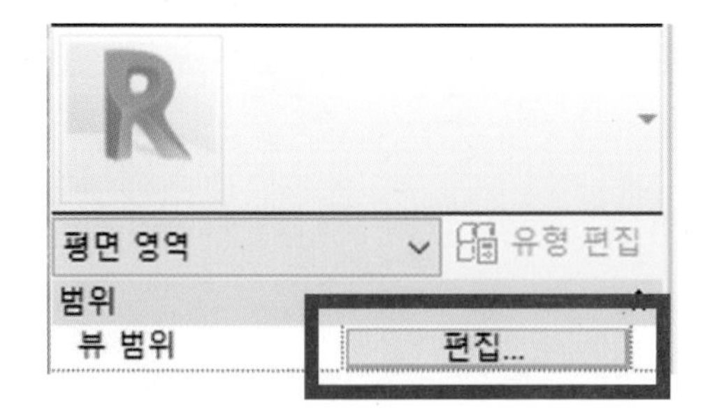

④ 절단 기준면 범위를 변경합니다.

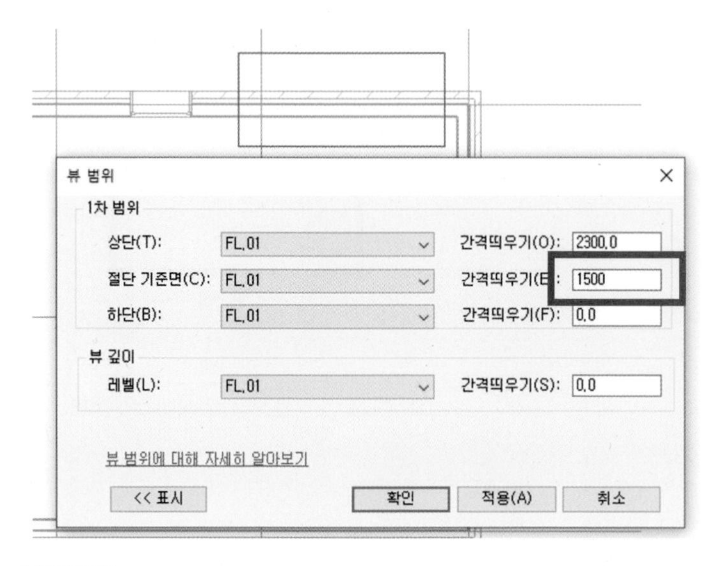

⑤ 한 개의 화면에서 다르게 기준을 적용할 수 있습니다.

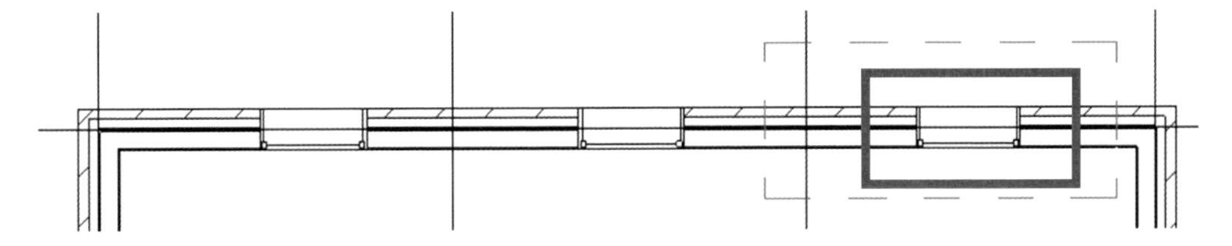

■ 2층 이상의 층에서 작업을 진행할 경우 아래와 같이 보이지 않는 경우가 있습니다.
이 경우 뷰 범위를 이용하면 작업을 원활하게 할 수 있습니다.

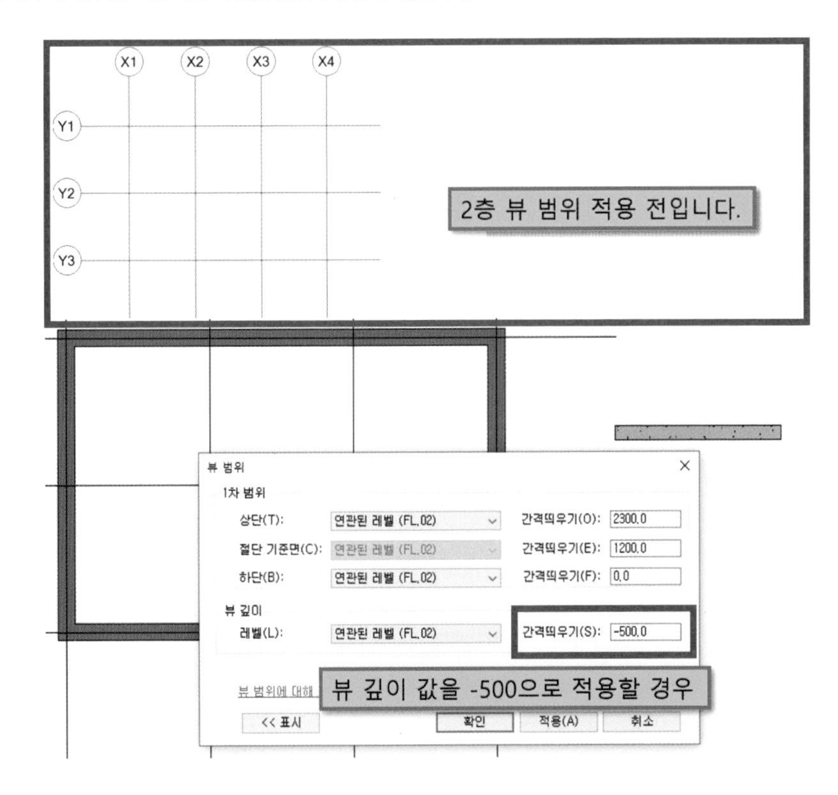

[언더레이]

- 언더레이는 물리적인 높이 조정이 아닌 다른 작업 뷰를 링크로 가져오는 기능입니다.
- 언더레이가 없음으로 선택된 경우는 현재 뷰만 사용자에게 보여줍니다.
  기준 레벨을 다른 층으로 지정할 경우 해당 층의 작업 객체를 확인할 수 있습니다.

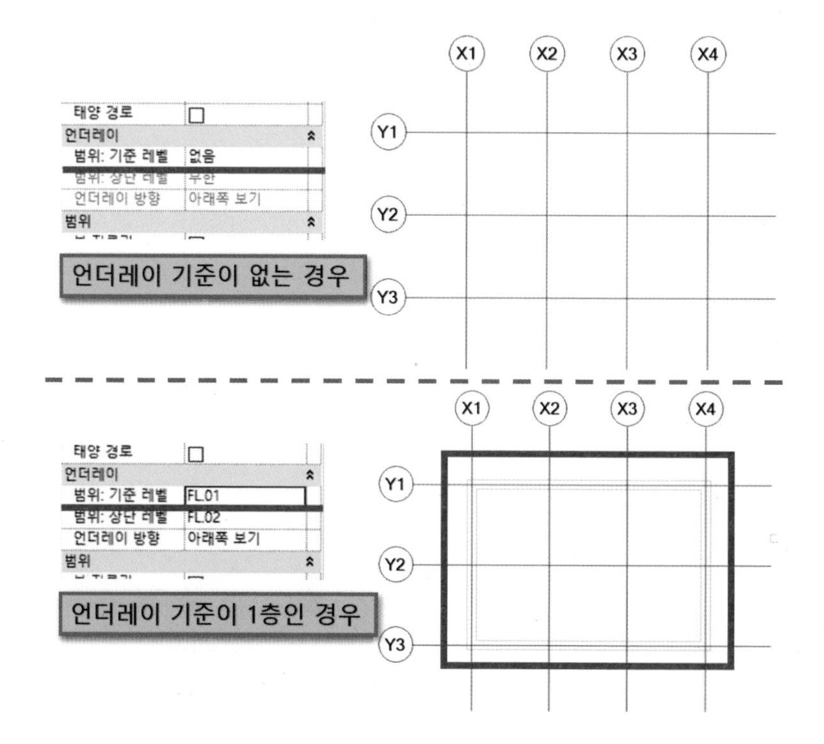

[구획 상자(단면 상자)]

- 3D 뷰에서 객체 확인을 위해서 사용이 됩니다.
- 특정 객체를 선택해서 그 객체를 중심으로 보는 방법(선택 상자 - BX), 3D 뷰에서 전체를 확인하는 구획 상자(단면 상자) 두 가지 방법이 있습니다.

■ 구획(단면) 상자의 사용

① 3D 뷰에서 구획(단면) 상자를 체크합니다.

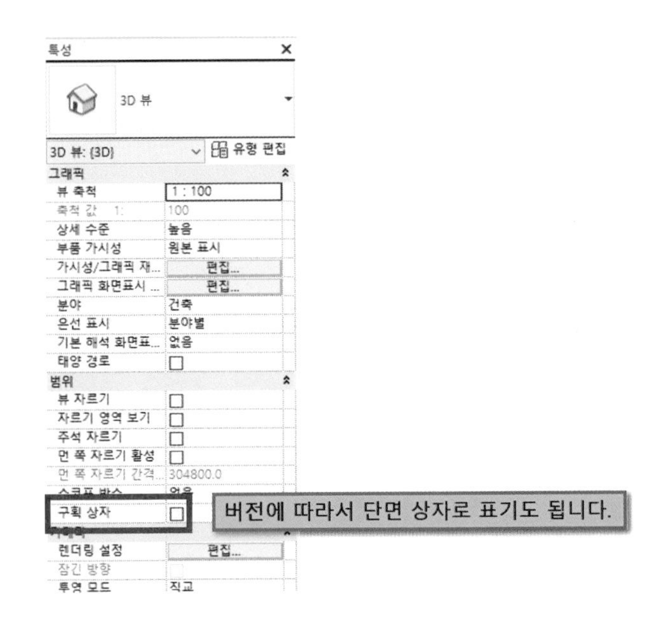

② 모델 주변에 생기는 박스를 선택합니다.

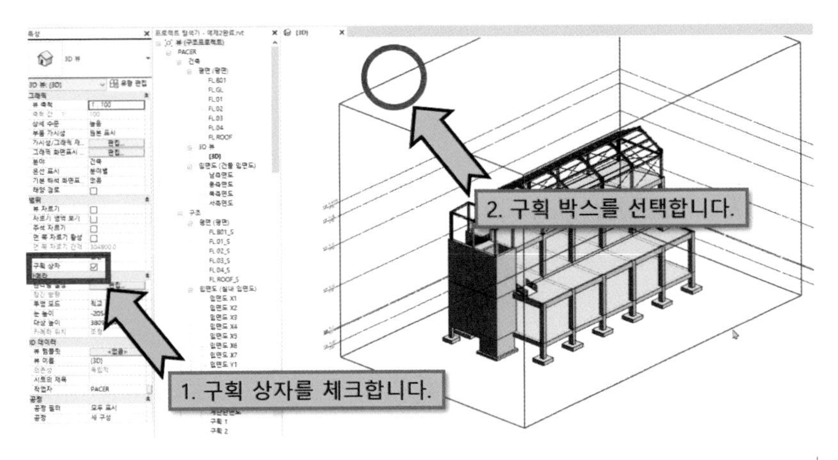

④ 원래 상태로 되돌리는 방법은 특성 창의 구획 상자를 체크 해제 하면됩니다.

■ 선택 상자(BX)의 사용

① 객체를 선택합니다.

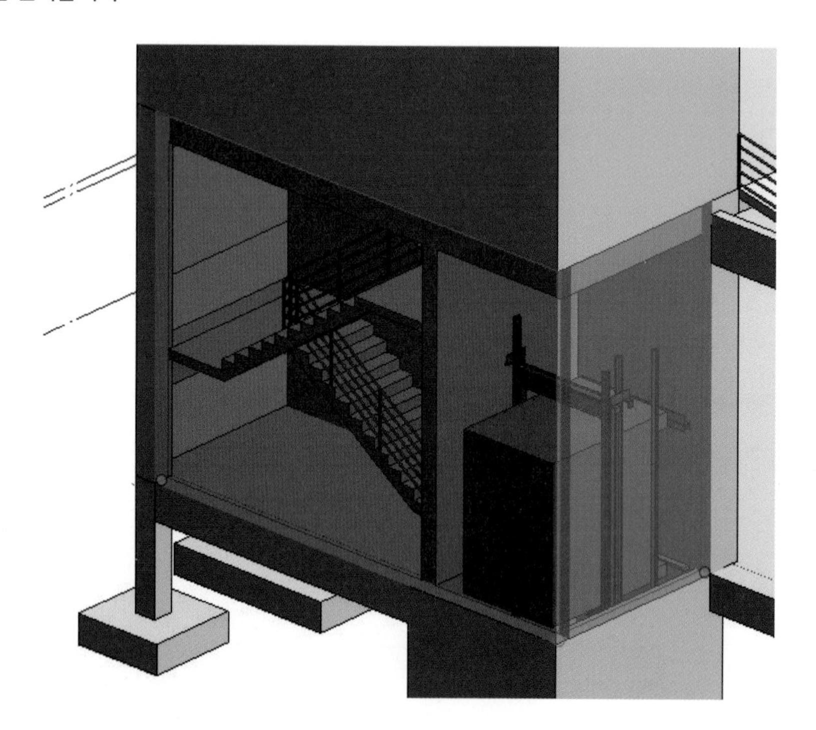

② 명령 아이콘 혹은 단축키 BX를 입력합니다.

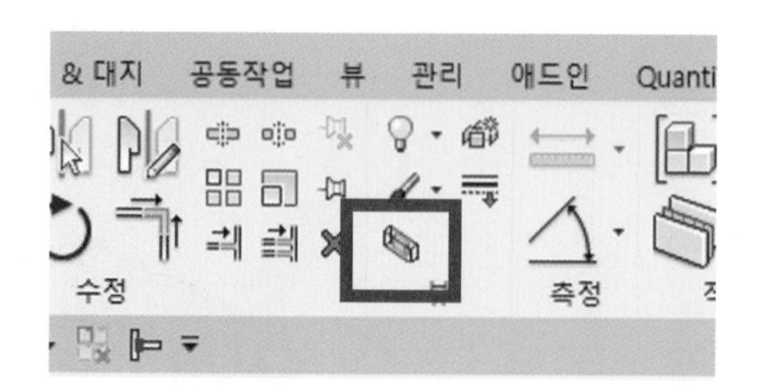

③ 적용된 모델을 확인합니다.

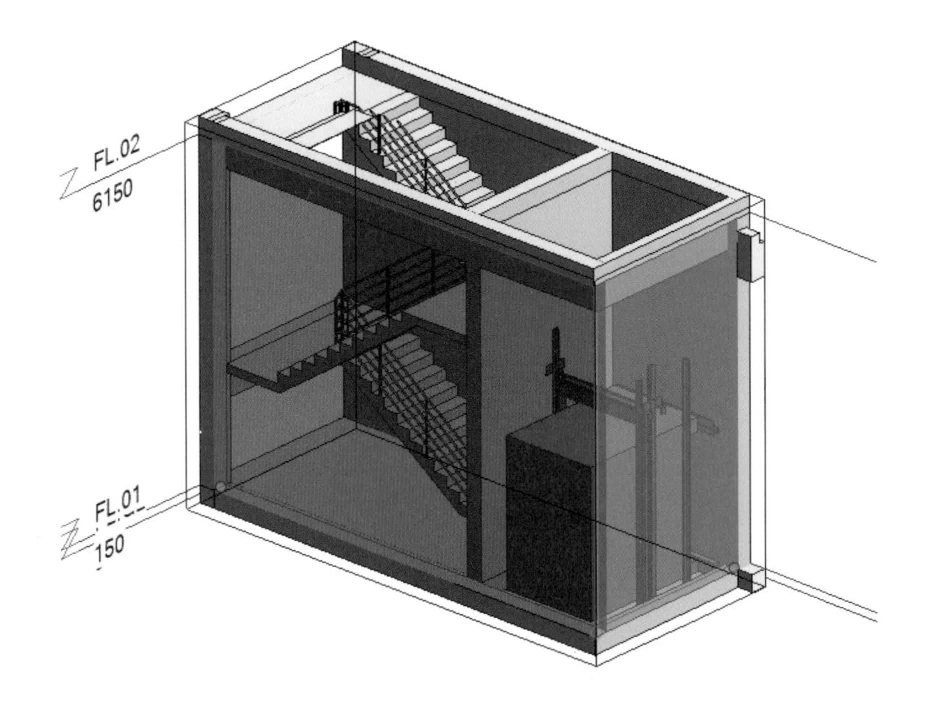

4.2 단면 뷰

- 단면 뷰는 Revit 작업을 수행하면서 가장 많이 사용되는 기능 중의 하나입니다.
- 사용 방법은 보고 싶은 단면 부분에 라인을 작성해서 단면을 확인할 수 있습니다.

■ 아래의 이미지와 같이 단면을 만들고 싶을 경우를 예로 들겠습니다.

[기본 단면 만들기]

① 수직 기준선을 경계로 우측을 단면으로 작성할 경우입니다.

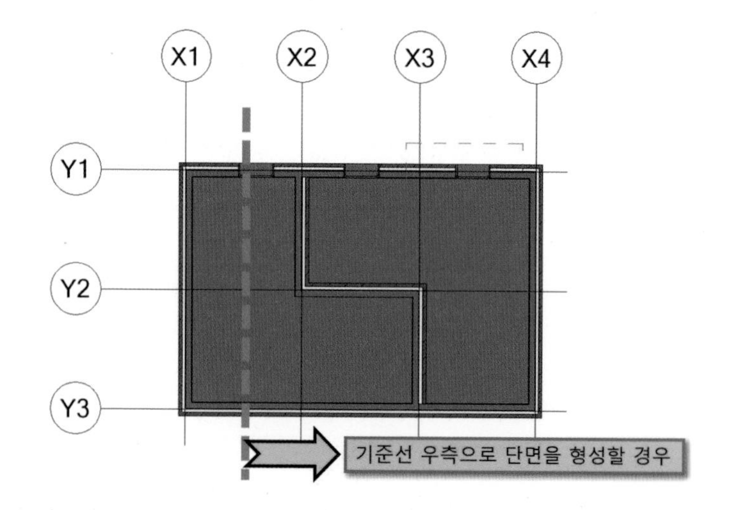

② 단면을 그리는 명령은 구획으로 지정되어 있습니다. Revit 버전에 따라 단면, 구획으로 표현됩니다. [뷰] 탭에 구획 명령이 있습니다. 신속 접근 도구 막대에도 위치하고 있습니다.

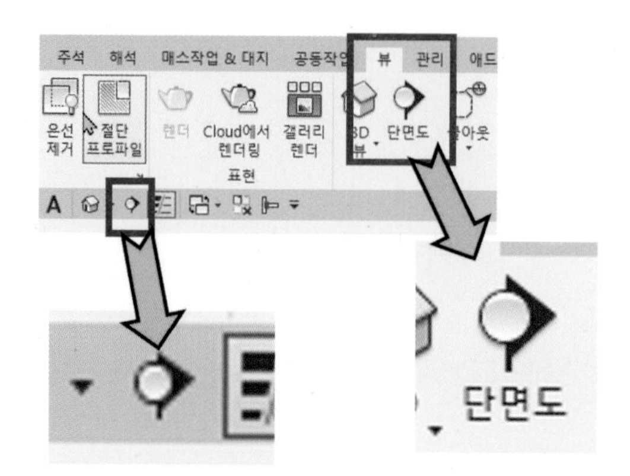

③ 단면은 아래와 같이 작성합니다. 시작점을 클릭한 후 끝나는 지점을 클릭합니다.

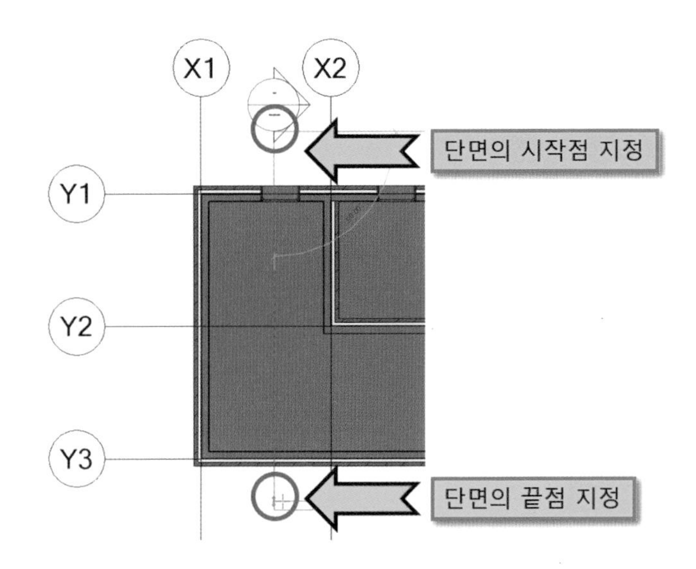

④ 단면을 형성하면 아래와 같이 기호가 나타나는 것을 확인할 수 있습니다.
핸들을 사용해서 단면의 범위를 조정합니다.

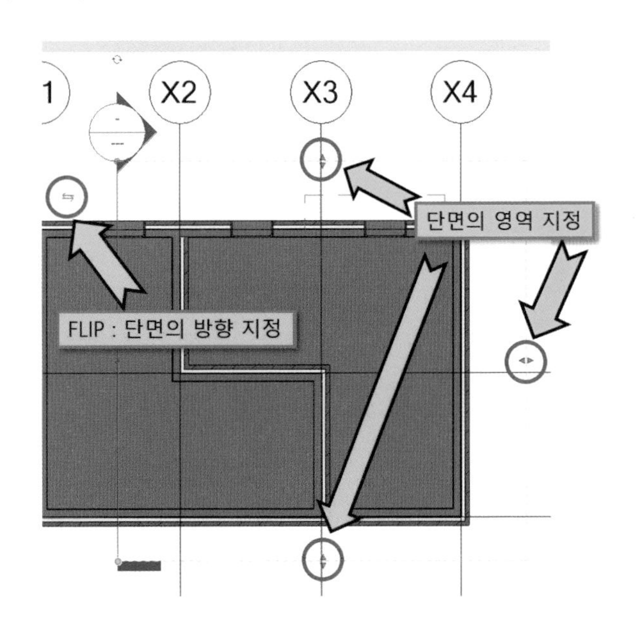

- FLIP : 단면의 방향을 반전시킬 경우 사용합니다.
- 핸들 : 단면의 범위를 지정합니다.

⑤ 단면도의 확인은 아래와 같이 두 가지 방법을 사용할 수 있습니다.

프로젝트 탐색기에 있는 [구획 1]을 더블 클릭해서 확인할 수 있습니다.

다른 방법으로는 단면 기호의 삼각형(솔리드) 부분을 더블 클릭하면 단면도를 확인할 수 있습니다.

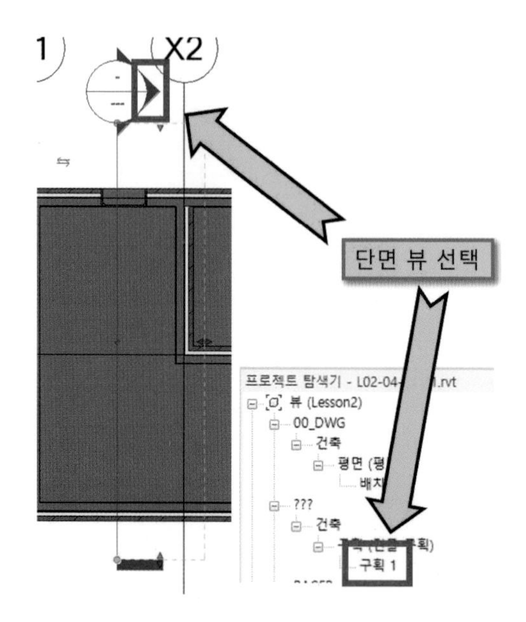

⑥ 단면도 뷰에서는 아래 그림과 같이 범위를 조정할 수 있습니다.

원활한 작업을 위해 상세 수준을 중간 이상으로 올려줍니다.

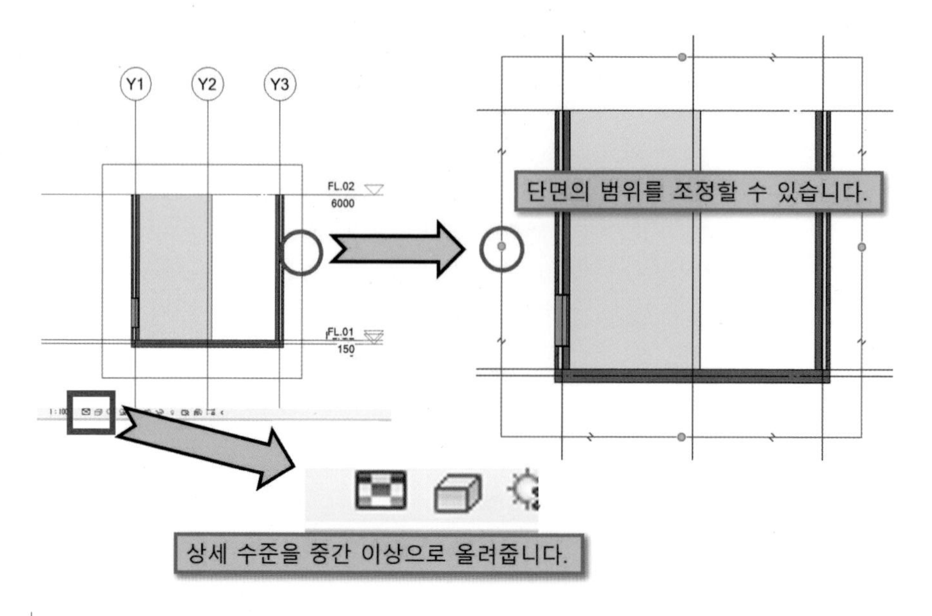

[단면 응용 - 반전 및 세그먼트 적용]

① 단면 기호의 중앙에 위치한 세그먼트기호를 선택하면 구획선을 분리할 수 있습니다.

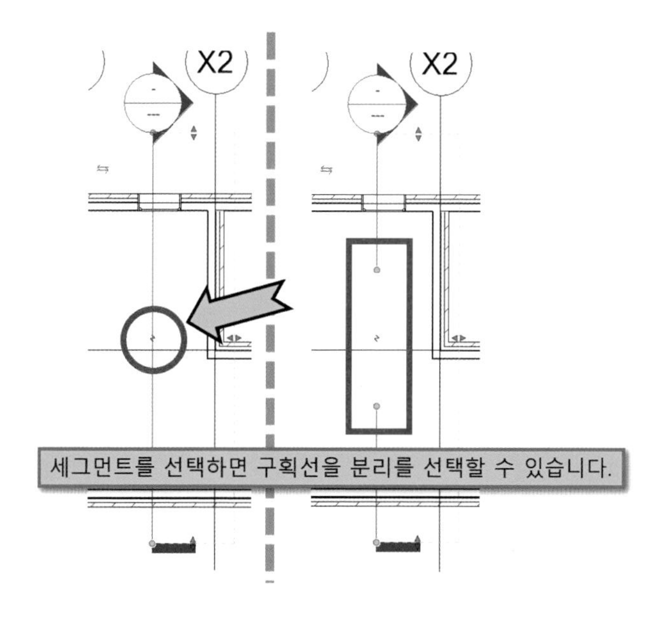

② 단면선을 선택하면 세그먼트 분할을 선택할 수 있습니다.

이 명령은 단면을 선택적으로 확인할 수 있습니다.

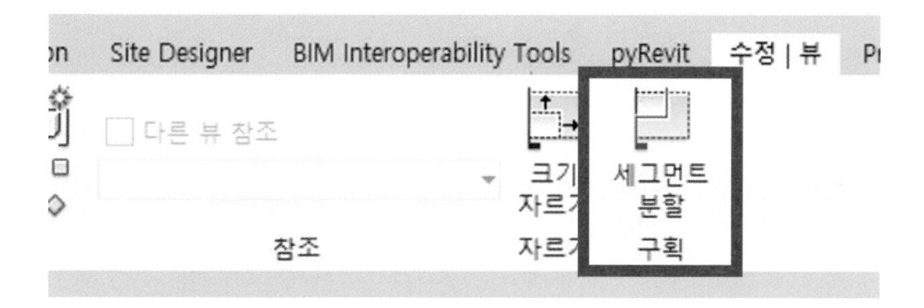

③ 세그먼트 분할 명령 실행 후 단면선상의 임의의 지점을 선택합니다.

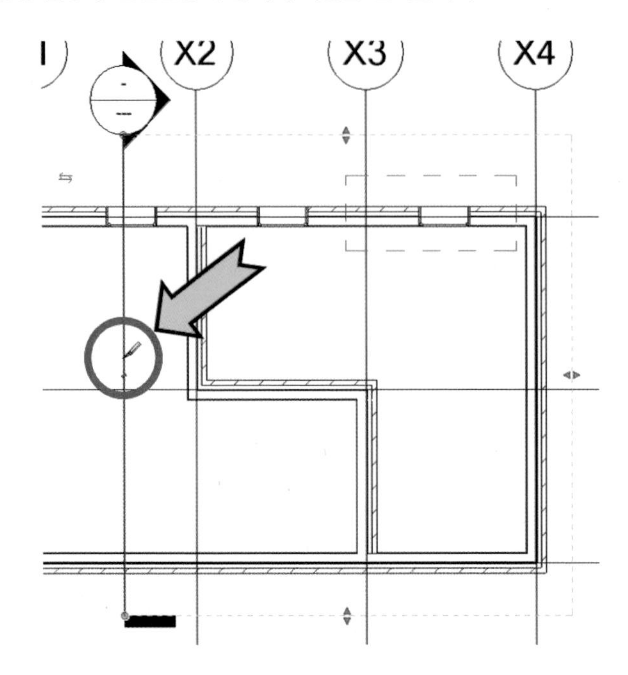

④ 단면선이 임의의 지점을 경계로 이동되는 것을 확인할 수 있습니다. 원하는 지점을 선택합니다.

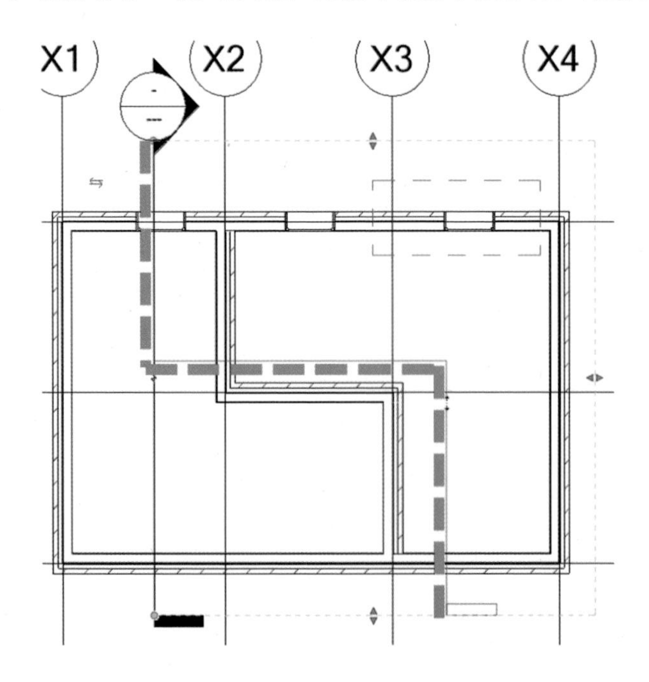

⑤ 단면이 잘린 것을 확인할 수 있습니다.

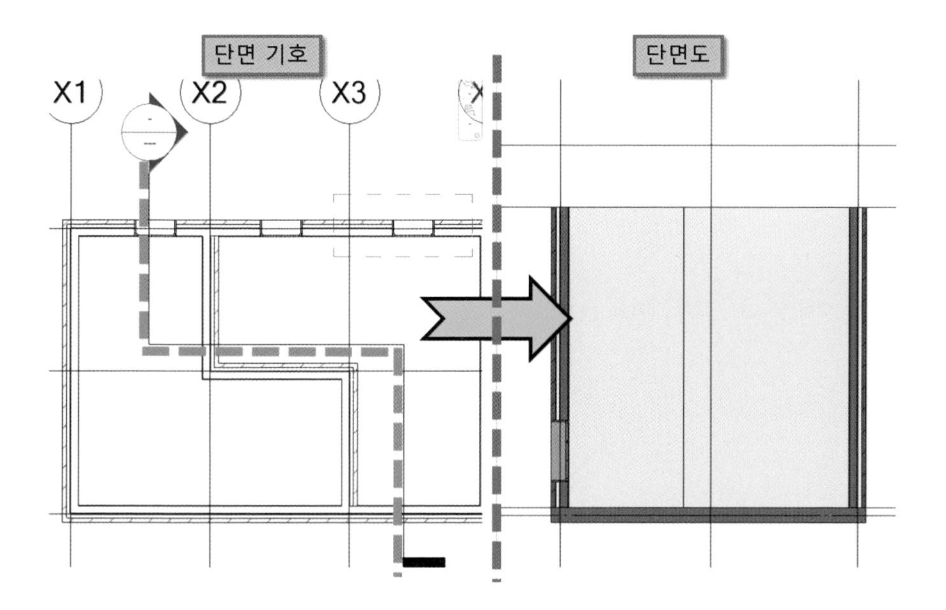

4.3 입면 뷰

- 입면도는 입면을 확인 하기 위해서 사용합니다.
- 기본적으로 4개의 입면을 제공합니다.
- 입면의 경우 범위는 필요한 경우가 아니라면 제한하지 않습니다.

[입면도의 범위 지정]

① 평면도상에 위치한 입면 기호의 솔리드된 부분을 선택합니다.

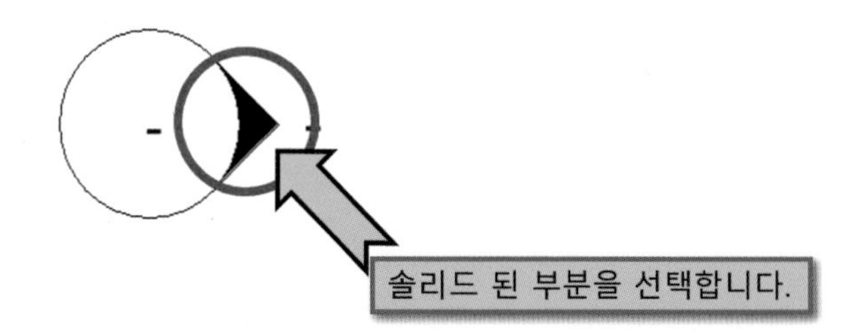

② 특성 탭에서 [범위] 옆의 박스를 선택합니다.

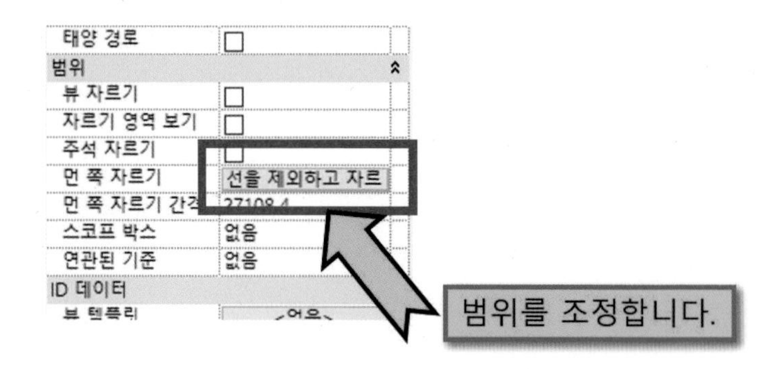

③ 옵션을 자르기 없음으로 변경합니다. 나머지 입면 기호도 같은 방법을 적용합니다.

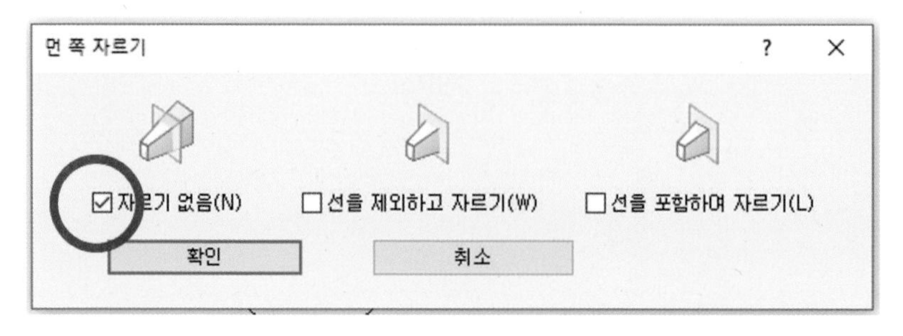

[입면 기호의 이동]

① 입면도 기호를 이동시켜야 하는 경우는 개별 선택이 아닌 드래그를 이용해서 입면 기호 전체를 선택합니다.

② 우측에서 첫 점을 선택 후 좌측으로 드래그 선택하는 방법을 Crossing Select라고 합니다. 반대는 Windows Select라고 합니다.

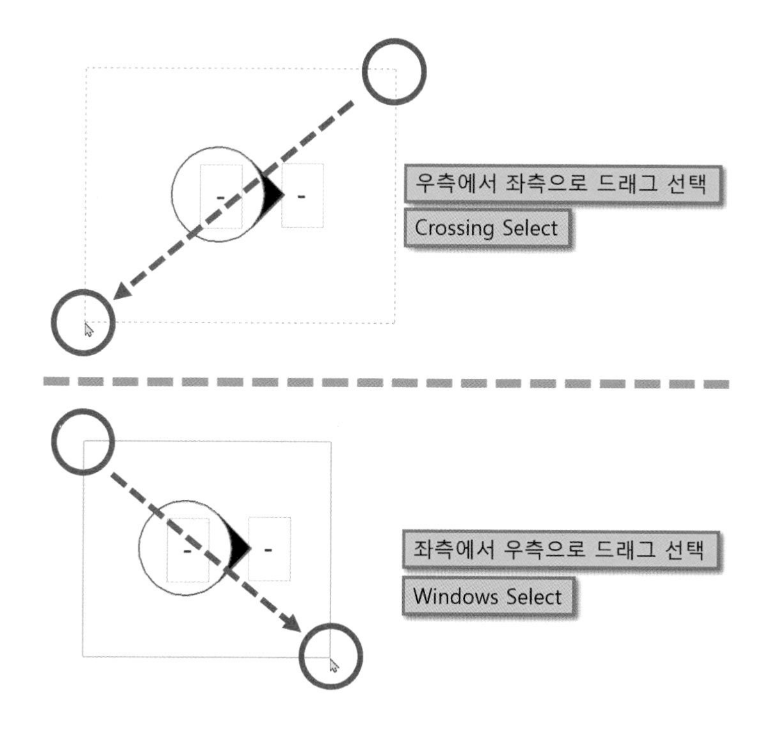

③ 입면 기호 전체를 선택해야 입면 기준선이 함께 움직입니다.

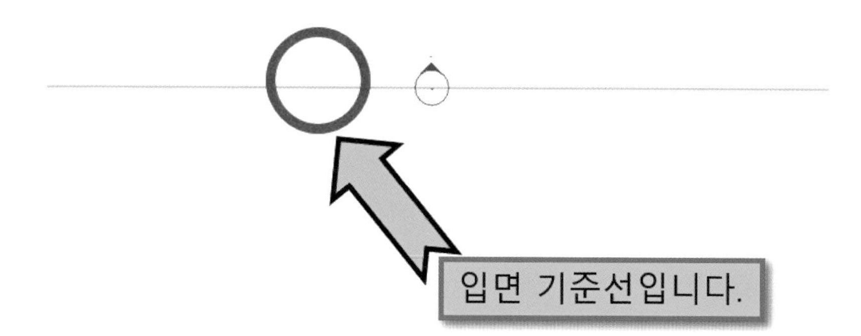

[사선벽의 입면 기호 만들기]

- 작성된 사선벽을 직각으로 보는 입면을 작성하거나 사선 그리드를 수직으로 보는 입면도를 만드는 방법은 아래와 같습니다.

① Revit을 이용해서 사선벽을 작성합니다.

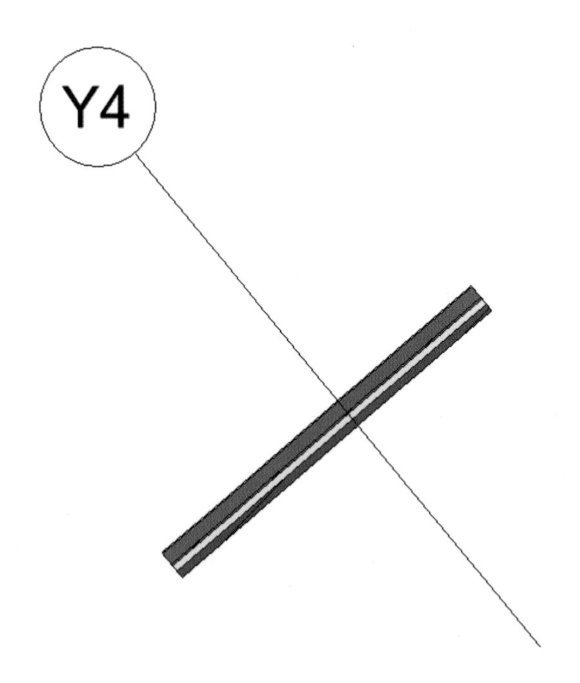

② [뷰] 탭의 입면도 명령을 선택합니다.

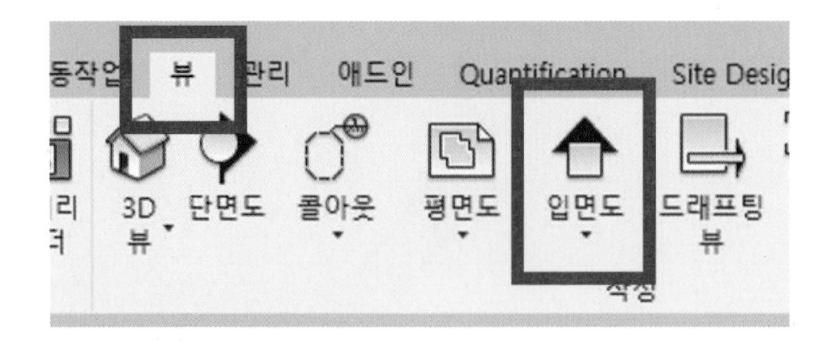

③ 마우스를 사선벽 근처로 이동하게 되면 사선벽에 수직의 아이콘이 생성됩니다.

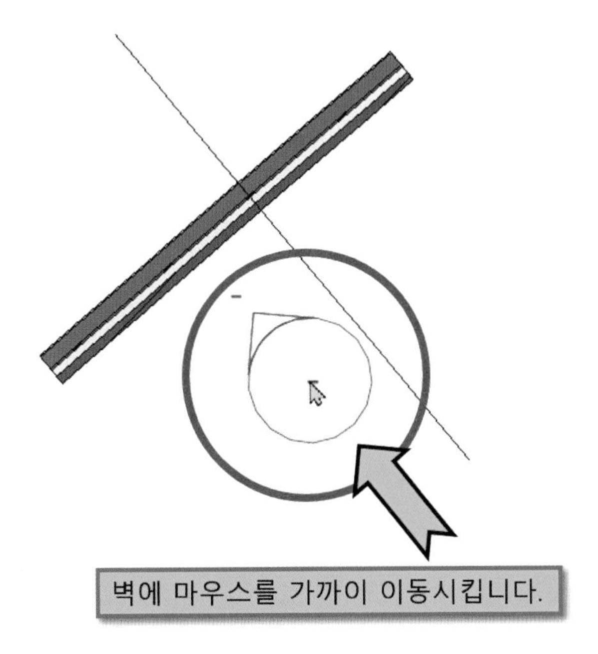

④ 작성된 입면도를 확인합니다.

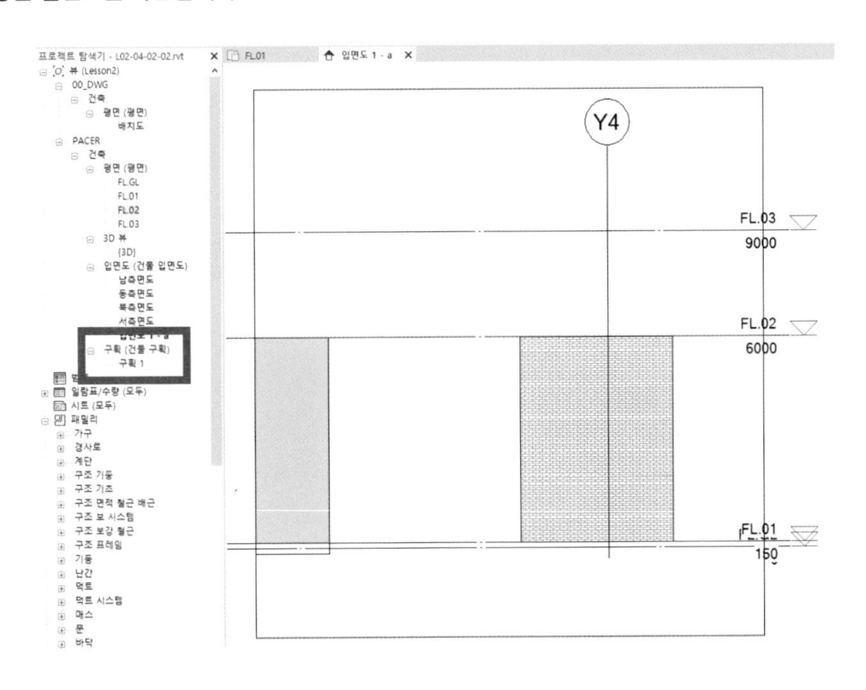

05 가시성 설정

- Layer와 비슷한 개념으로 이해하시면 됩니다.
- 각 뷰별로 다르게 적용이 됩니다.
- 단축키는 Vv입니다. 많이 쓰는 명령인 만큼 숙지하시기 바랍니다.
- 투영/표면, 잘라내기의 개념을 파악하는 것이 가장 중요합니다.

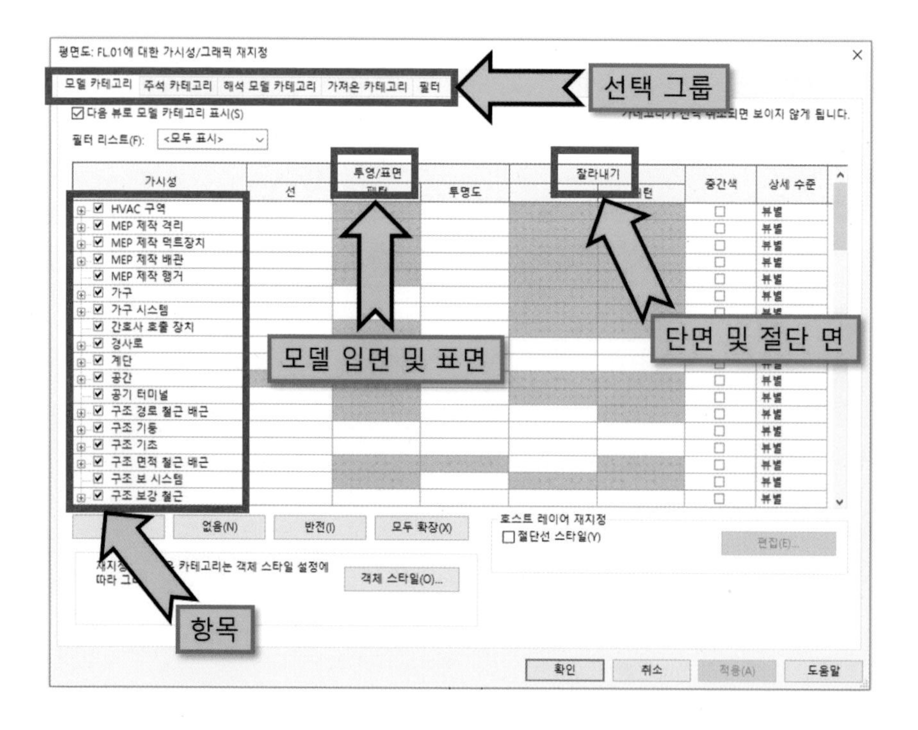

[가시성 ON/OFF]

- 벽을 예로 들겠습니다. 아래 이미지에서 벽을 화면에서 숨기고 싶다면
  Vv에서 벽을 찾아 체크를 해제하면 됩니다.

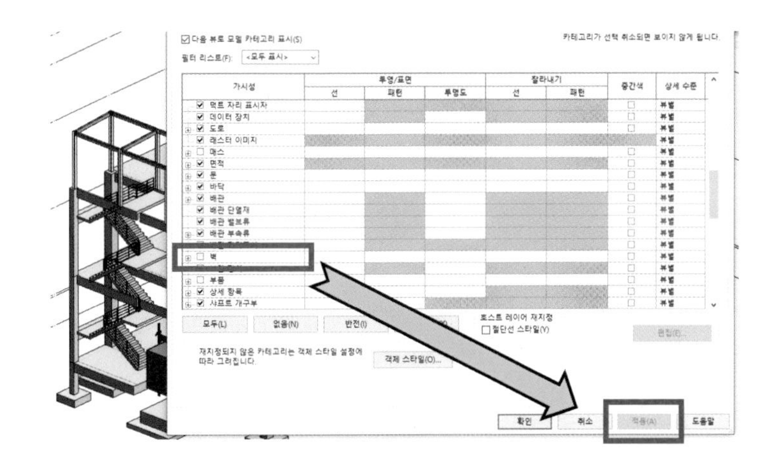

- 반대로 벽만 놔두고 다른 객체를 숨기고 싶다면 벽을 제외한 나머지를 체크 해제하면 됩니다.
- 순서는 아래와 같습니다. 모두 박스를 선택한 후 체크를 해제합니다.
  이후 벽만 선택하면 적용이 됩니다.

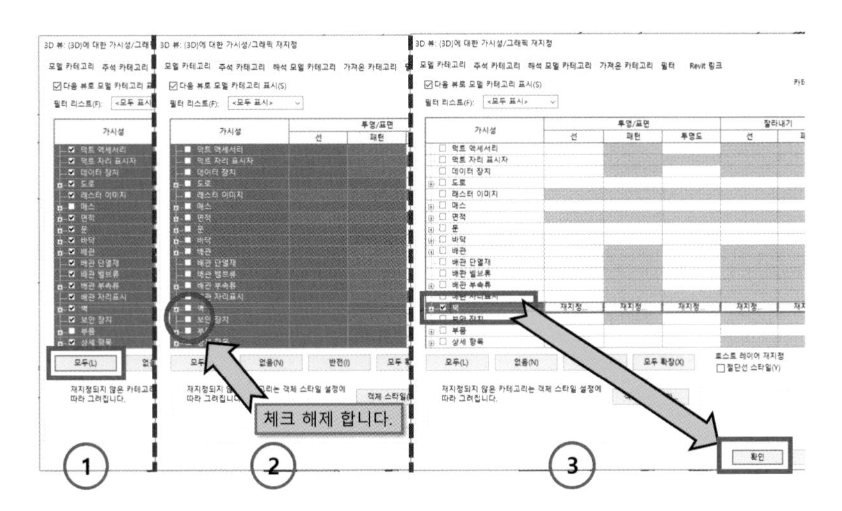

- 아래와 같이 벽만 남는 것을 확인할 수 있습니다.

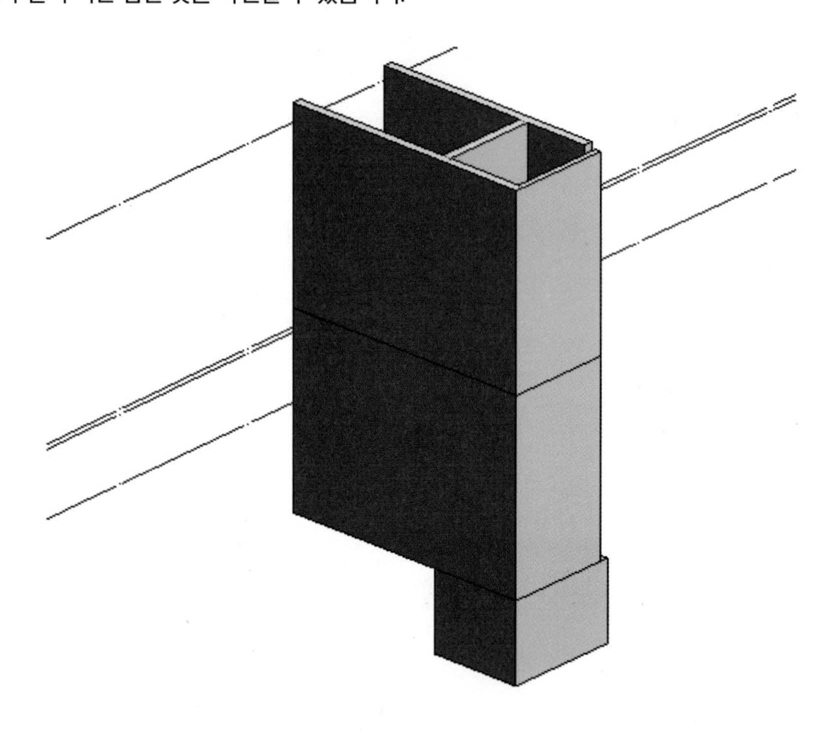

[투영/표면]

① 투영/표면은 객체의 표면을 나타냅니다.

② 표면에 색상을 지정하는 방법은 아래와 같습니다.

벽 항목의 재지정을 선택합니다. 전경 패턴과 색상을 아래와 같이 지정합니다.

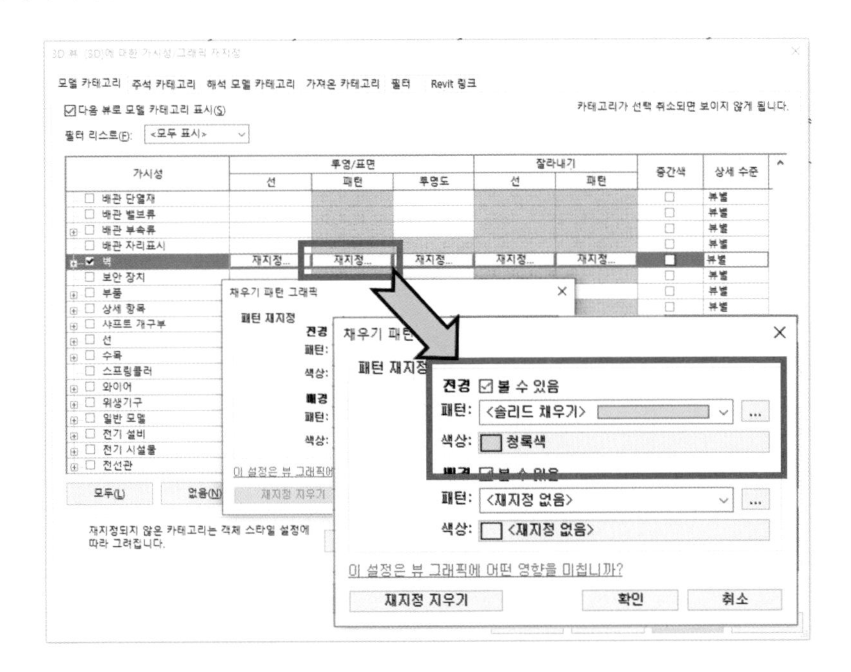

③ 벽 표면에 색상이 적용된 것을 확인할 수 있습니다.

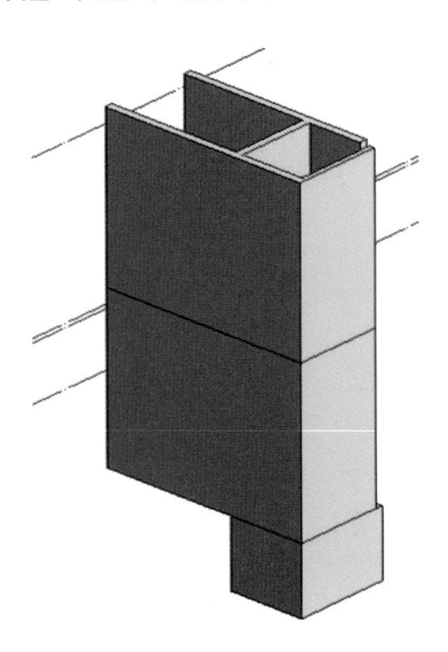

④ 원래로 되돌리는 방법은 아래와 같이 재지정 명령을 사용해서 초기화할 수 있습니다.

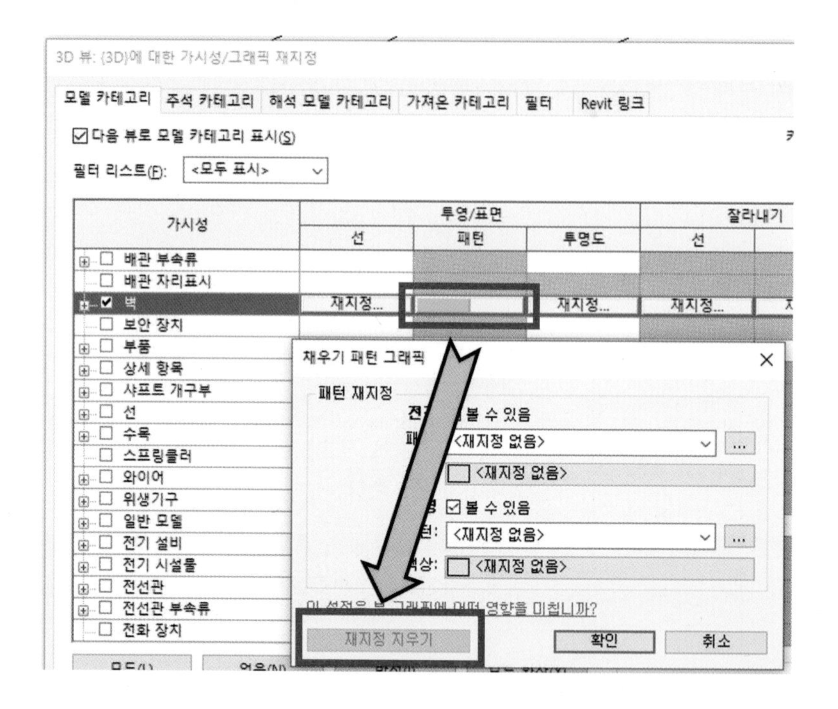

[잘라내기]

- 잘라내기는 객체의 단면을 뜻합니다.
- 입면이나 3D 뷰의 일반적인 상황에서는 확인되지 않습니다.
  평면도, 단면도, 구획 상자가 적용된 3D 뷰에서 확인이 됩니다.
- 적용 방법은 아래 이미지와 같이 적용됩니다.

① 색상이나 패턴을 적용할 항목에서 패턴에 있는 재지정을 선택합니다.

② 패턴은 솔리드를 선택합니다. 색상은 원하는 색상을 지정합니다.

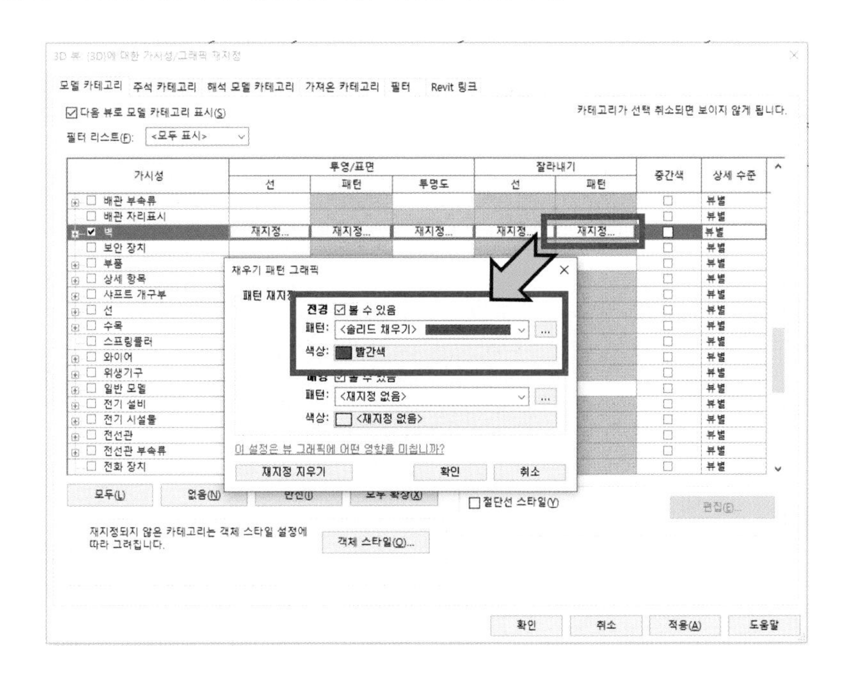

③ 확인을 위해서 3D 뷰에서 구획 상자를 이용해서 범위를 조정합니다.

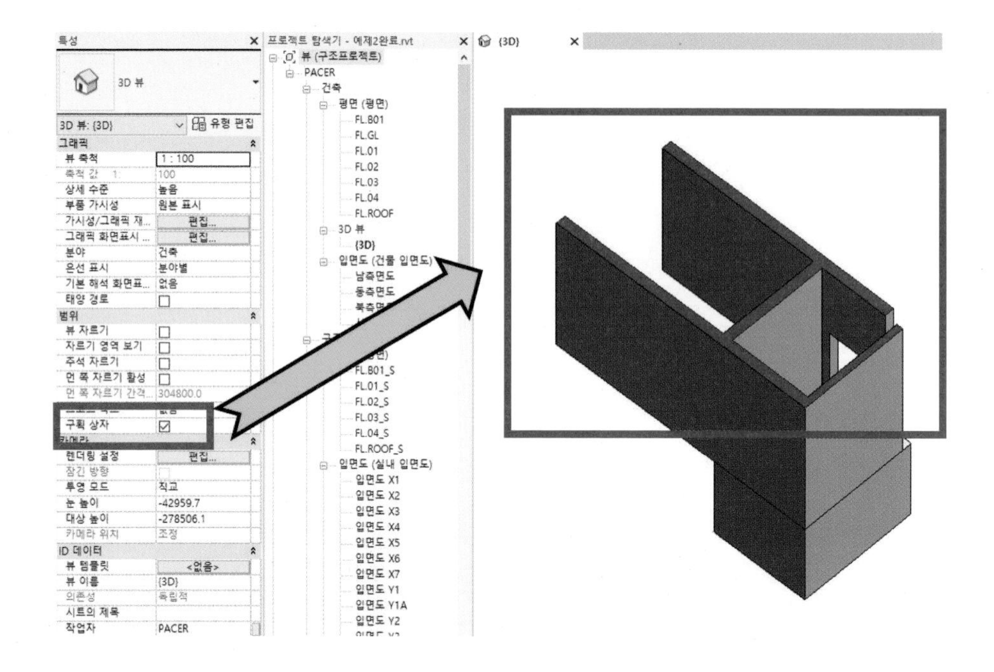

④ 아래의 이미지는 평면도에서 부재별로 색상을 적용한 결과입니다.

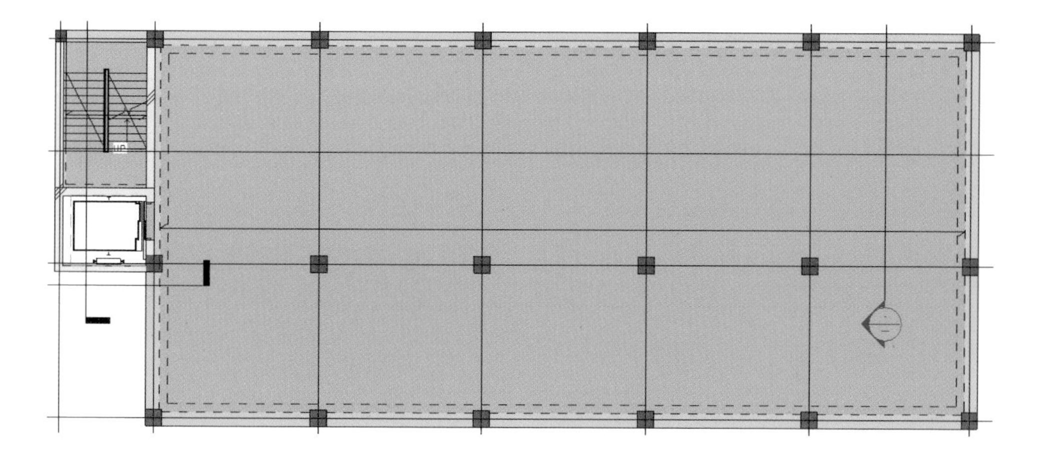

06 구조 부재 작성

[구조 재질 작성하기]

- 앞의 교재에서 다룬 내용입니다.
- 복습 차원에서 만들어 보도록 하겠습니다. 구조 재질인 콘크리트 재질을 만들어 보겠습니다.

① [관리] 탭의 재질 명령을 선택합니다.

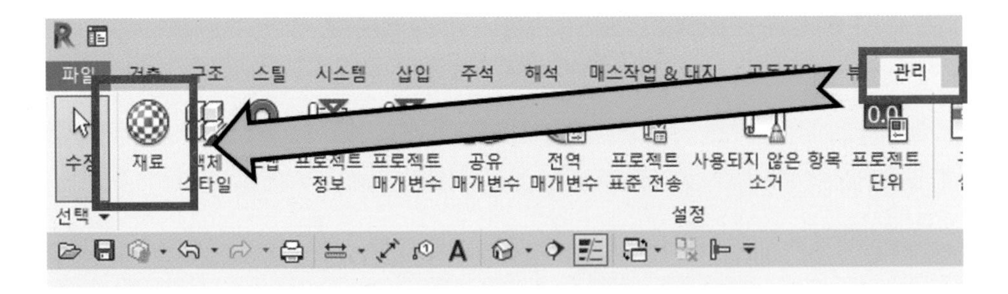

② 콘크리트 재질을 선택한 후 마우스 우 클릭을 누릅니다. (복제를 선택합니다.)

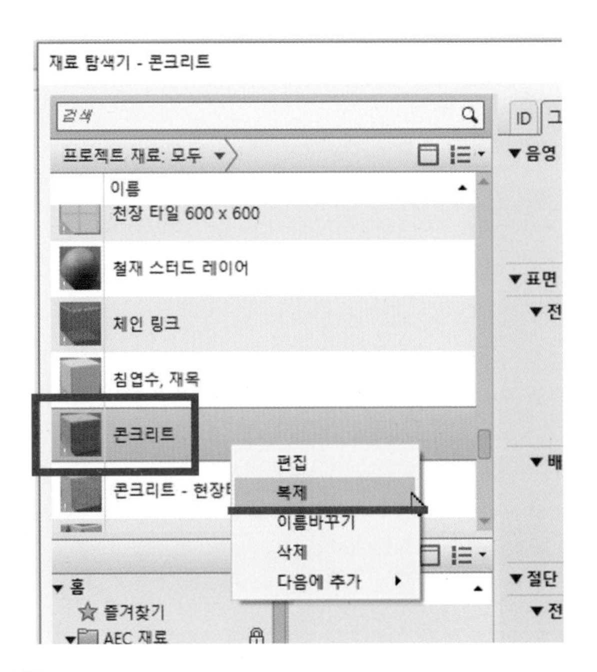

③ 새로운 이름 [#콘크리트]를 지정합니다.

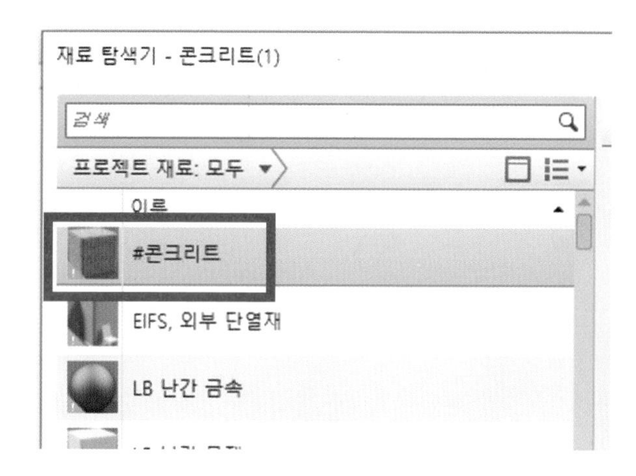

④ 표면 패턴을 제거합니다. 도면화를 진행할 경우 점이 도면상에 나타납니다.

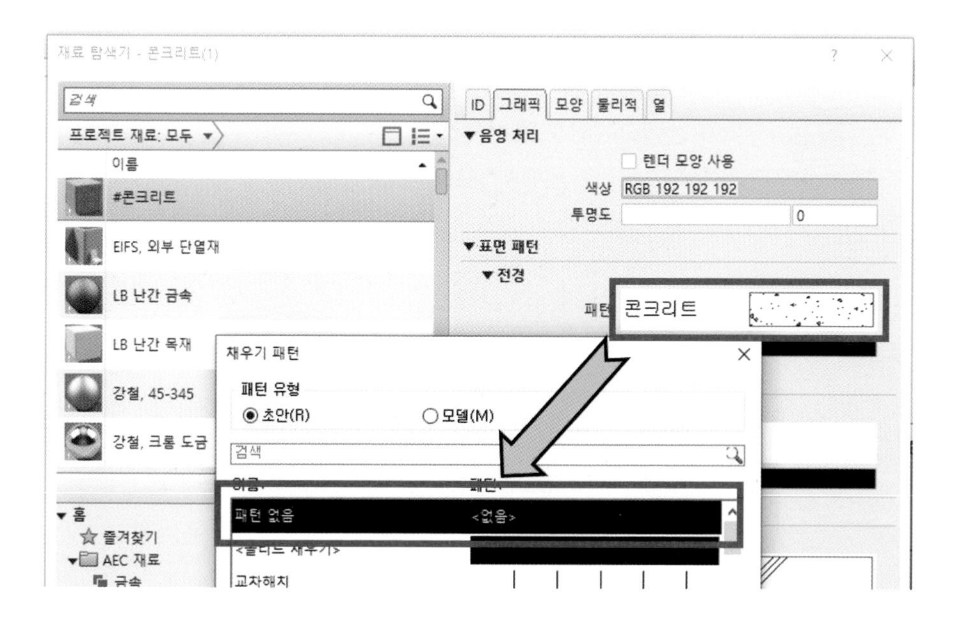

⑤ 절단면에 색상을 부여합니다. 단면에 대한 구별을 빠르게 합니다.

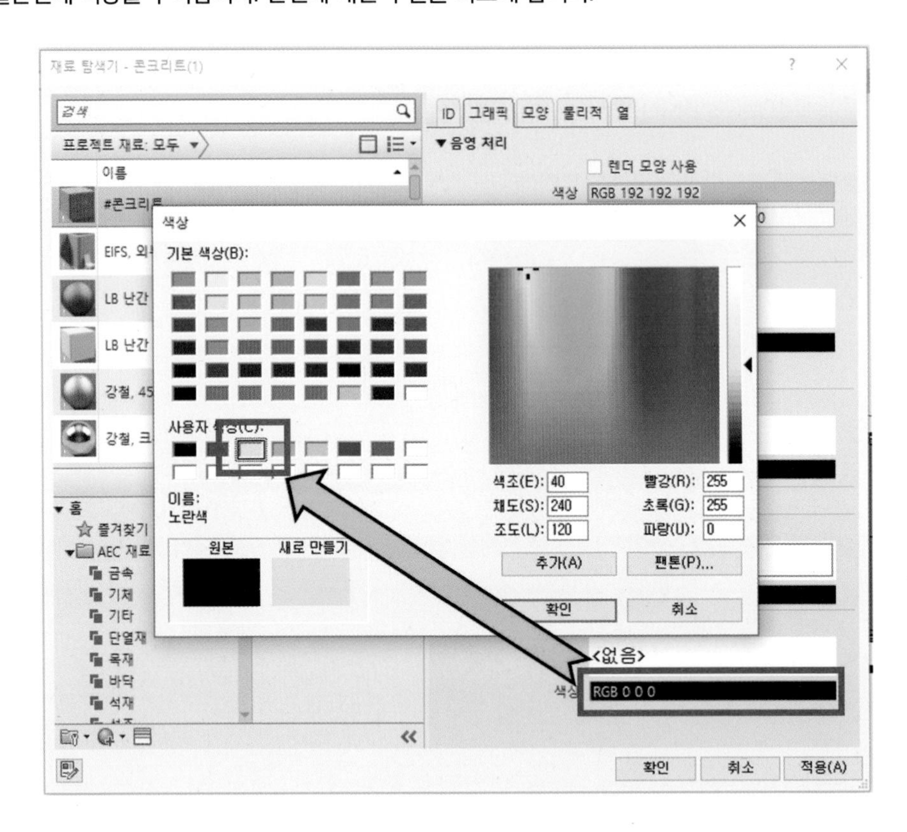

[구조 작업 뷰 작성하기]

- 프로젝트를 진행할 때는 건축과 구조를 분리해서 작업하도록 합니다.
- 구조를 분리하는 방법은 건축 평면 뷰를 복제해서 분야를 구조로 변경하면 간단하게 만들 수 있습니다.

① 건축에 있는 [FL.01]을 선택한 후 마우스 우 클릭합니다. 뷰 복제 안에 있는 복제를 선택합니다.

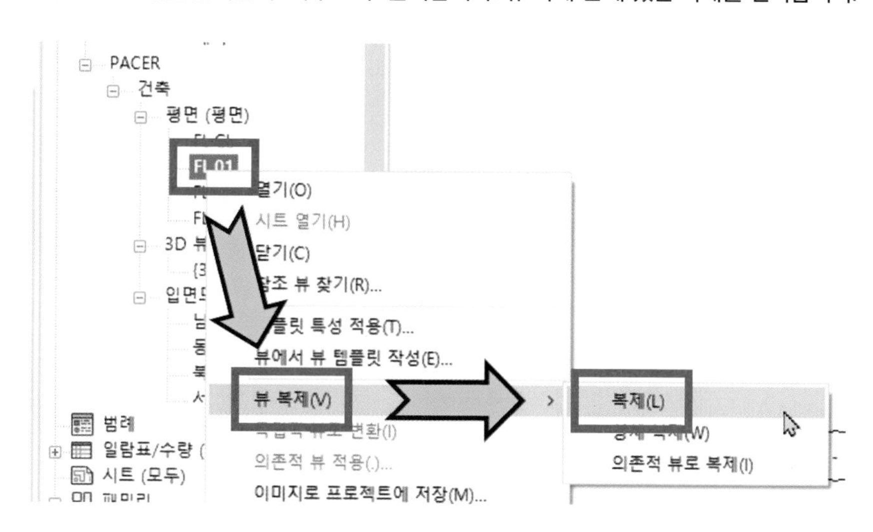

② 복사본을 선택한 후 특성에서 분야를 [구조]로 변경합니다.

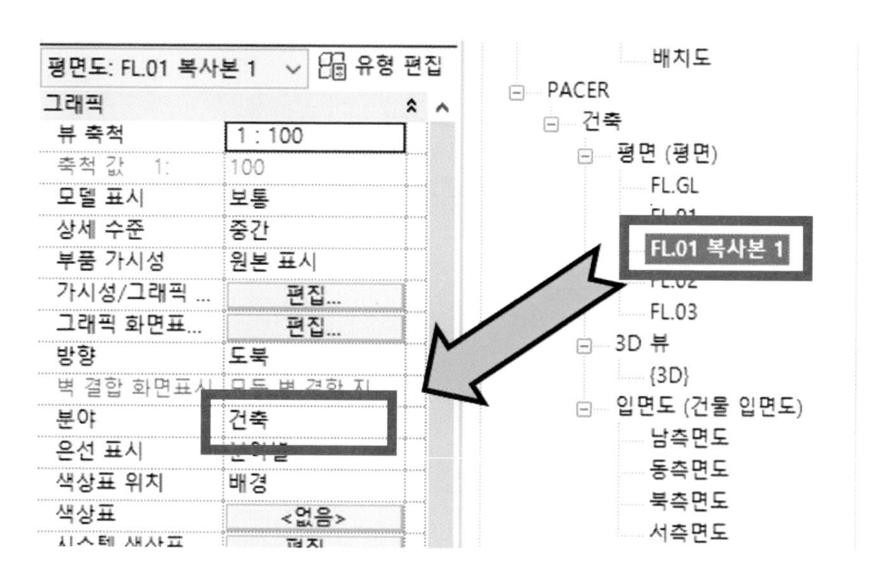

③ 분야가 분리된 것을 확인한 후 이름을 변경합니다.

(같은 이름은 사용할 수 없습니다. 이름 뒤에 [S]를 붙여줍니다.)

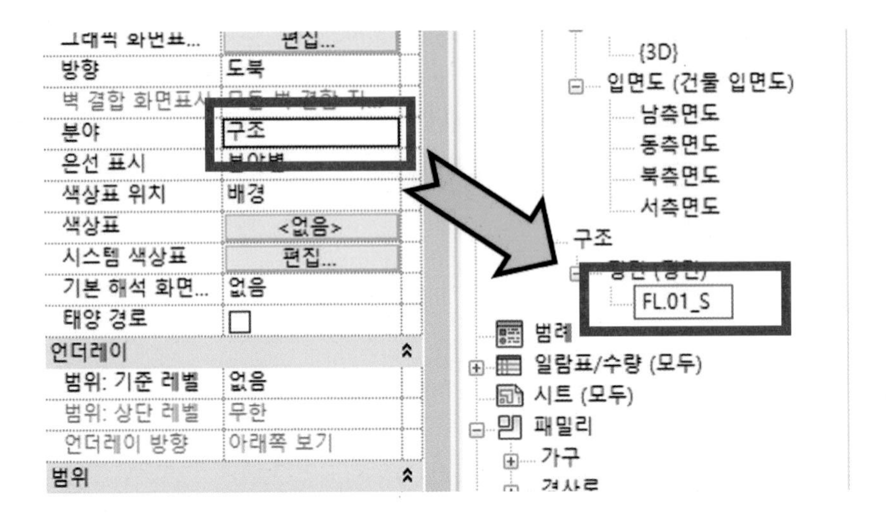

④ 나머지 평면 뷰도 같은 방법을 적용합니다.

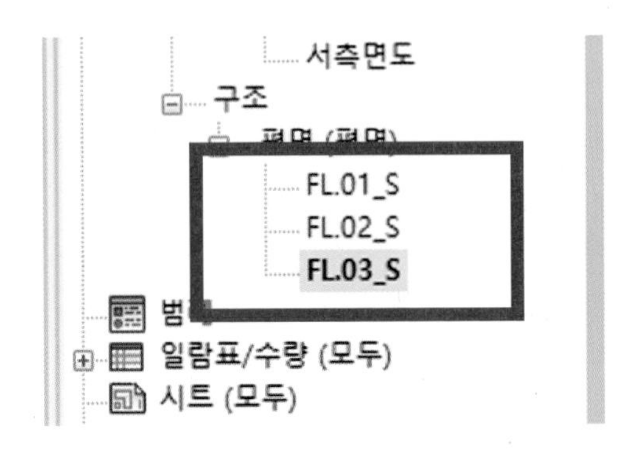

6.1 구조벽 작성하기

- 구조벽은 일반 벽과 크게 다르지 않습니다.
- 두께와 재질, 이름을 적용합니다.

① 작업 화면 하단에 있는 상세 수준과 음영을 적용합니다.

② 구조 탭의 벽을 선택합니다.

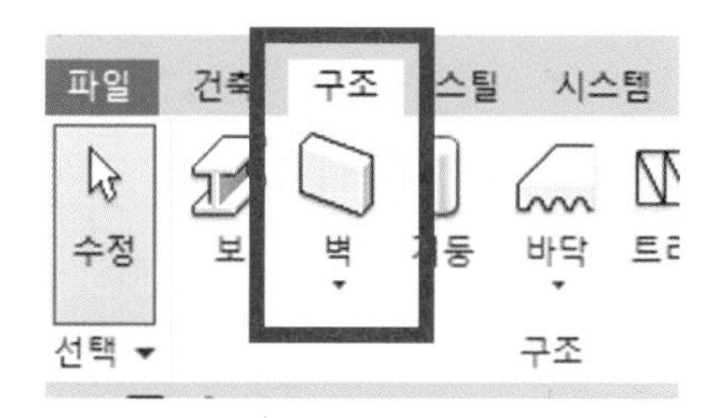

③ 구조의 경우 벽과 기둥이 깊이로 설정되어 있습니다. 높이로 변경합니다.

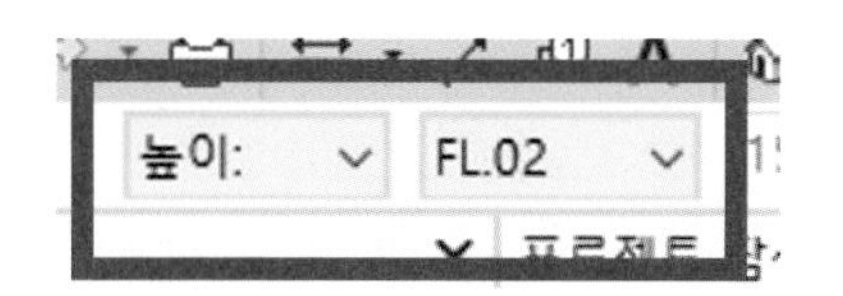

④ 일반 벽 200를 사용해서 구조 1층 평면 뷰에 임의의 벽체를 작성합니다.
CW1이라는 벽체를 만들어 보도록 하겠습니다.

⑤ 벽체를 선택한 후 유형 편집을 선택합니다.

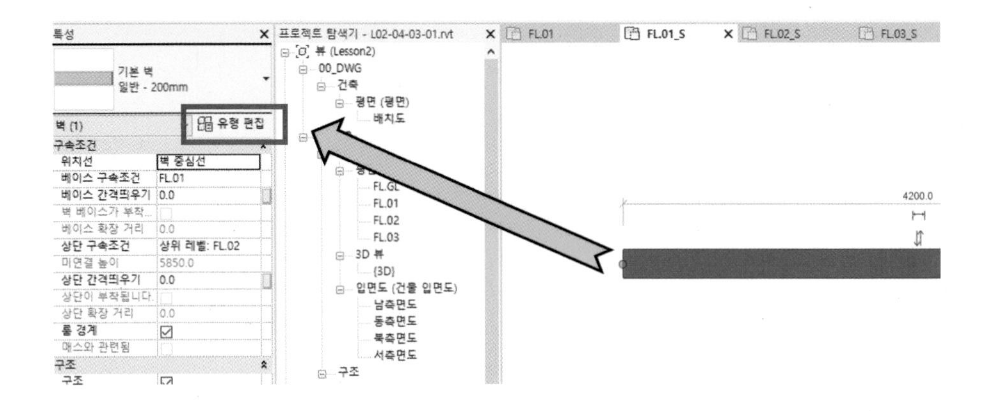

⑥ 프로젝트에 사용할 유형을 만들기 위해서 복제를 선택합니다. 이름을 [CW1]으로 지정합니다.

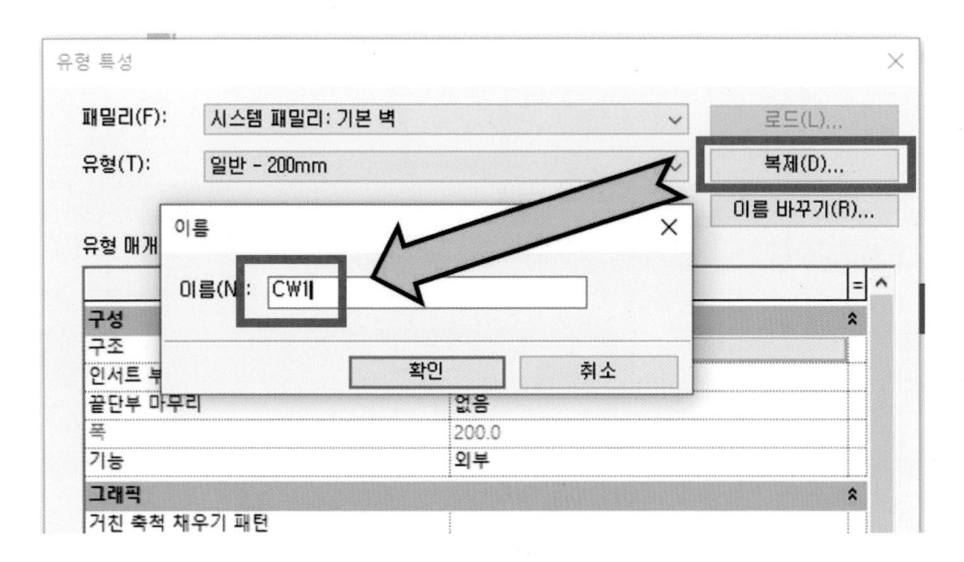

⑦ 두께와 재질을 변경하기 위해 편집 버튼을 실행합니다.
(편집에서만 두께와 재질을 변경할 수 있습니다.)

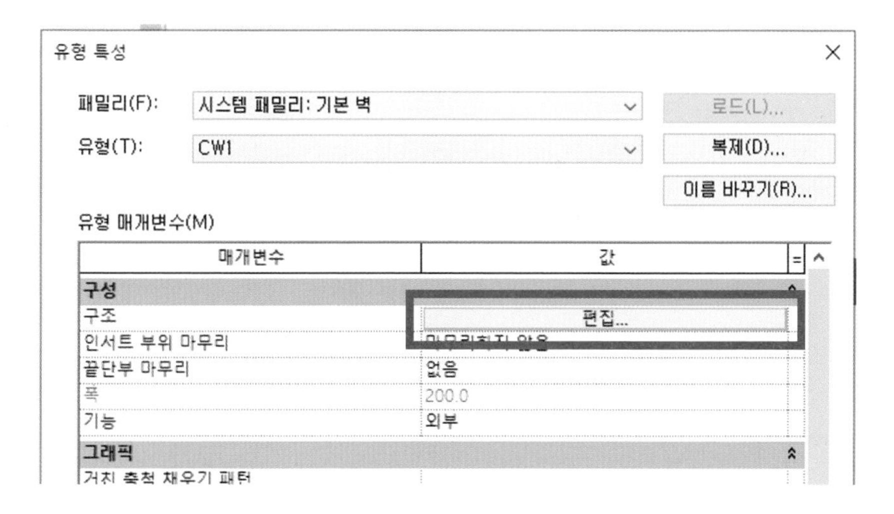

⑧ 재질 변경은 재질 창의 우측 끝 부분을 선택합니다. 벽의 두께는 200으로 지정합니다.

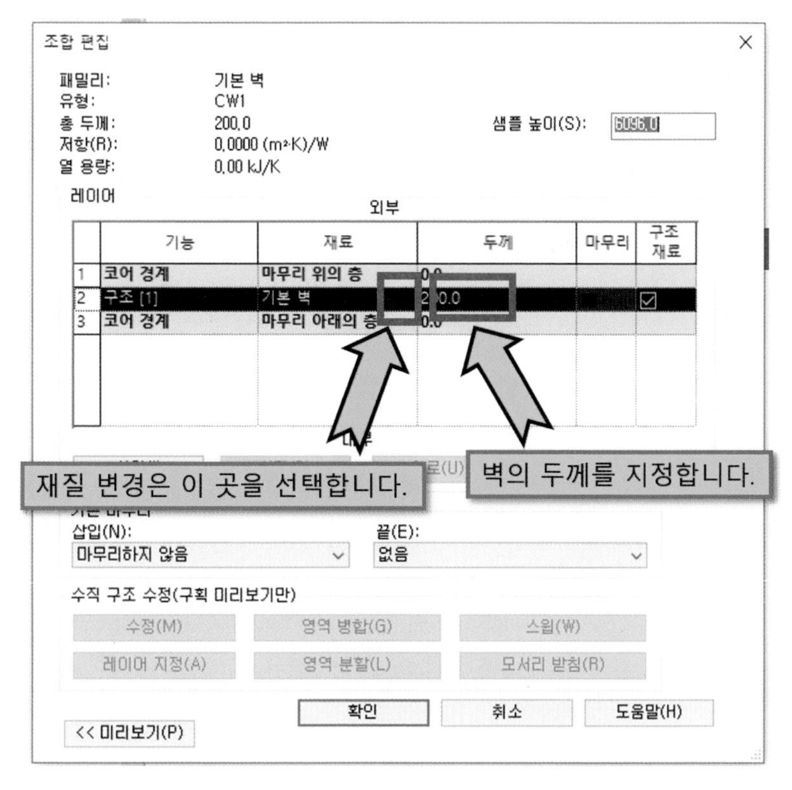

⑨ 재질을 [#콘크리트]로 변경합니다.

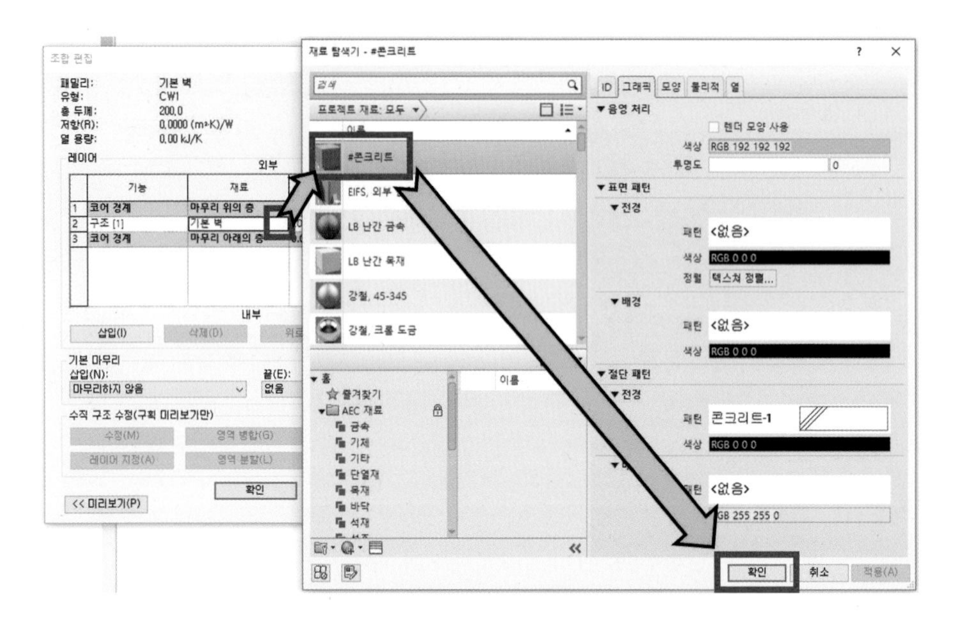

⑩ 배경의 패턴을 솔리드로 변경합니다.

6.2 구조 기초 작성하기

- 구조 기초는 구조에서 가장 기본적으로 사용되는 명령입니다.
- 아래와 같이 구조 탭에서 독립 기초, 벽 기초(줄 기초), 기초 슬래브(매트 기초)로 나뉩니다.

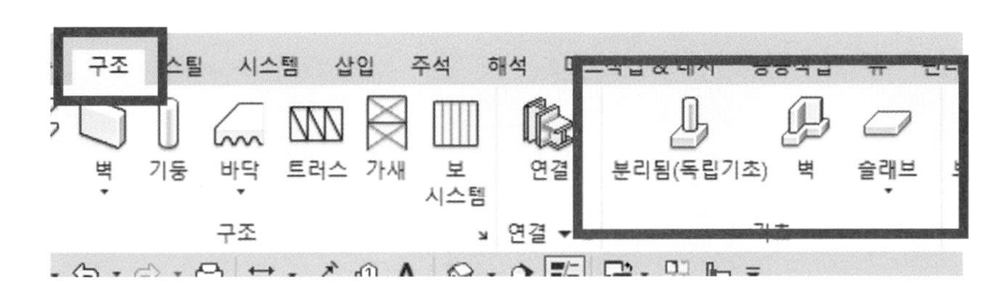

6.2.1 독립 기초

- 독립 기초는 기둥과 같이 사용이 됩니다.
- 기본 패밀리에 포함되지 않는 만큼 사용하기 위해서 패밀리 로드라는 과정을 거치게 됩니다. 패밀리는 일종의 저장된 블록 개념으로 보시면 됩니다.

[기초 유형 만들기]

① 모든 패밀리는 명령과 삽입 탭에서 로드가 가능합니다.

② 삽입 탭의 패밀리 로드 명령을 선택합니다.

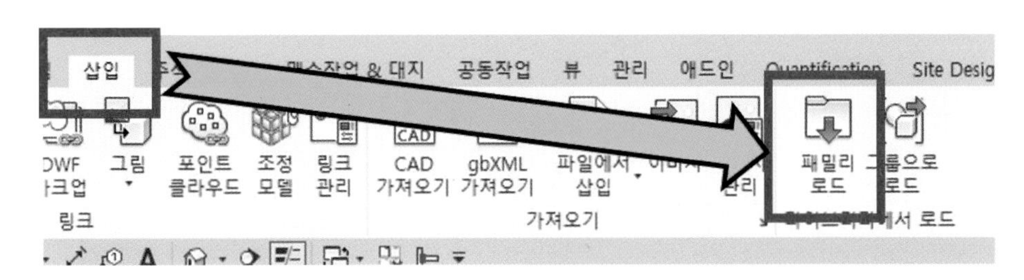

③ 라이브러리 목록 중에서 구조 기초 폴더를 선택합니다.

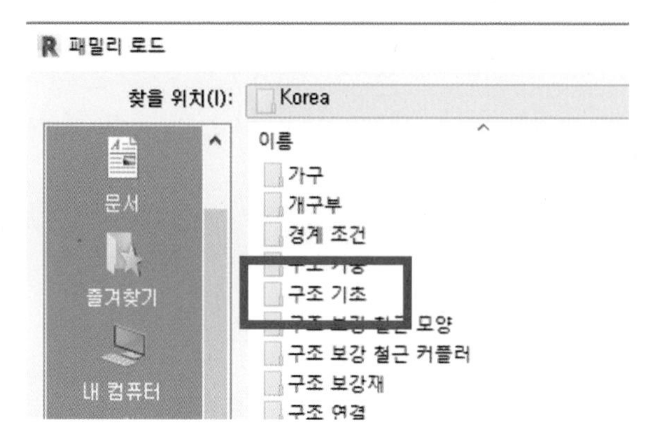

④ [기초-직사각형] 패밀리를 선택한 후 확인을 누릅니다.

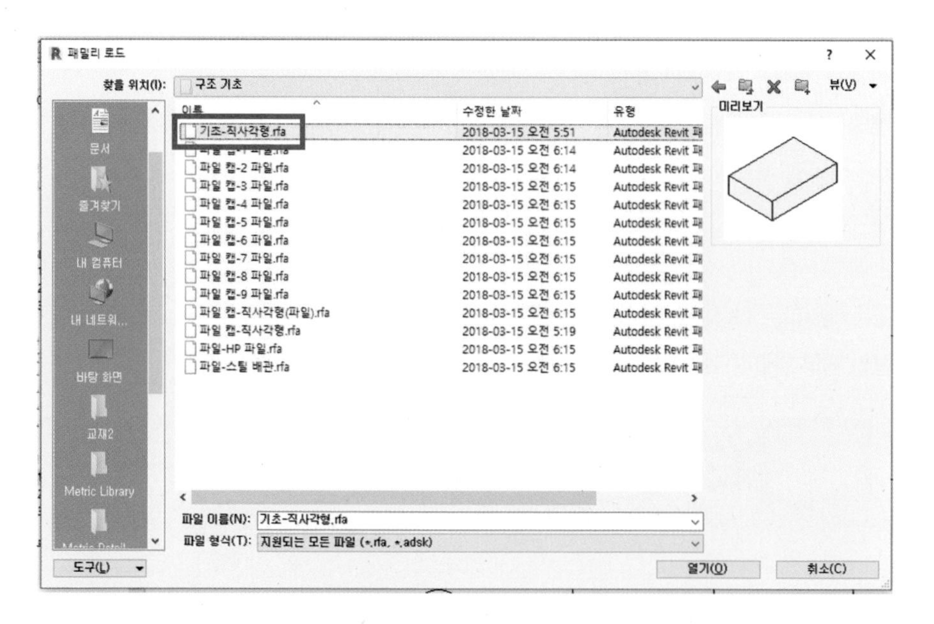

⑤ 구조 탭에 있는 [분리됨(독립기초)]를 선택합니다.

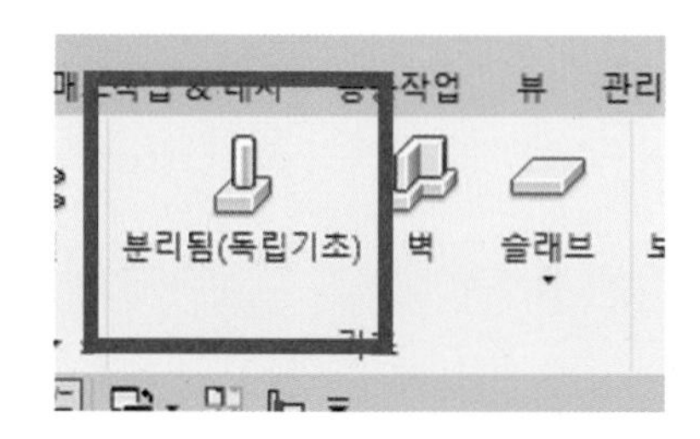

⑥ 기초 패밀리가 로드된 것을 확인합니다. [유형 편집]을 선택합니다.

⑦ [복제]를 누른 후 새로운 유형을 만들어 줍니다.
이 교재에서는 [F1 2400(폭)x2400(길이)x500(기초 두께)]으로 지정했습니다.

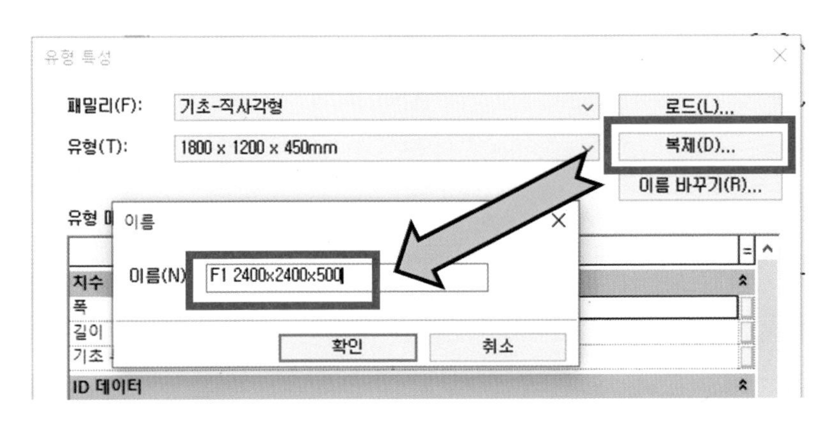

⑧ 아래와 같이 길이 항목의 값을 수정합니다.

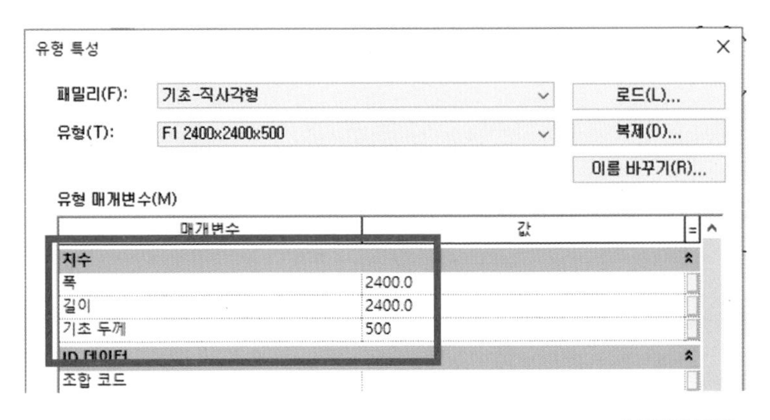

⑨ 기초의 깊이는 아래와 같이 [레벨로부터의 높이]를 이용해서 깊이를 조정합니다.

[유형 작성하기]

① 그리드 교차점에 직접 작성하기

① 그리드 교차 지점을 선택합니다.

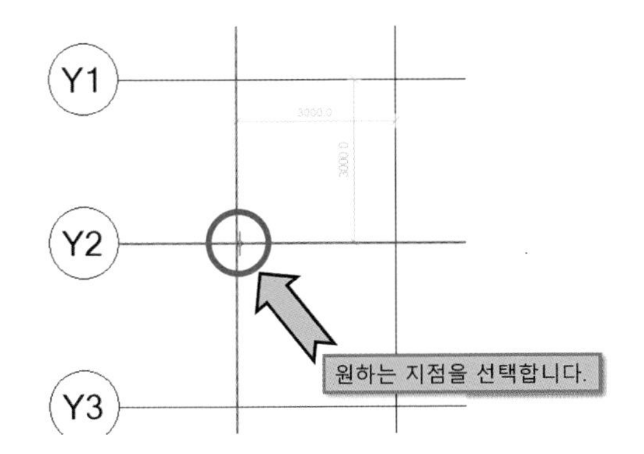

② 아래와 같이 확인할 수 없다는 매세지는 작성된 객체가 높이 차 혹은 뷰 범위에 의해 뷰를 화면에서 확인할 수 없는 경우 나타납니다.

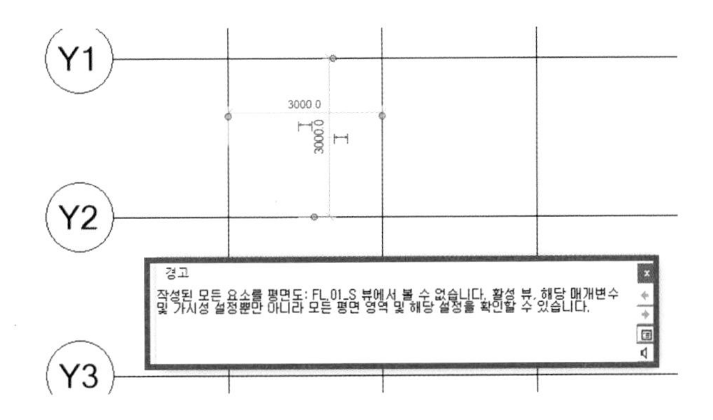

③ 아래와 같이 뷰 범위를 실행한 후 뷰 깊이 값에 [-500]을 적용합니다.

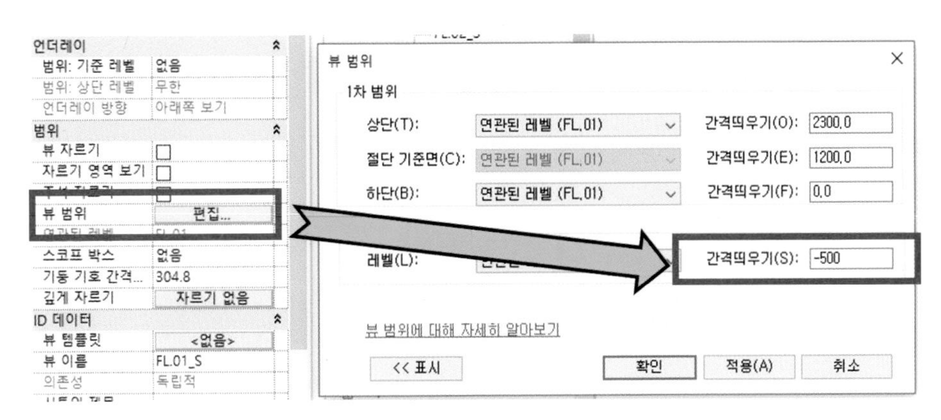

④ 기초는 아래와 같이 기초를 선택한 후 재질을 변경합니다.

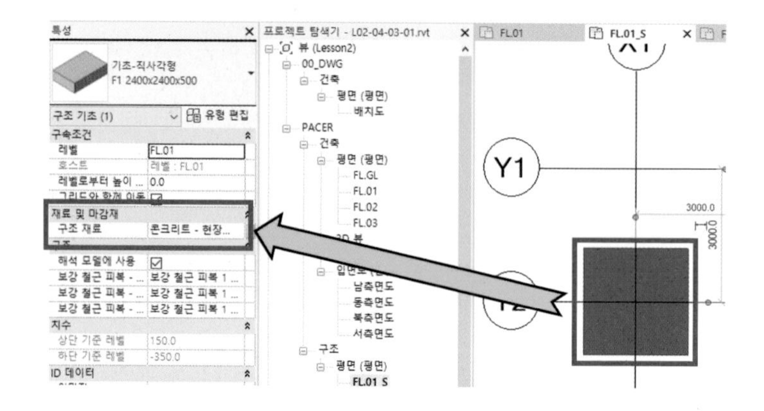

② 그리드 교차점에 일괄 작성하기

① 여러 부분에 동시에 작성하는 방법으로 [그리드에서]라는 명령이 있습니다.

② 이 명령은 그리드 교차 지점에서만 사용이 가능합니다. 구조 기둥 등도 같은 방식으로 사용할 수 있습니다.

③ 독립기초 명령을 선택합니다.

④ [그리드에서] 명령을 선택합니다.

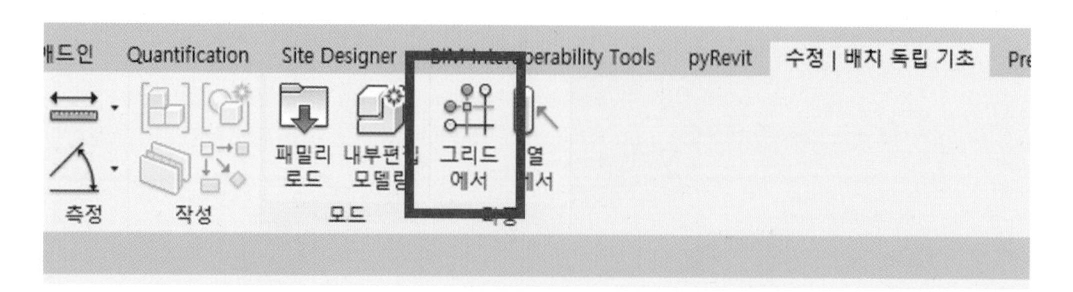

⑤ 우측에서 좌측으로 선택해야 적용됩니다.
우 상단 지점에서 첫 점을 선택한 후 좌측 하단 지점을 선택해서 교차 지점을 지정합니다.

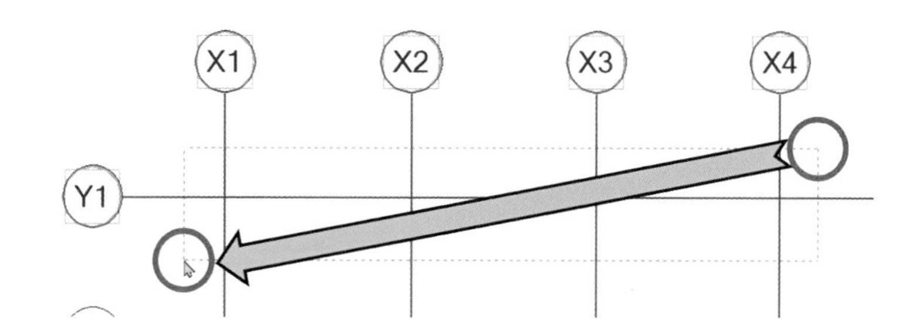

⑥ 아래와 같이 미리 적용된 모습이 확인 가능합니다. 완료를 선택합니다.

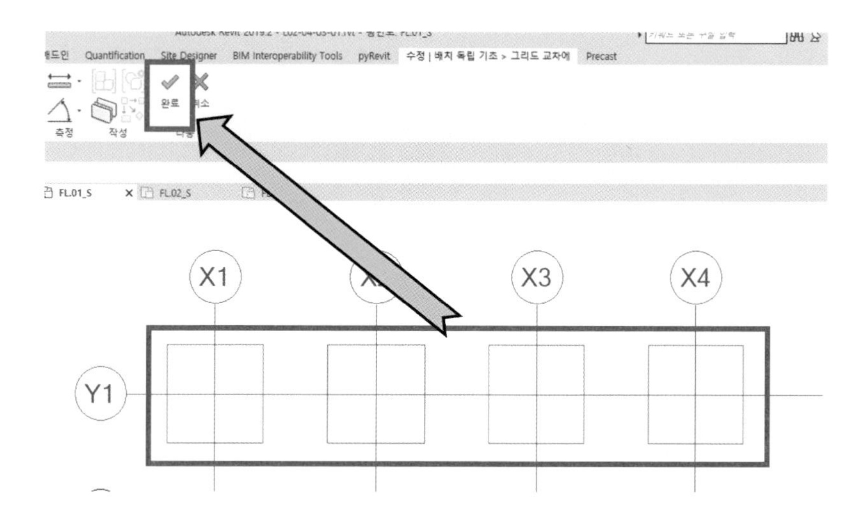

⑦ 적용된 기초를 확인합니다.

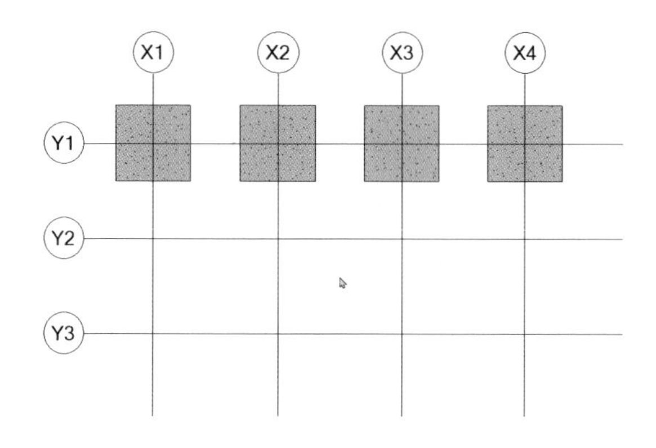

6.2.2 벽 기초(줄 기초)

- 줄 기초는 벽의 하부에 작성이 됩니다.
- 구조벽을 작성한 후에 만들 수 있습니다.

① 먼저 구조벽을 작성합니다.

② 구조벽의 경우 기본 값은 깊이로 지정되어 있습니다.
높이로 되어 있는 경우는 깊이를 1000으로 변경합니다.

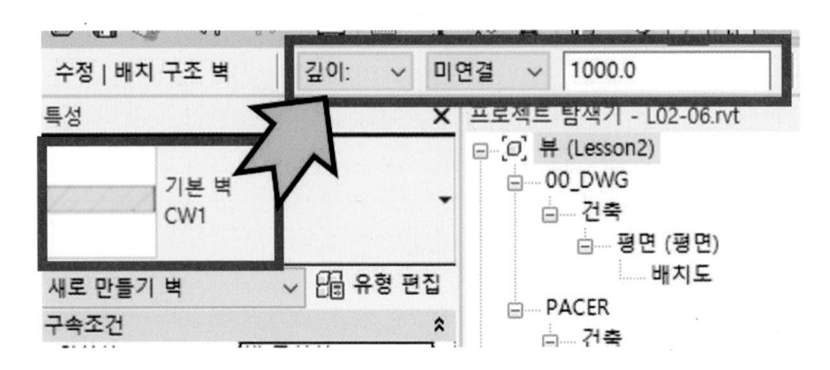

③ 직사각형 형태의 벽을 작성합니다.

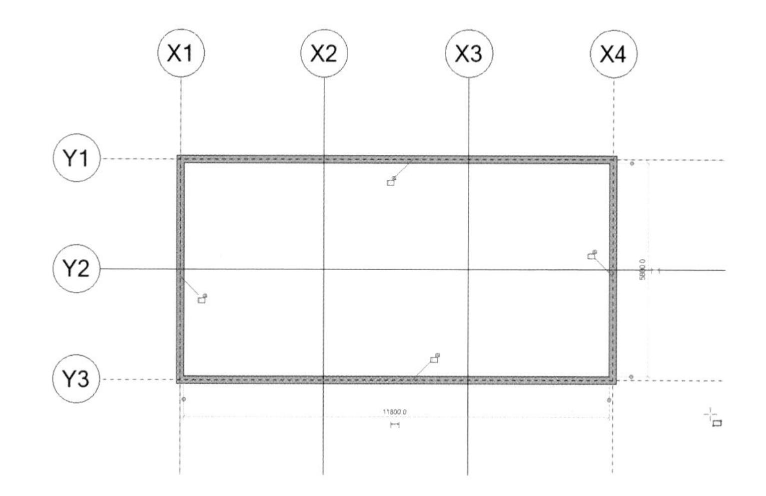

④ 적용을 위해서 뷰를 3D 뷰로 변경합니다.

⑤ 구조의 벽 기초 명령을 선택합니다.

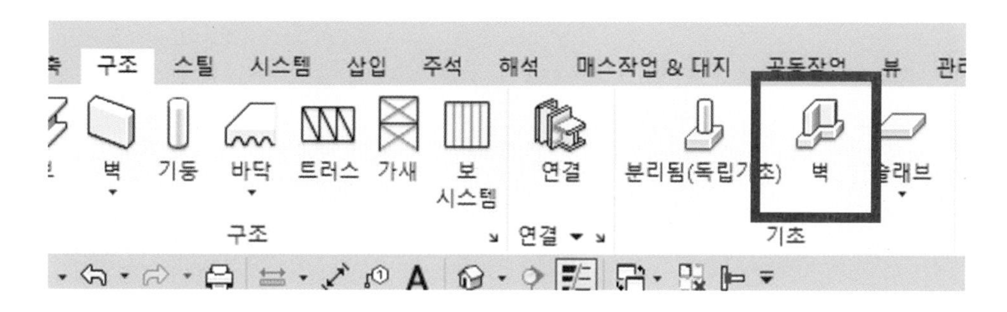

⑥ 새로운 유형 생성을 위해서 유형 편집을 선택합니다.

⑦ 복제를 이용해서 이름을 [P_300x300x300]으로 변경합니다.

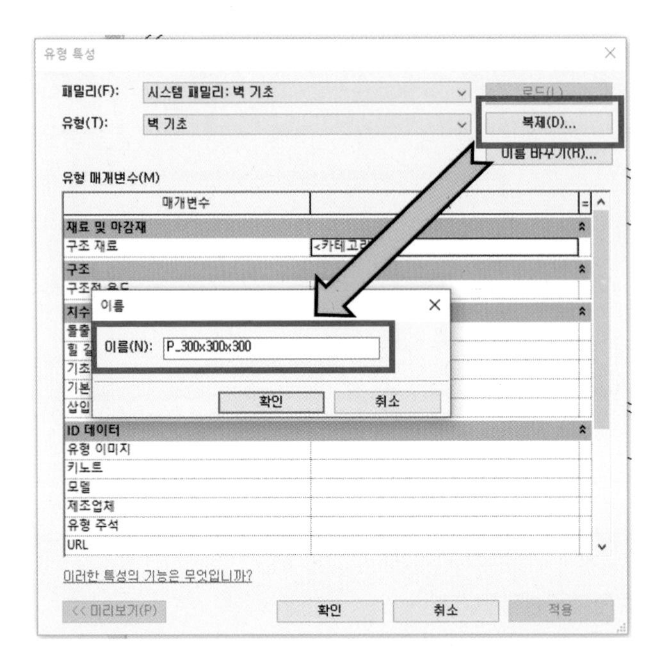

⑧ 재질과 치수를 모두 변경합니다.

⑨ 벽은 순서에 상관없이 차례로 선택합니다. 완료하면 [ESC] 키를 두 번 눌러 명령을 취소합니다.

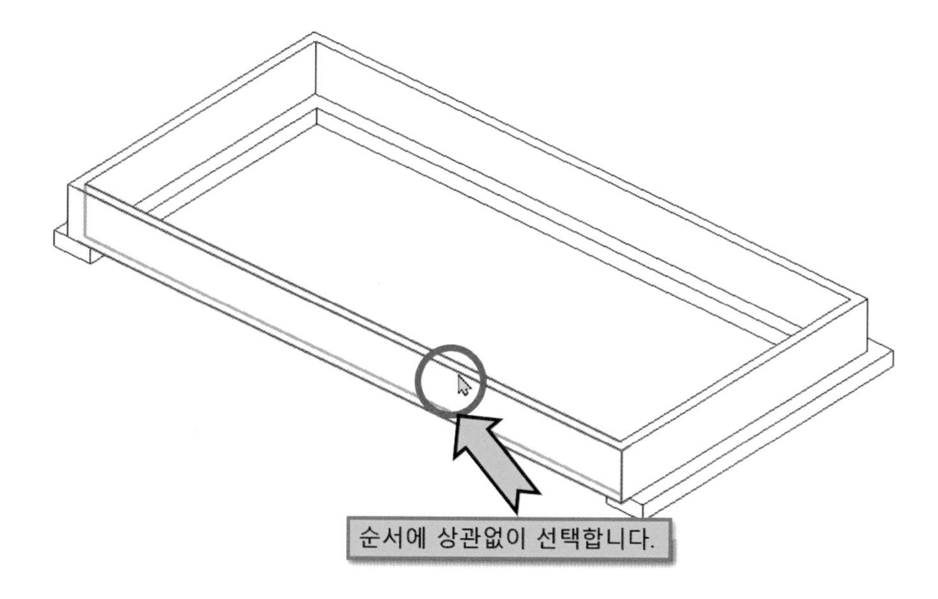

- 벽 기초의 경우 치수가 적용이 되는 데 어디를 지정하는지 잘 모르는 경우가 있습니다.
- 아래와 같이 벽에 마감 기호가 붙는 곳이 마감면이라고 합니다.

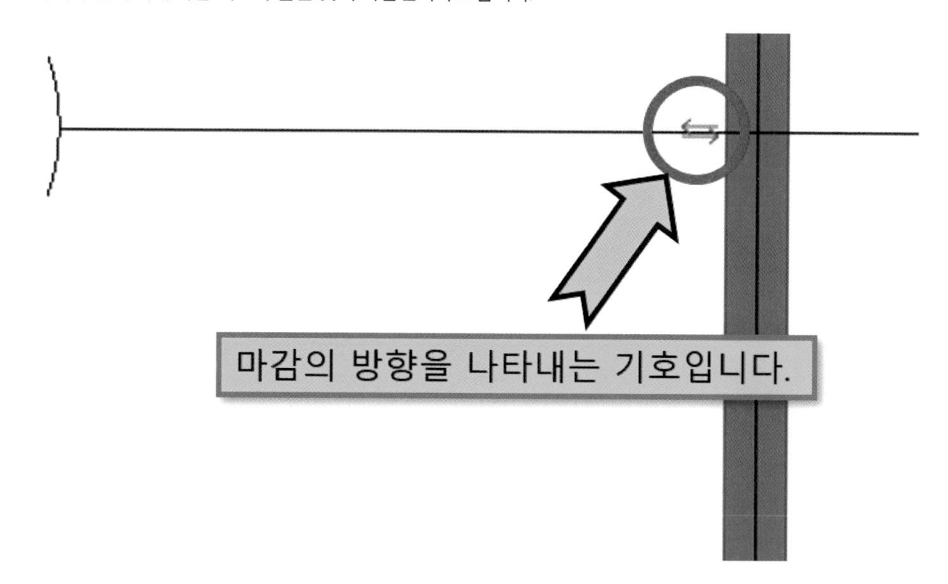

- 각 부의 치수는 아래 이미지와 같습니다. 벽을 선택한 후 스페이스 바를 누르면 마감의 방향을 변경할 수 있습니다.

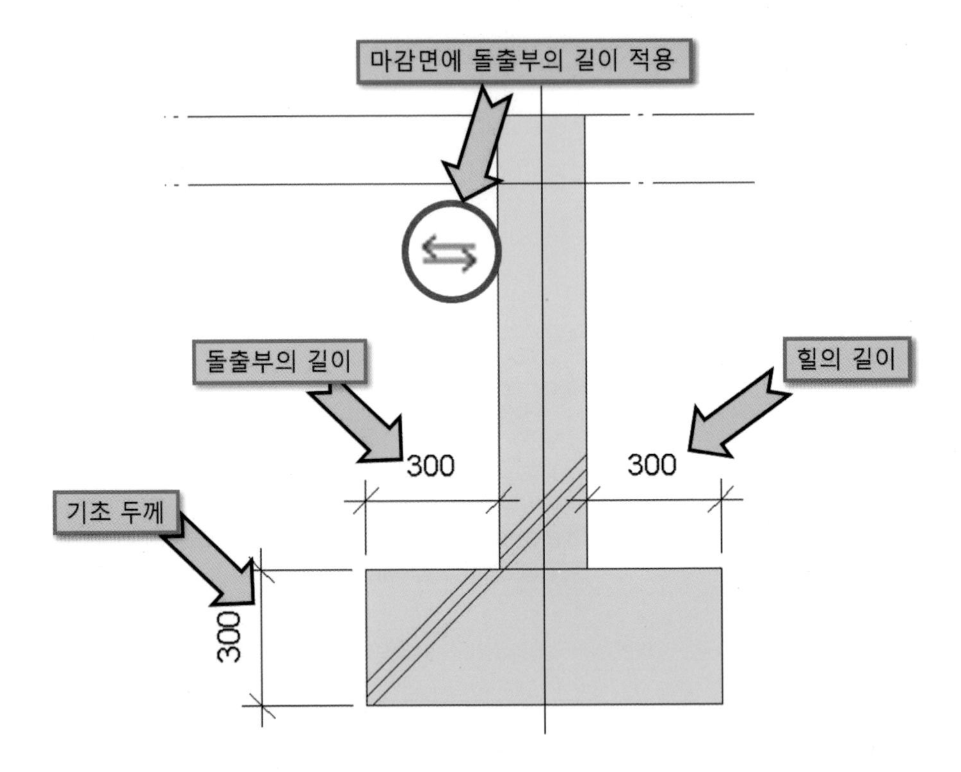

6.2.3 기초 슬라브

- 기초 슬라브는 구조 명령에서 가장 많이 사용되는 명령입니다.
- 매트 기초를 만들 때 사용됩니다.
- 슬라브 명령은 바닥을 그리는 슬라브와 슬라브 모서리로 나누어집니다.

- 슬라브 모서리의 경우 시스템 패밀리를 사용해서 치수를 사용자가 조정할 수 있습니다.

[슬라브 작성하기]

- 슬라브 작성 방법은 바닥과 같습니다.

① 명령을 실행합니다.

② 유형 편집을 선택합니다.

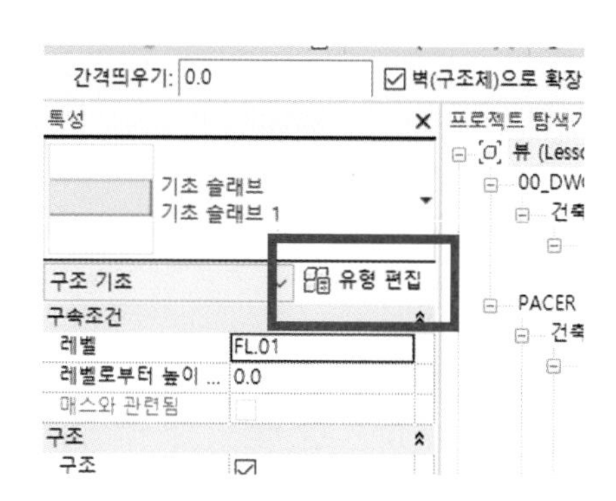

③ 복제를 이용해서 [MAT 500] 바닥의 이름을 지정합니다.

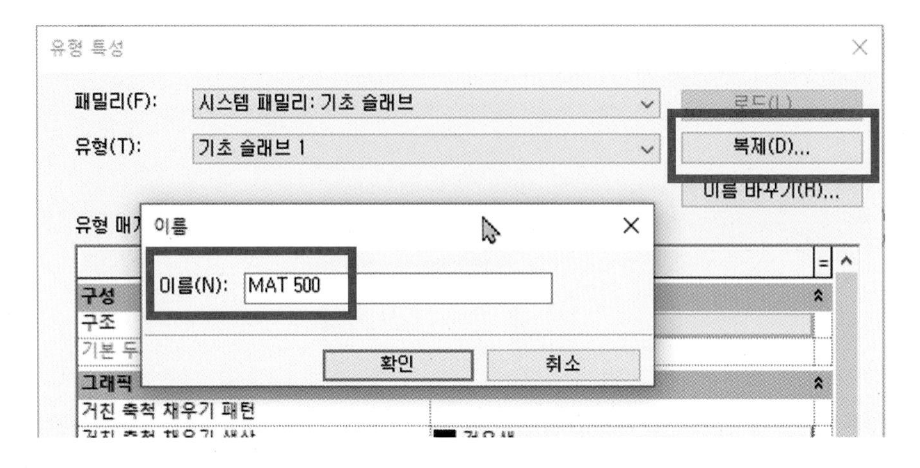

④ 편집을 선택합니다.

⑤ 재질과 두께를 변경합니다. 각각 [#콘크리트], [500]으로 변경합니다.

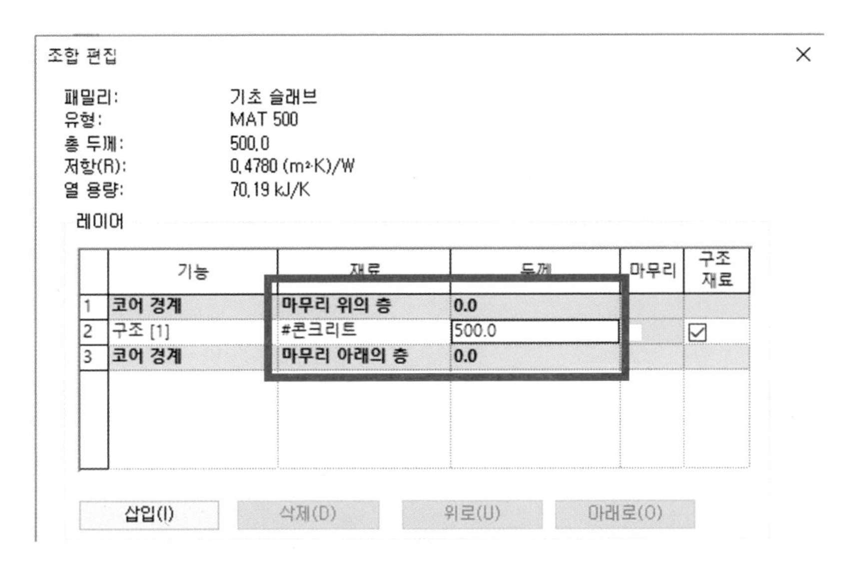

⑥ 확인을 누르고 작업 화면으로 돌아옵니다. 스케치를 이용해서 직사각형 바닥을 작성합니다.

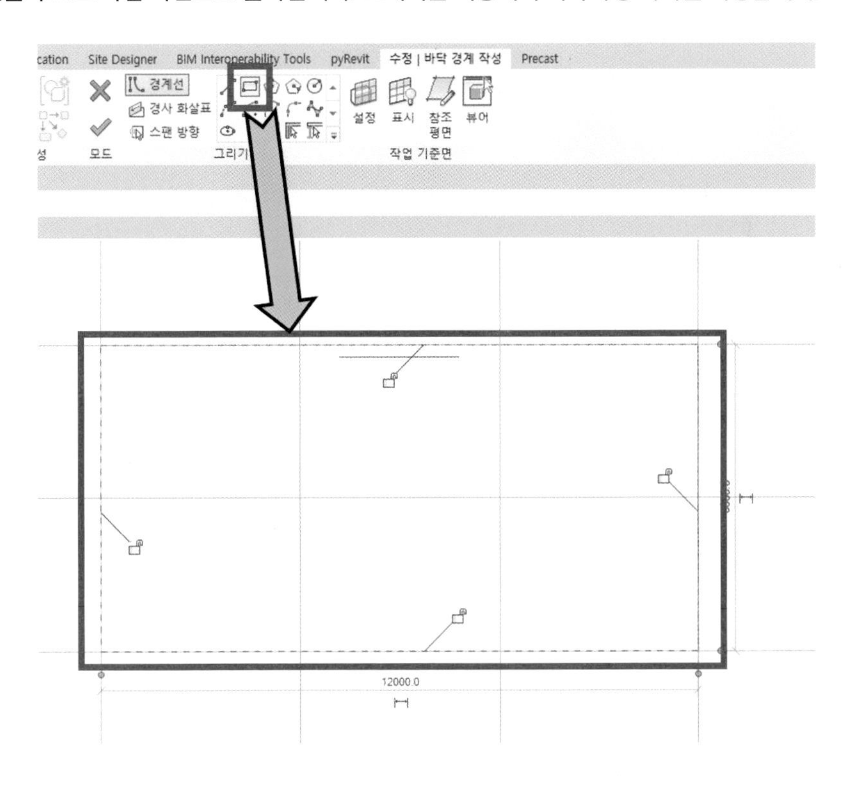

⑦ 완료를 선택합니다.

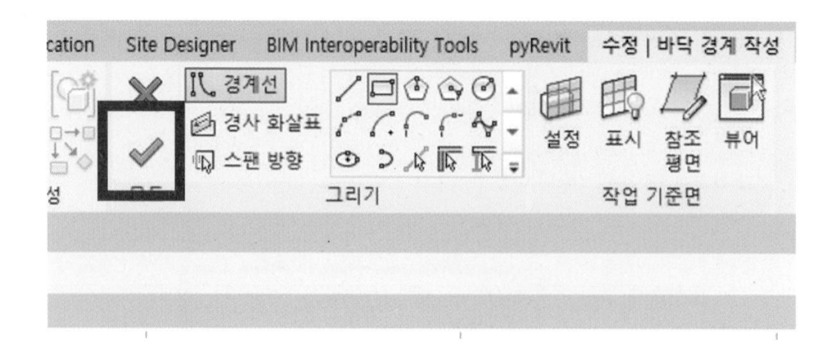
cation
Site Designer
BIM Interoperability Tools
pyRevit
수정 | 바닥 경계 작성
경계선
경사 화살표
스팬 방향
그리기
설정
표시
참조 평면
뷰어
작업 기준면

[슬라브 모서리 작성하기]

- 슬라브 모서리는 바닥이 작성되어 있어야 적용이 됩니다.
  슬라브 모서리는 바닥의 하단면에 적용이 됩니다.
- 슬라브 모서리를 적용하기 위해서는 먼저 시스템 패밀리를 작성해야 합니다.
- 슬라브 모서리는 길이와 두께 값이 필요합니다. 각 부의 치수는 아래 이미지를 참고합니다.

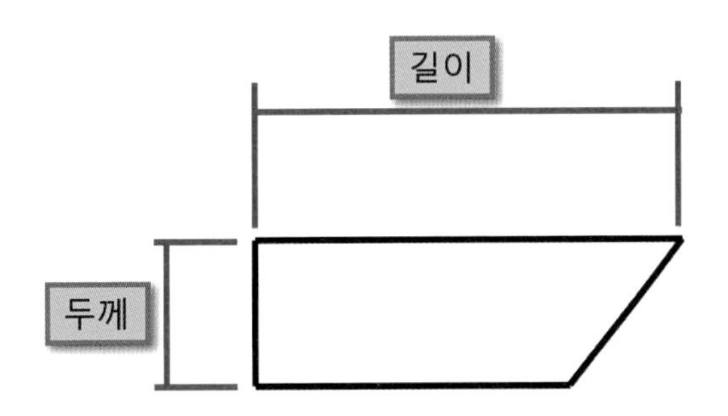

- 길이는 1000, 두께는 400인 모서리를 작성해 보겠습니다.

① 프로젝트 탐색기의 패밀리를 더블 클릭해서 열어줍니다.

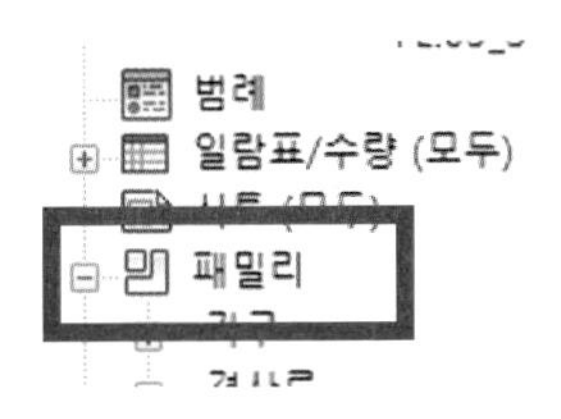

② 프로파일 하단에 있는 [M_슬라브 모서리-두껍게] 목록에 있는 3개의 항목 중 하나를 선택한 후 마우스 우 클릭해서 복제를 선택합니다.

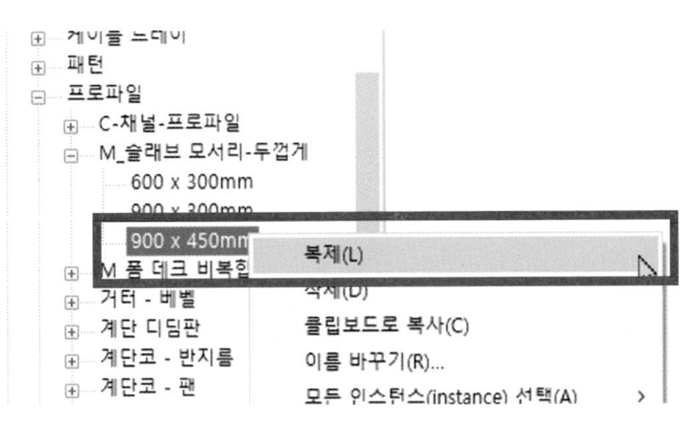

③ 1000 x 400mm를 적용합니다.

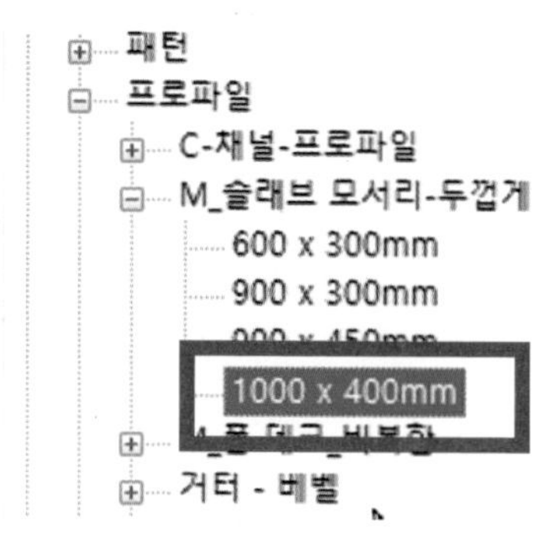

④ 새로 생성된 항목을 더블 클릭합니다. 폭(1000)과 두께값(400)을 적용합니다.

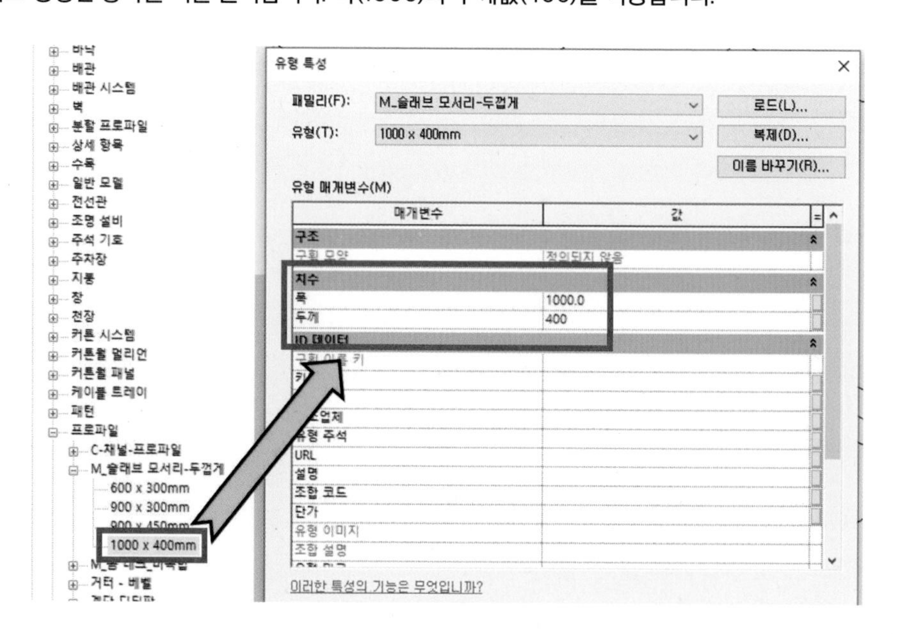

⑤ 패밀리 작성이 끝나면 슬라브 모서리 명령을 선택합니다.

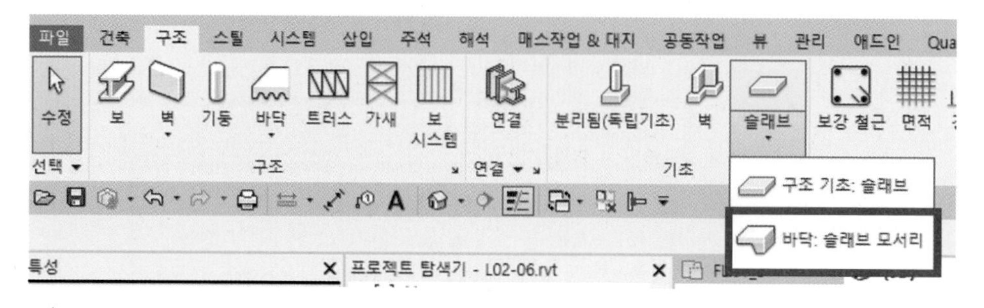

⑥ 슬라브 모서리의 유형 편집을 선택합니다.

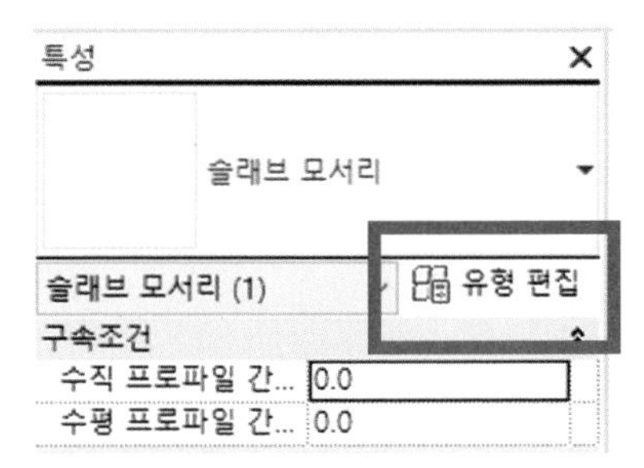

⑦ 복제를 선택한 후 이름을 [P_1000x400]을 입력합니다.

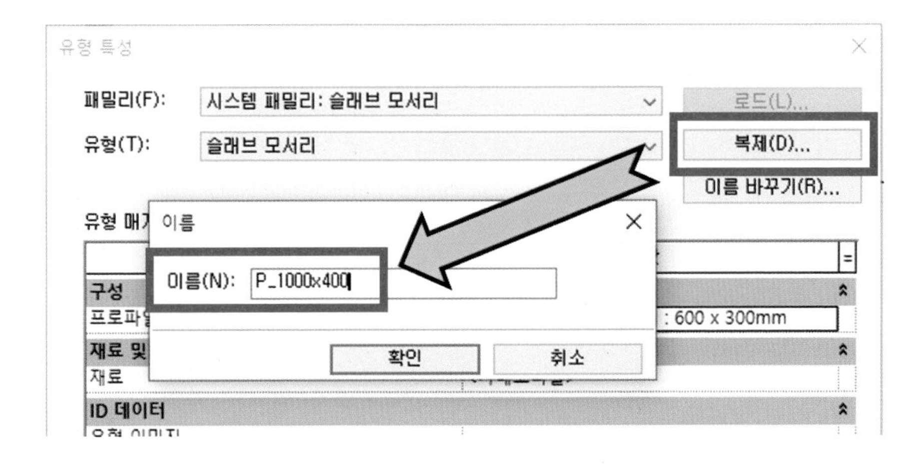

⑧ 프로파일과 재질을 아래와 같이 변경합니다. 확인을 누릅니다.

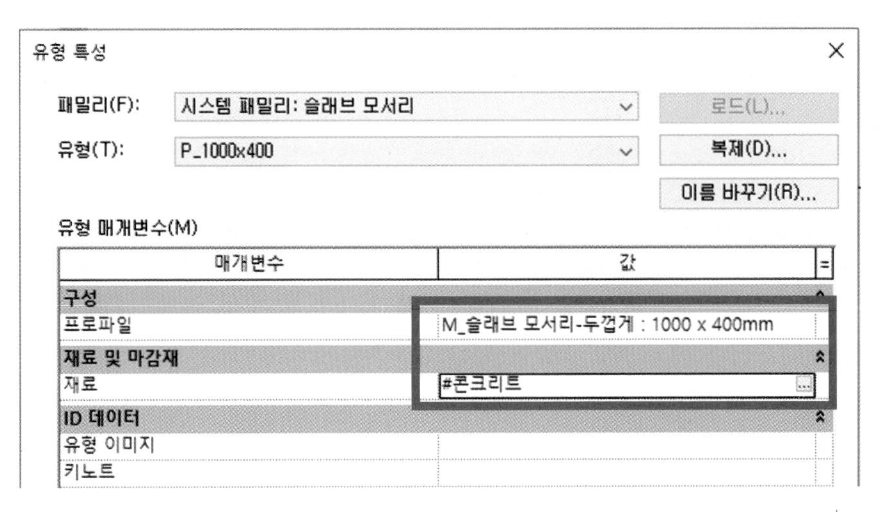

⑨ 적용을 위해서 뷰를 3D로 변경한 후 마우스를 슬라브의 하단에 올립니다.
(선택이 아닌 모서리에 마우스를 올립니다.)

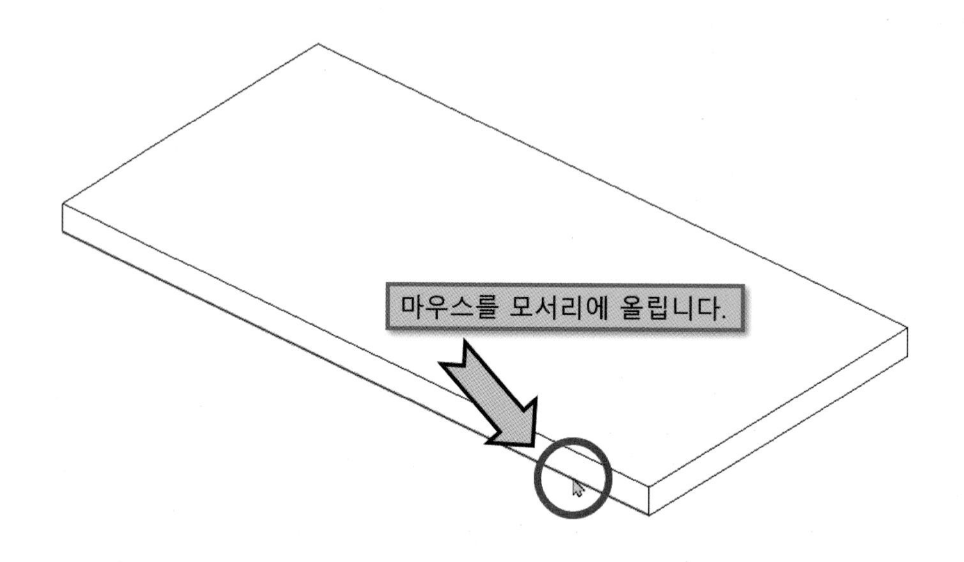

⑩ 슬라브 라인이 지정된 것을 확인 후 키보드의 탭 키를 한 번 누릅니다.
바닥면이 모두 지정되는 것을 확인할 수 있습니다.

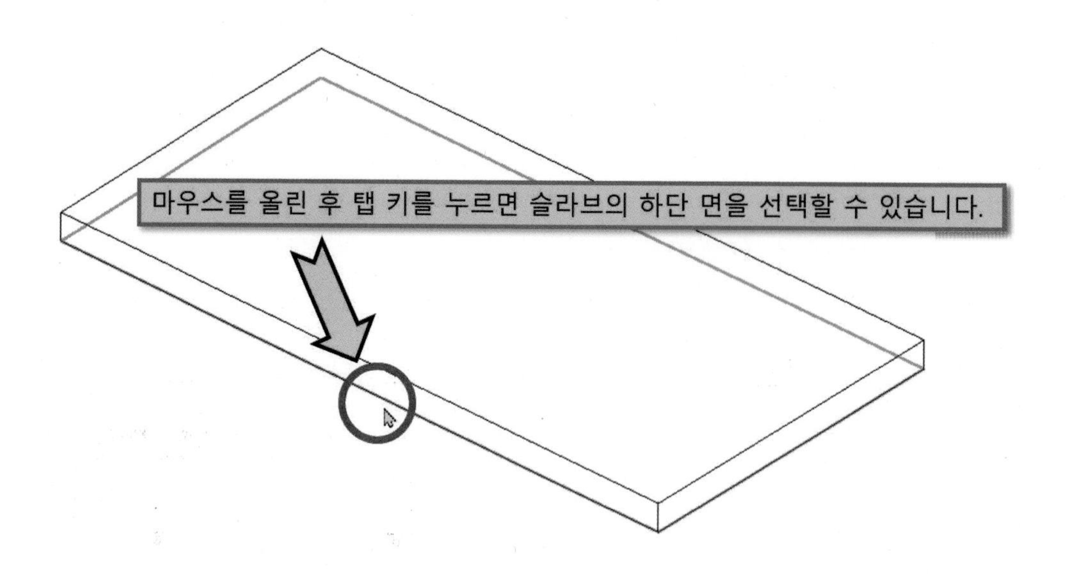

⑪ 마우스를 이용해서 좌 클릭합니다. 아래와 같이 적용되는 것을 확인할 수 있습니다.

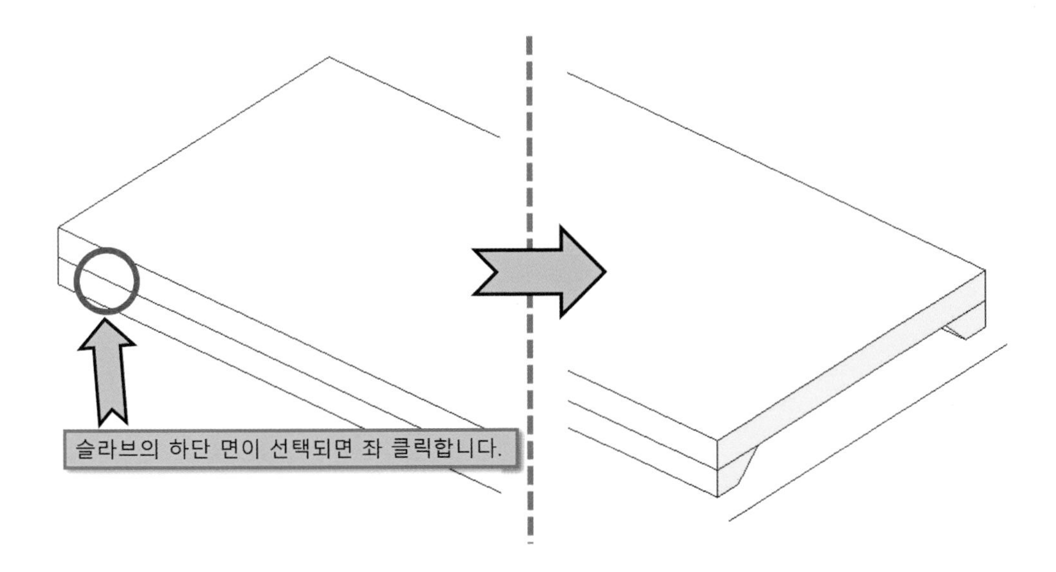

[슬라브 변형하기]

- 경사로를 작성하거나 바닥에 경사를 만들어야 할 경우 사용되는 방법입니다.

① 구조 바닥을 선택한 후 하위 요소 수정을 선택합니다. 기초 슬라브의 경우 해당되지 않습니다.

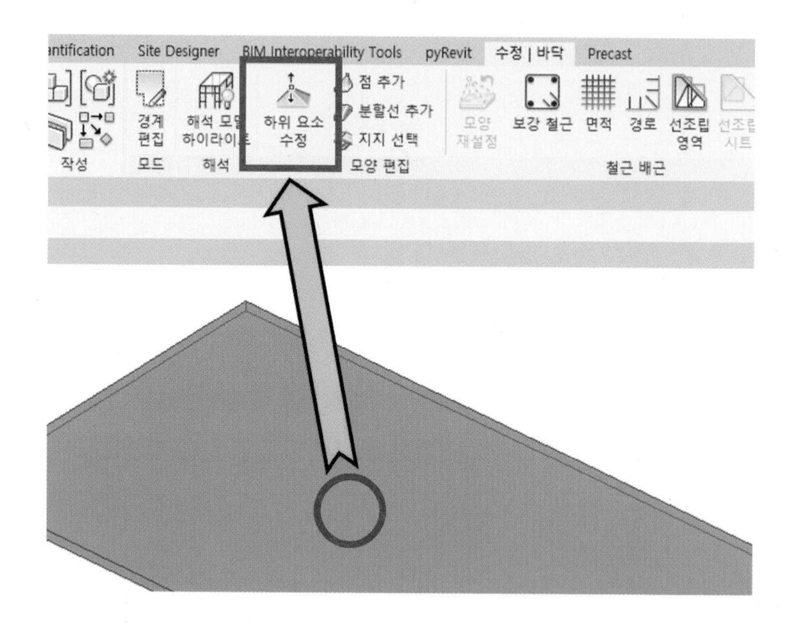

② 아래와 같이 모서리와 정점에 높이 값을 줄 수 있습니다.

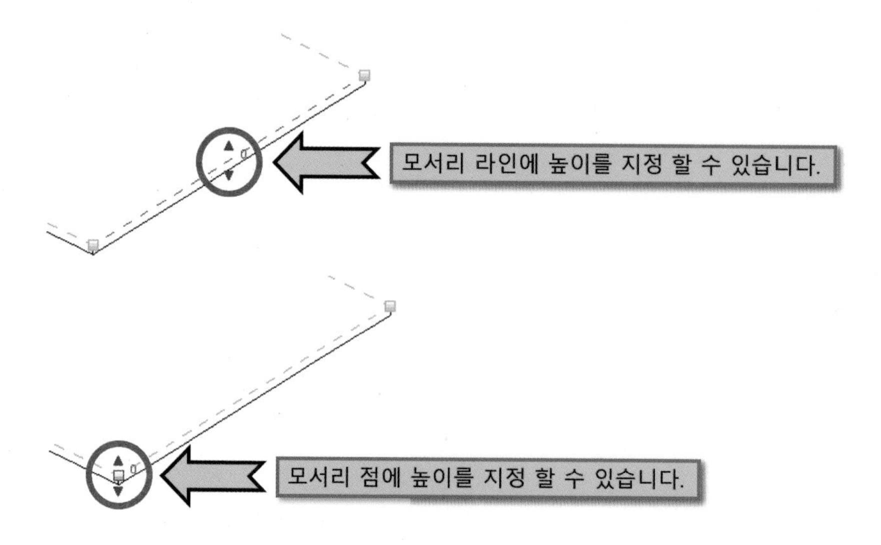

③ 임의의 모서리 높이를 1000으로 지정합니다.

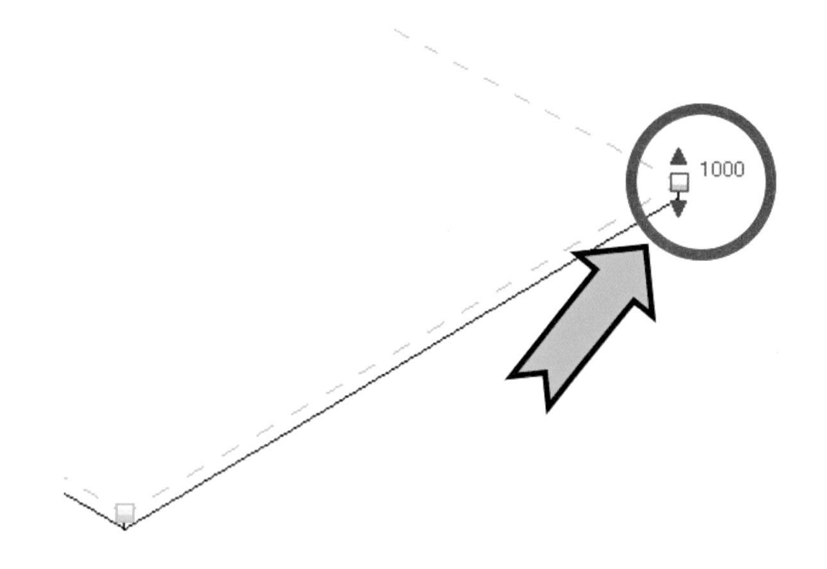

④ 아래와 같이 한 점이 올라간 구조 바닥이 작성됩니다.

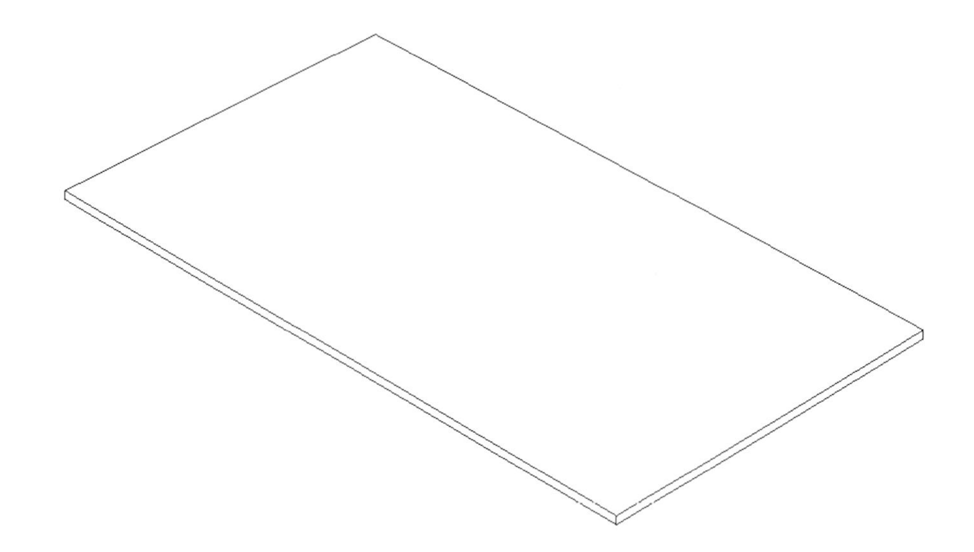

⑤ 바닥을 선택한 후 모양 재설정을 누르면 초기화됩니다.

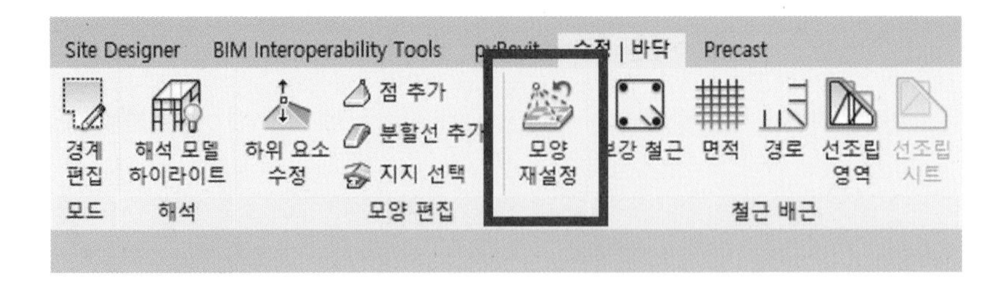

- 타일 바닥 등의 경사 표현

① 경사 등에 사용되는 경우라면 위의 방법으로 충분하지만 타일 바닥 등의 마감면에 사용이 되면 구조 바닥과 건축 바닥이 접합되지 않습니다.

② 작성된 구조 바닥을 선택합니다. 유형을 선택한 후 유형 편집을 선택합니다.

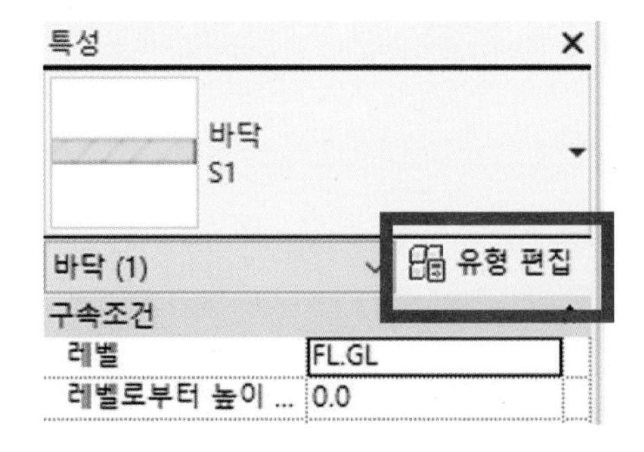

③ 편집 항목을 선택합니다.

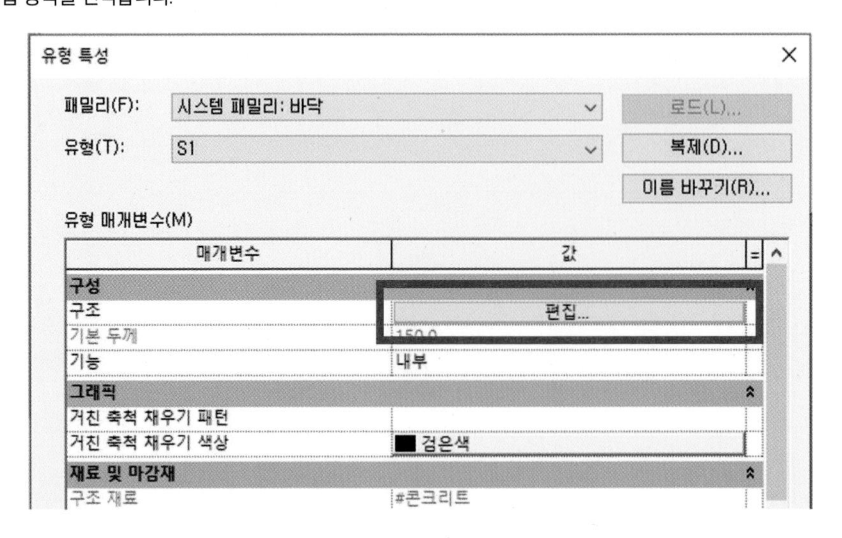

④ 변수를 체크한 후 확인을 누릅니다.

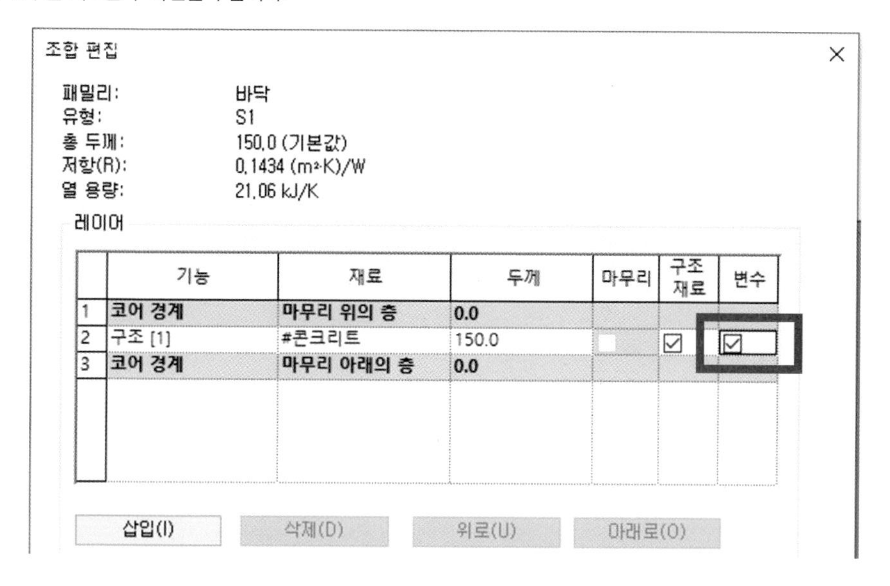

⑤ 위와 같이 모서리에 높이 값을 반영하면 위와는 다르게 표현이 됩니다.

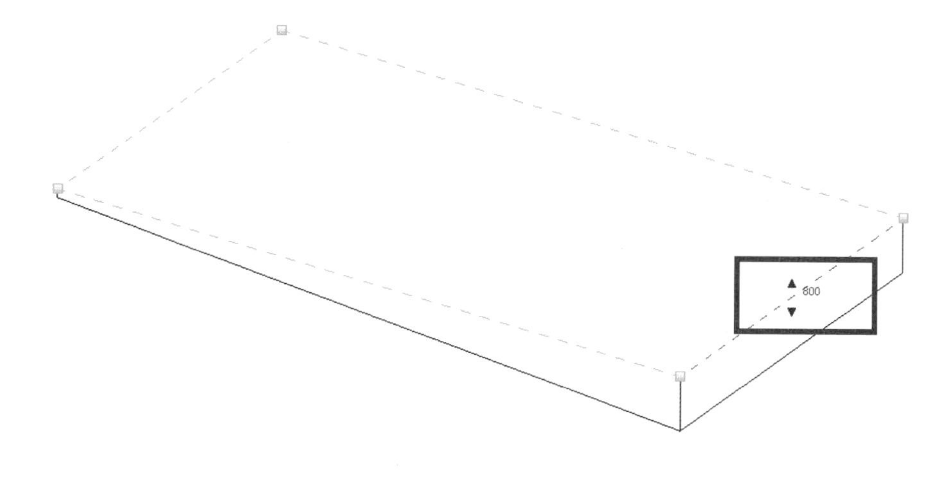

6.3 구조 기둥 작성하기

- Revit은 구조와 건축 탭에 각각 기둥이 있습니다.
- 차이점은 건축에 있는 기둥 명령은 수장재 역할을 합니다.
  구조에 있는 기둥은 구조 계산 등에 사용됩니다.
- Revit에서 기둥은 구조 기둥을 나타냅니다.
- 구조 기초에 사용되는 독립 기초는 기둥과 자동 결합되며,
  이때 독립 기초의 높이는 기둥 바닥의 높이에 구속이 됩니다.

[구조 기둥 패밀리 로드하기]

① 삽입 탭의 패밀리 로드를 선택합니다.

② 라이브러리 항목에서 구조 기둥을 오픈 합니다.

건축 기둥은 기둥으로 표기되어 있습니다. 반드시 구조 기둥을 오픈합니다.

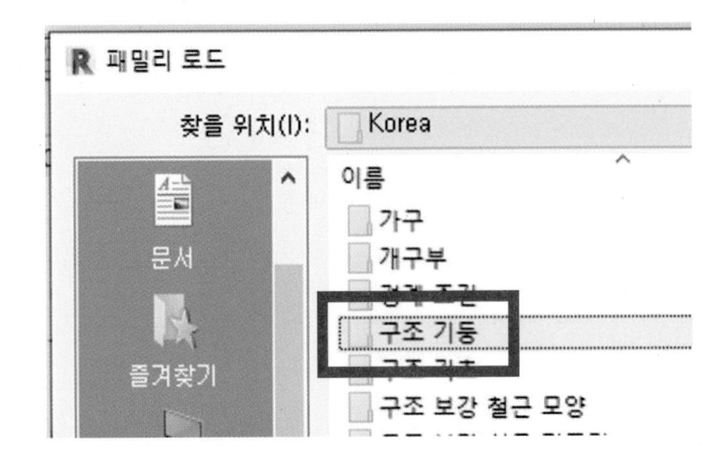

③ 항목에 구조에 많이 쓰이는 스틸과 콘크리트 두 가지가 있습니다.

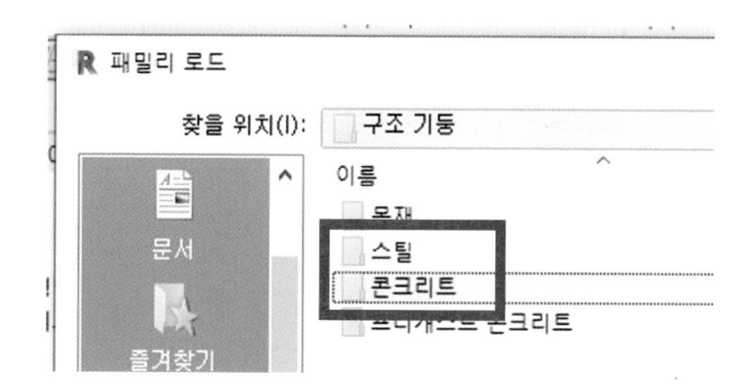

④ 먼저 콘크리트 기둥을 로드합니다. 콘크리트 직사각형 기둥을 선택한 후 확인을 누릅니다.

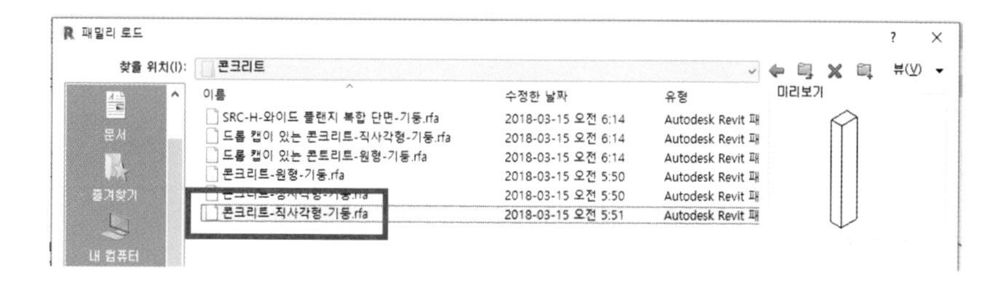

⑤ 강 구조의 경우에는 스틸 폴더를 오픈합니다.

⑥ 국내에서 가장 많이 사용되는 H-Beam은 W-와이드 플랜지 기둥입니다. 선택한 후 확인을 누릅니다.

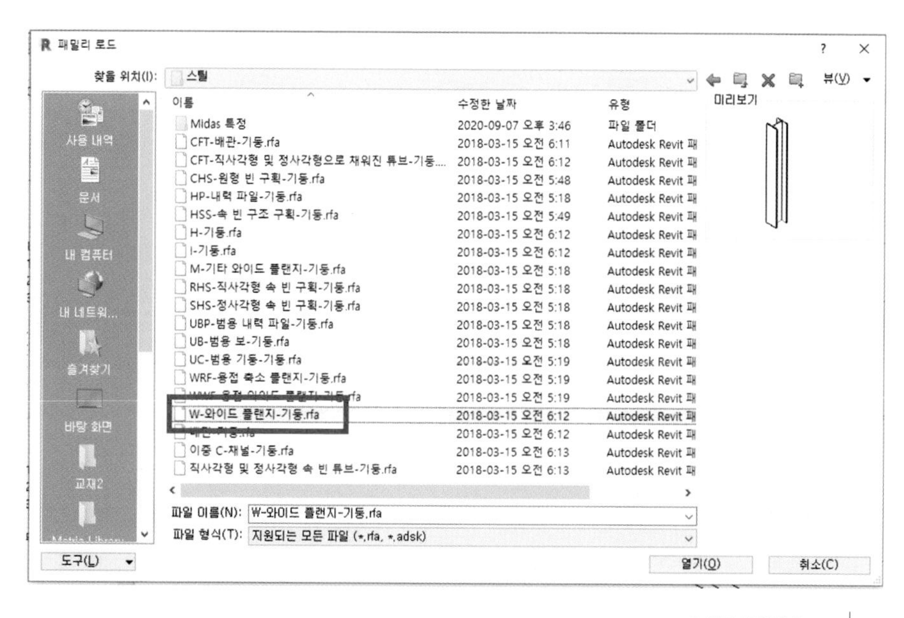

[수직 기둥 작성하기]

구조 기둥 작성 방법은 스틸과 콘크리트 종류에 상관없이 똑같습니다.

① 구조 기둥 명령을 실행합니다.

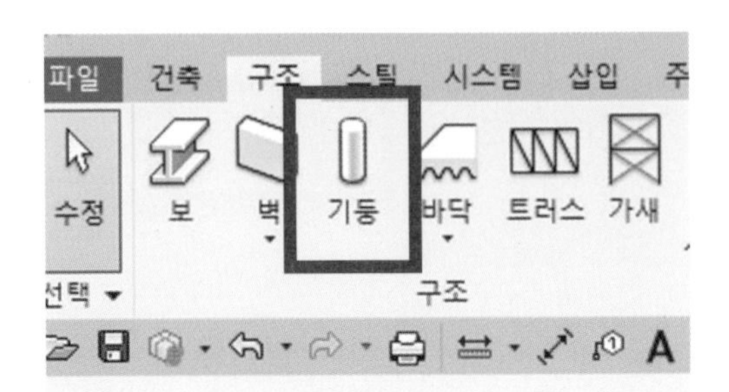

② 구조의 경우 수직 부재(기둥, 벽)는 깊이로 설정이 됩니다.

높이로 변경하고 상단 구속 조건을 선택합니다. 새로운 유형을 만들기 위해서 유형 편집을 선택합니다.

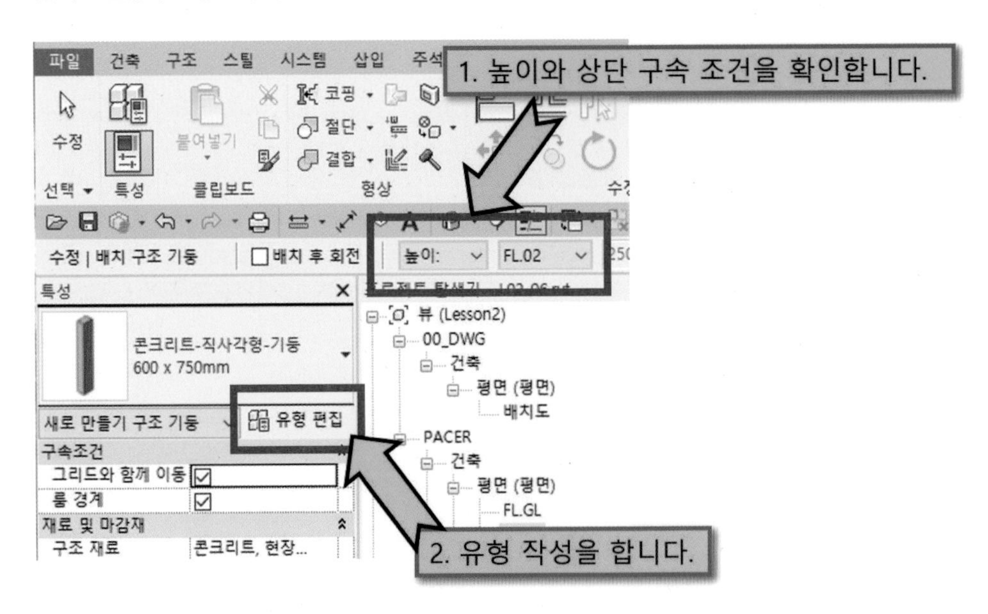

③ 복제를 선택 후 새로운 유형의 이름을 지정합니다.

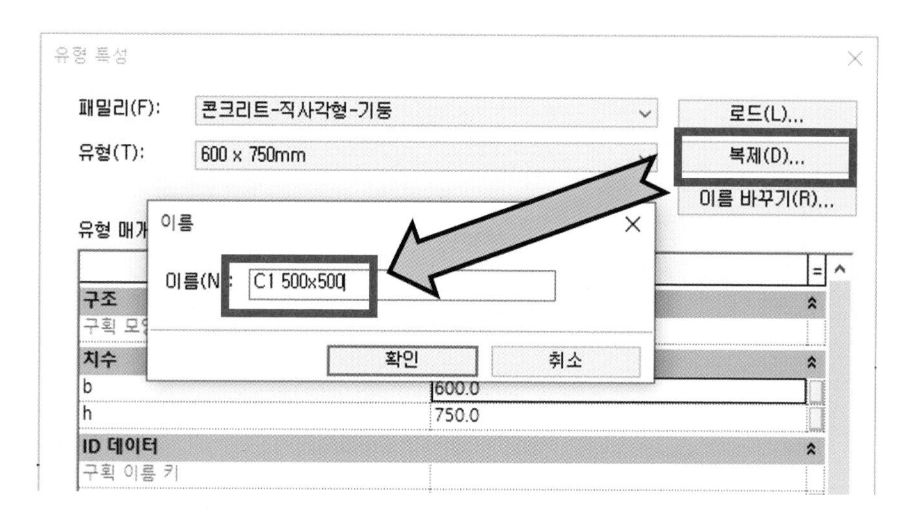

④ B와 H 값을 지정합니다. 가로와 세로로 보시면 됩니다.

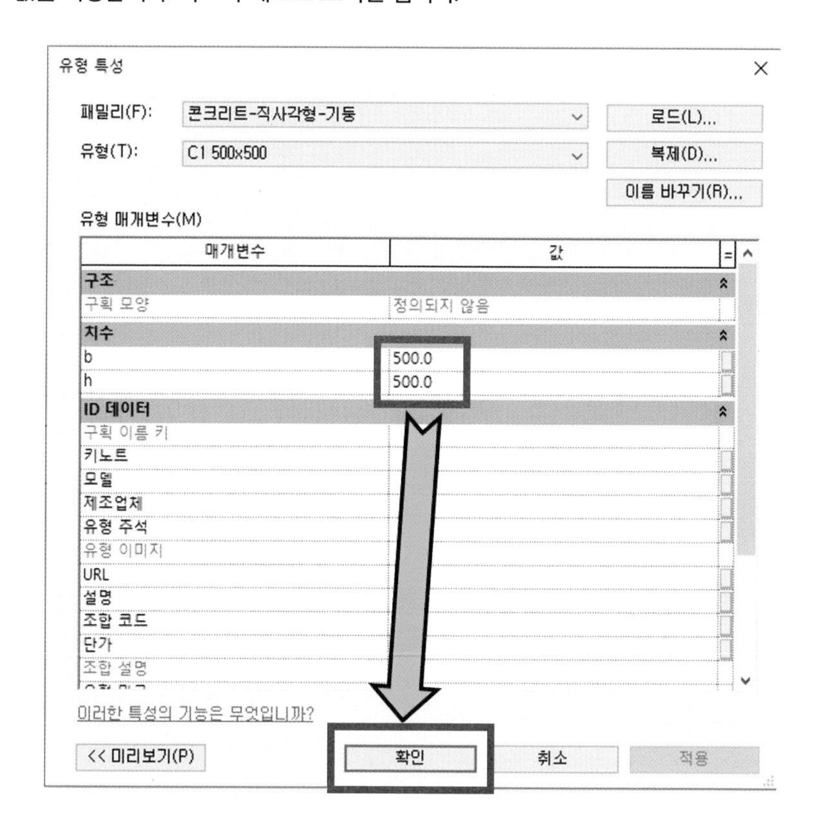

⑤ 그리드 교차 지점을 선택하면 기둥이 작성됩니다.

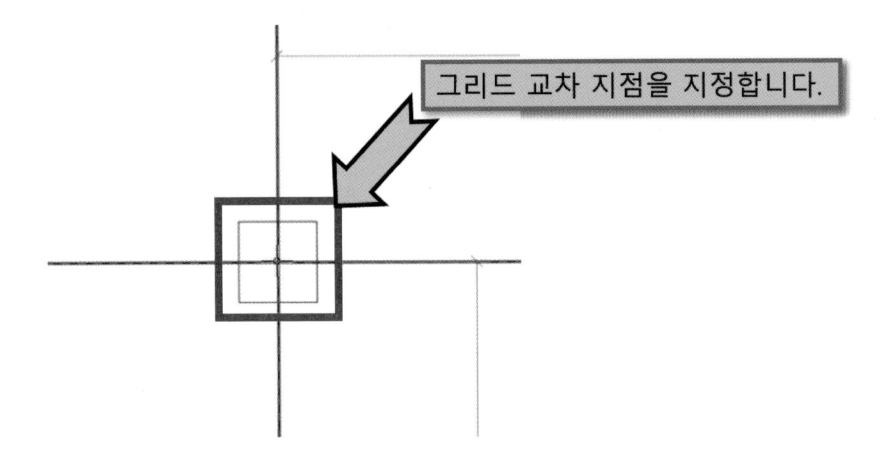

⑥ 구조 기초와 같이 그리드를 활용해서 일괄 적용하는 방법은
아래 그림과 같이 [그리드 에서] 명령을 실행합니다.

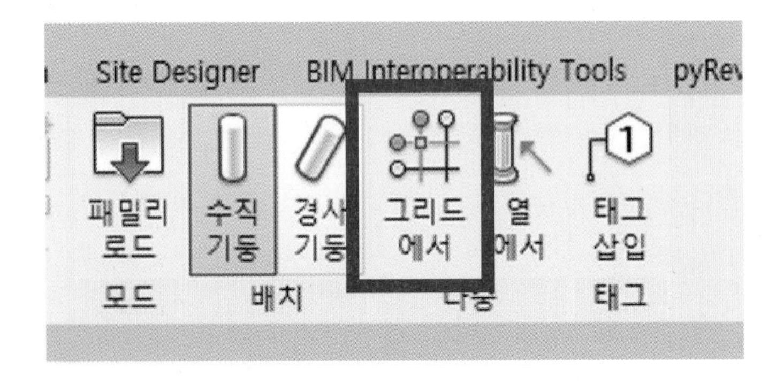

⑦ 우측에서 좌측으로 드래그해서 그리드 교차점을 선택합니다.

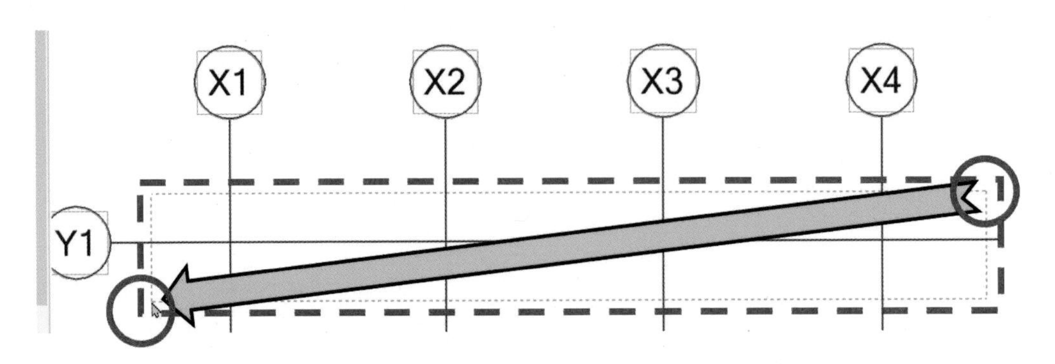

⑧ 선택 후 반드시 완료를 누릅니다.

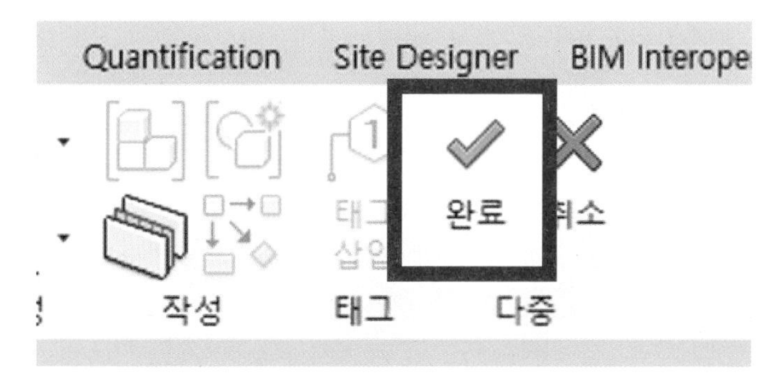

[경사 기둥 작성하기]

- 경사 기둥은 두 개의 점을 이용해서 작성됩니다.
- 처음 선택하는 지점이 기둥의 바닥이고, 두 번째 지정하는 지점이 상단입니다.

① 기둥 명령을 실행합니다.

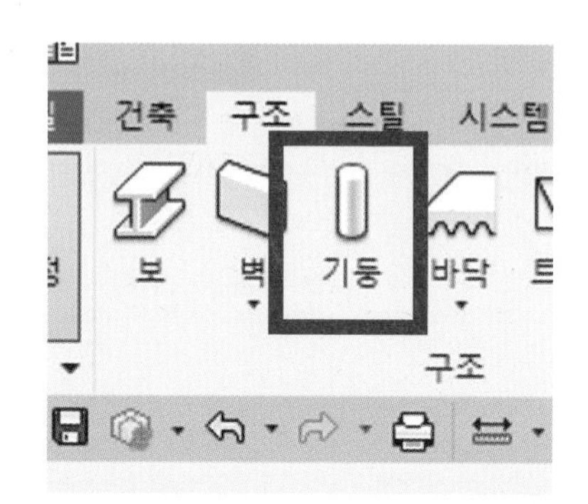

② 경사 기둥 명령을 실행합니다.

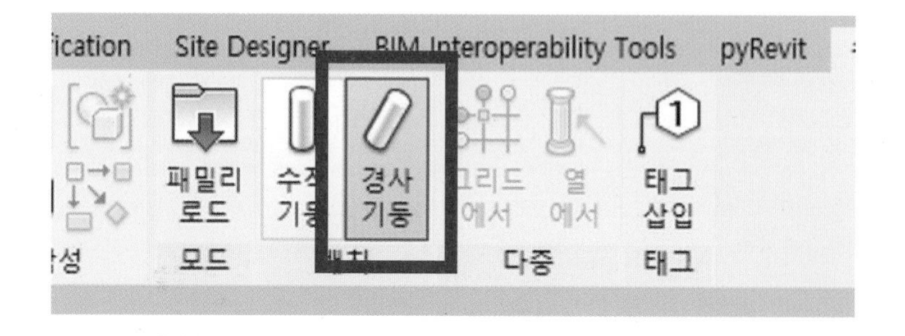

③ 첫 지점과 두 번째 지점의 높이 값을 변경합니다.
(두 번째 지점 먼저 변경 후 첫 번째 지점을 수정합니다.)

④ 예로 그리드를 이용해서 좌측에서 우측으로 작성합니다.
(프로젝트에 따라서 첫 시작 지점은 변경합니다.)

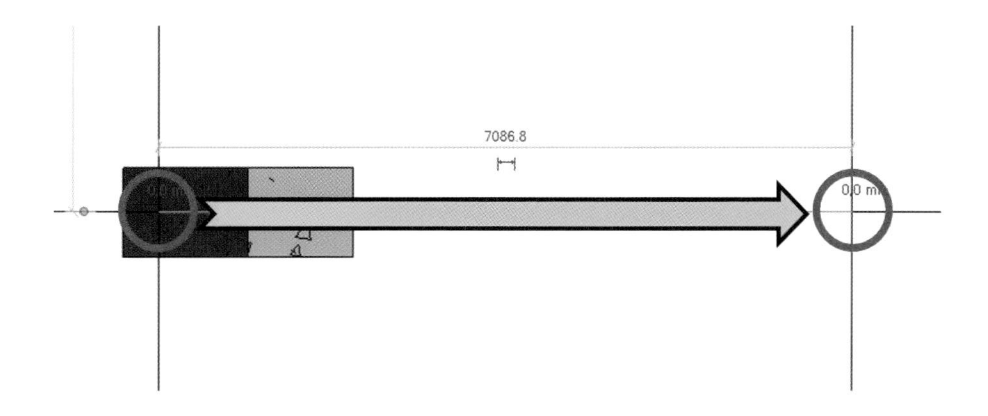

⑤ 입면에서 그려진 상태를 확인합니다.

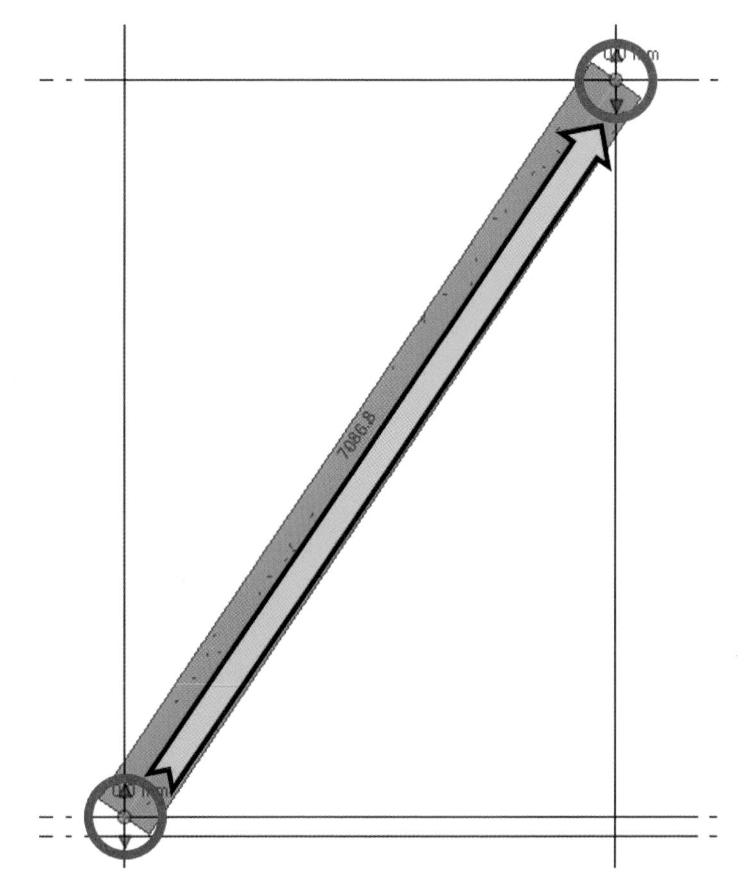

- 하단 지점과 상단 지점의 끝 부분 처리는 아래와 같이 수정할 수 있습니다.

  ① 기본 값은 직각으로 되어 있습니다.

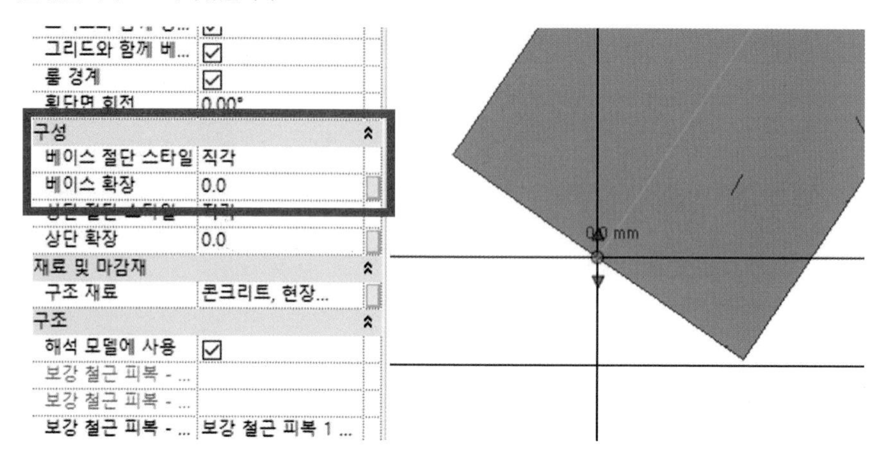

  ② 수평으로 지정하면 하단부가 수평 방향으로 잘립니다.

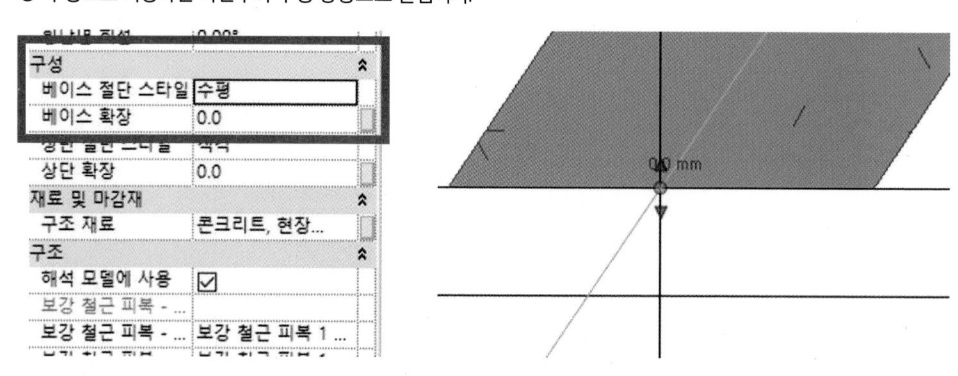

③ 수직으로 지정하면 하단부가 수직 방향으로 잘립니다.

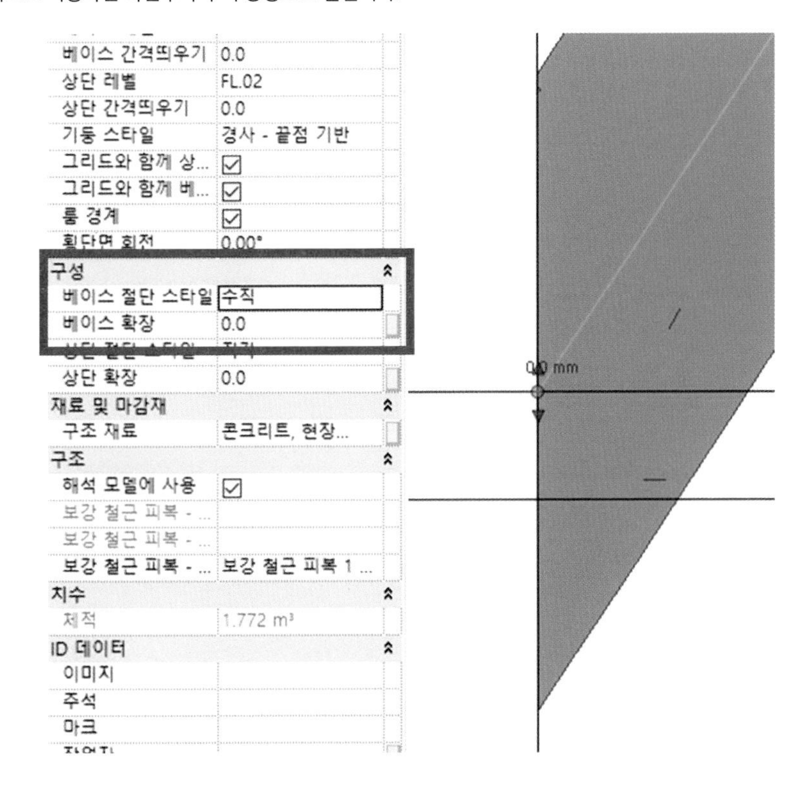

④ 베이스 확장을 통해서 절단면을 조정할 수 있습니다.

6.4 구조 프레임(보) 작성하기

- 보는 구조에서 매우 중요한 수평 부재입니다.
- 종류에 따라서 철골, 콘크리트, SRC, PC 등의 구조로 나누어집니다.

[구조 프레임(보) 패밀리 로드하기]

- 보는 구조 프레임으로 분류가 됩니다.
- 구조의 종류에 따라 다르지만 구조 프레임은 모두 아래와 같이 불러옵니다.

① 삽입 탭의 패밀리 로드를 실행합니다.

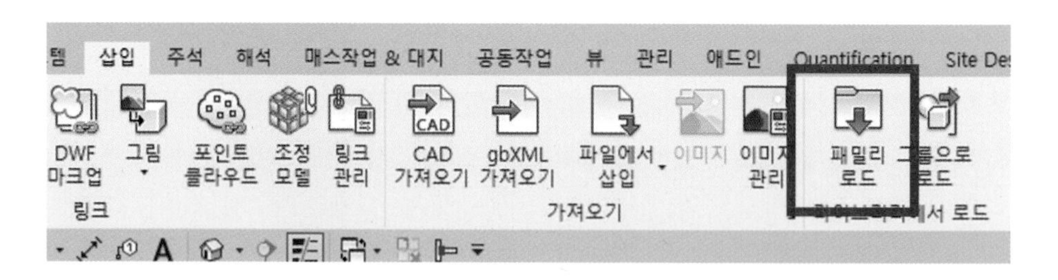

② 패밀리 라이브러리에서 → 구조 프레임 → 콘크리트 → 직사각형 보를 선택합니다.

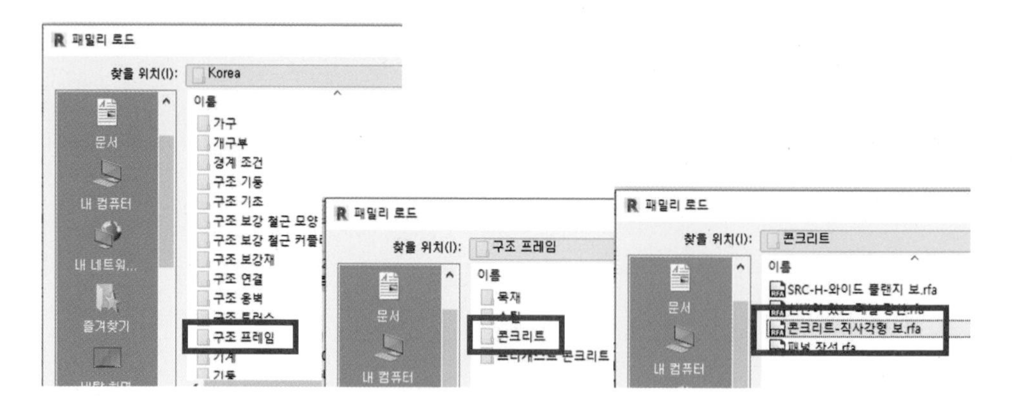

[구조 프레임 유형 만들기]

- 구조 프레임 작성 시에 주의할 점은 뷰 범위를 수정해야 합니다.
- 작성되는 부분이 바닥에서 하단입니다.

① 2층 평면도를 실행합니다.

② 뷰 범위를 실행한 후 하단과 레벨의 깊이 값(-300)을 조정합니다.
하단에 그려진 보를 확인하기 위해서 조정합니다.

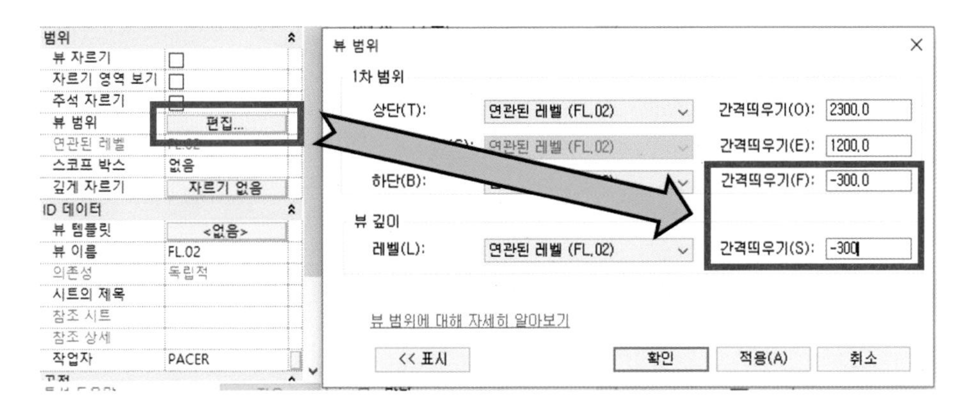

③ 구조에서 보 명령을 실행합니다.

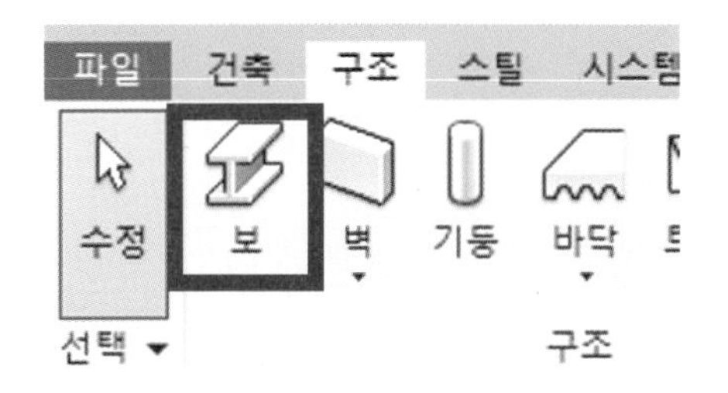

④ 새로운 유형을 만들기 위해서 유형 편집을 선택합니다.

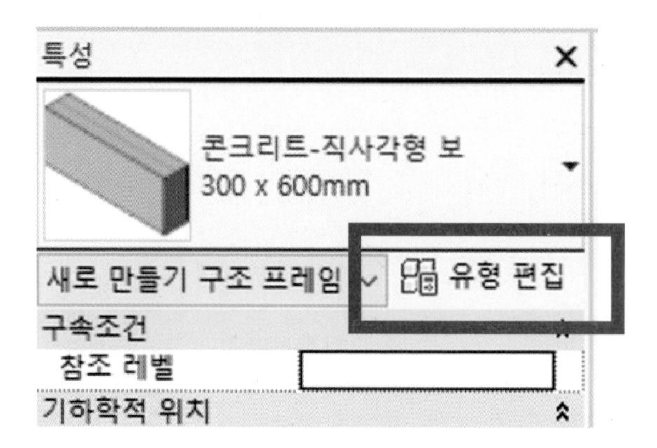

⑤ 복제를 선택합니다. 여기에서 지정한 이름은 임의로 지정된 이름입니다.
실제로 업무에서 유형의 이름은 진행하는 구조 도면을 참고합니다.

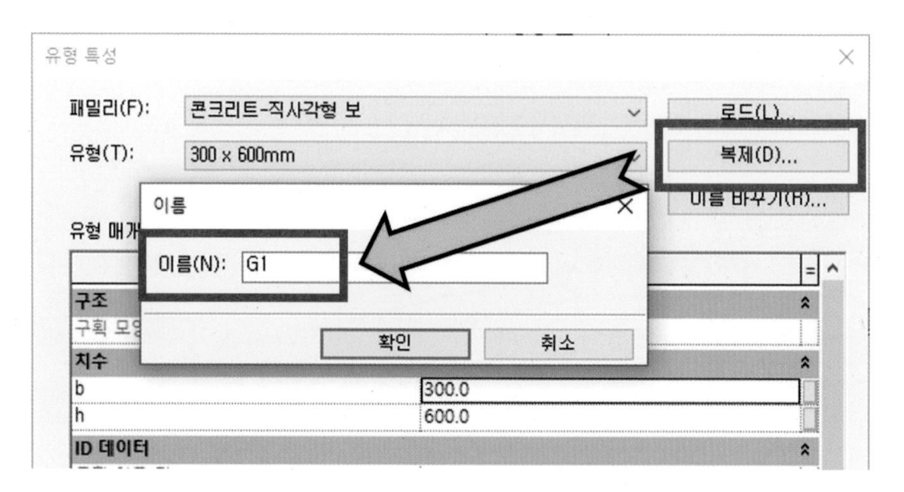

⑥ b(가로), h(세로)의 값을 지정합니다.

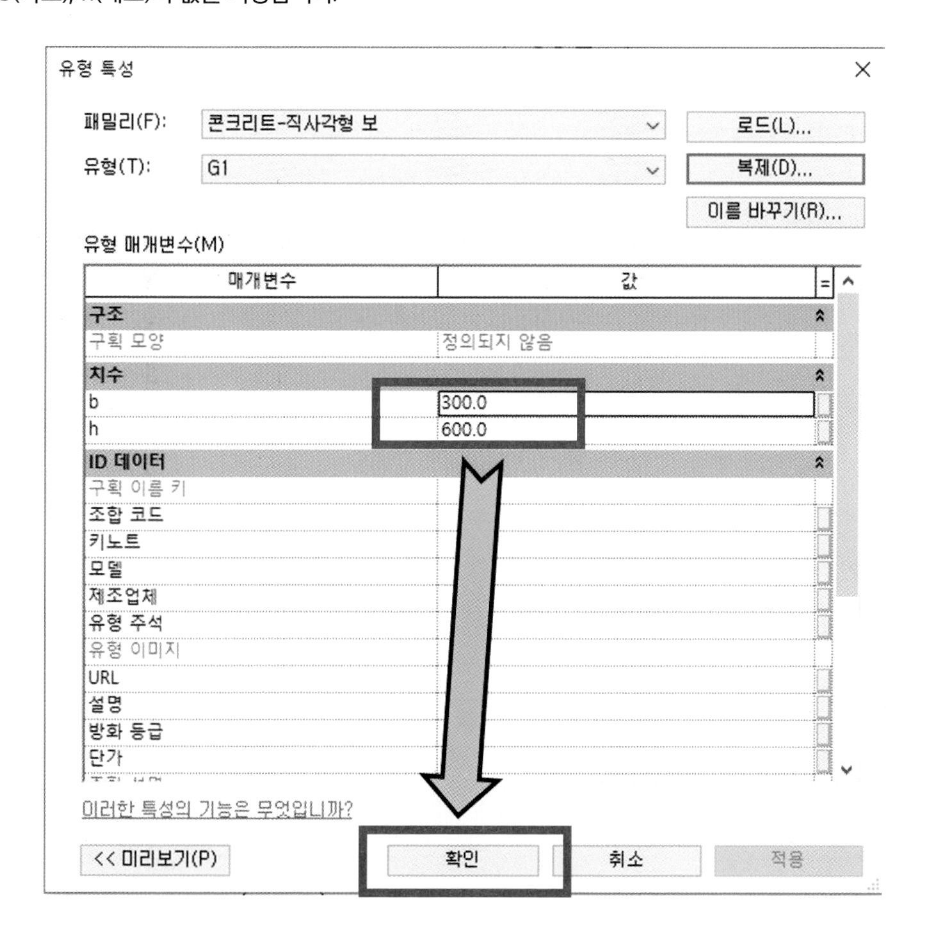

[구조 프레임 작성하기]

- 구조 프레임은 뷰 범위가 조정된 상태에서 작업을 시작합니다.
- 작업은 시작점과 끝나는 지점을 선택합니다.
- 보의 경우 작업을 진행하는 평면에 자동으로 구속이 됩니다.

① 보를 선택합니다.

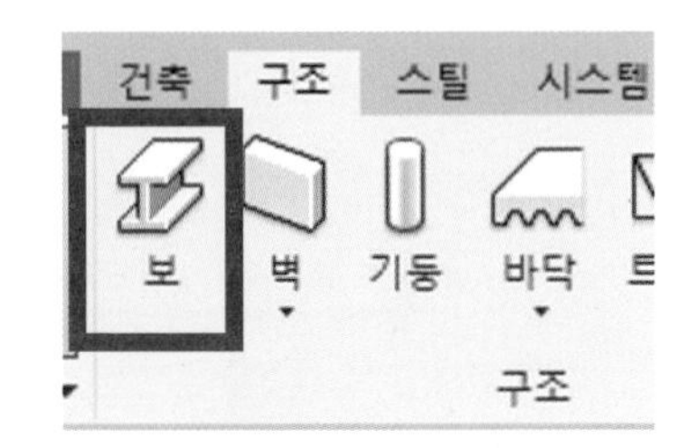

② 유형을 선택합니다. 체인 옵션이 켜져 있는지 확인합니다.

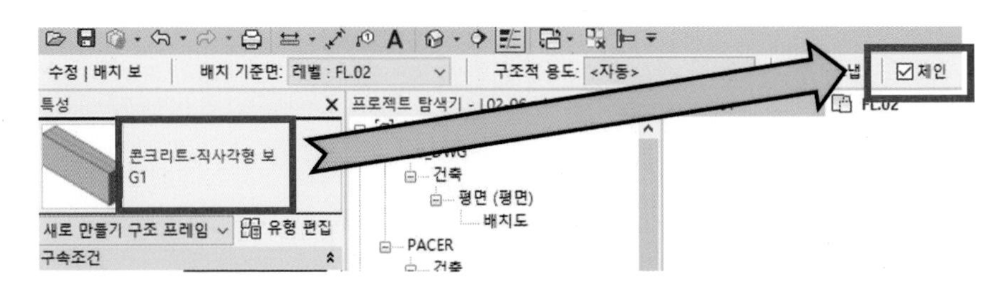

③ 시작점을 선택합니다. 이어서 끝나는 지점을 선택합니다.

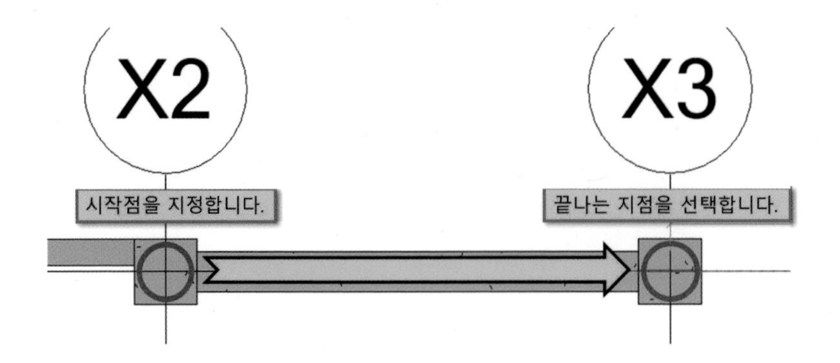

④ 이어서 지점을 선택하면 보가 작성이 됩니다.

⑤ 보의 작성은 기둥, 보, 벽체의 중심을 연결합니다.

6.5 구조 기둥 및 프레임 응용

- 보와 기둥은 작성 후 필요에 의해서 높이, 경사 등을 조정할 수 있습니다.
- 참조 평면을 사용하면 편집을 빠르게 진행할 수 있습니다.

[구조 기둥 편집]

- 참조 평면을 이용해서 구조 기둥을 편집하는 방법을 학습합니다.

① 참조 평면을 선택합니다. 참조 평면은 구조 탭 우측 끝 부분에 있습니다.

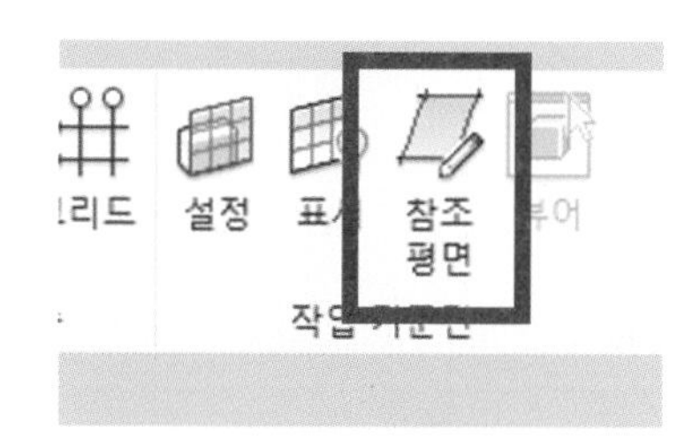

② 단면도에서 아래와 같이 사선으로 참조 평면을 작성합니다.

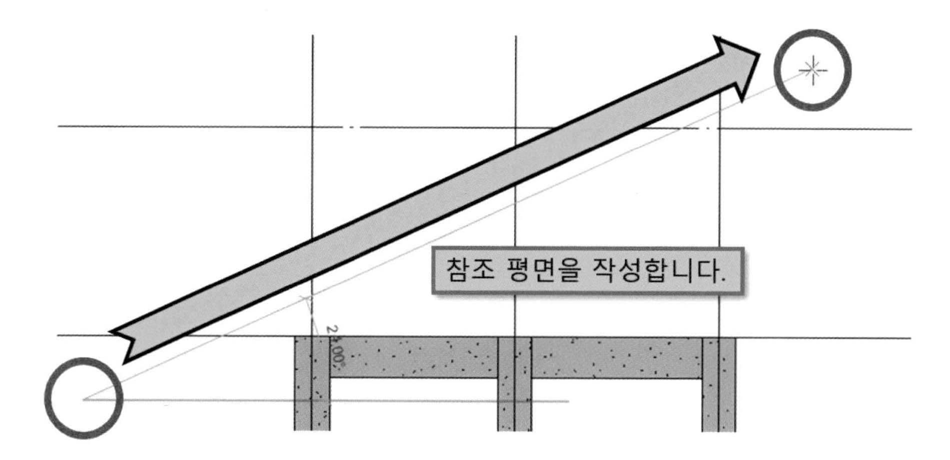

③ 기둥을 선택하면 아래와 같이 리본 메뉴에 상단/하단 베이스 부착을 선택할 수 있습니다.

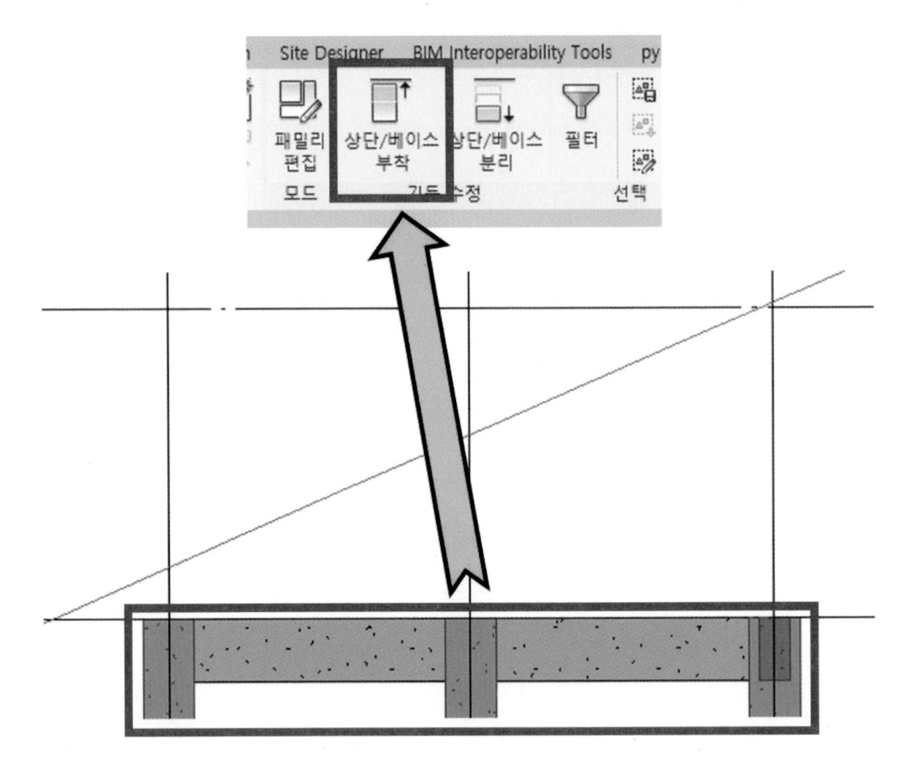

④ 옵션에서 3가지 타입을 적용할 수 있습니다.

⑤ 최소 교차는 접점으로 부착을 합니다.

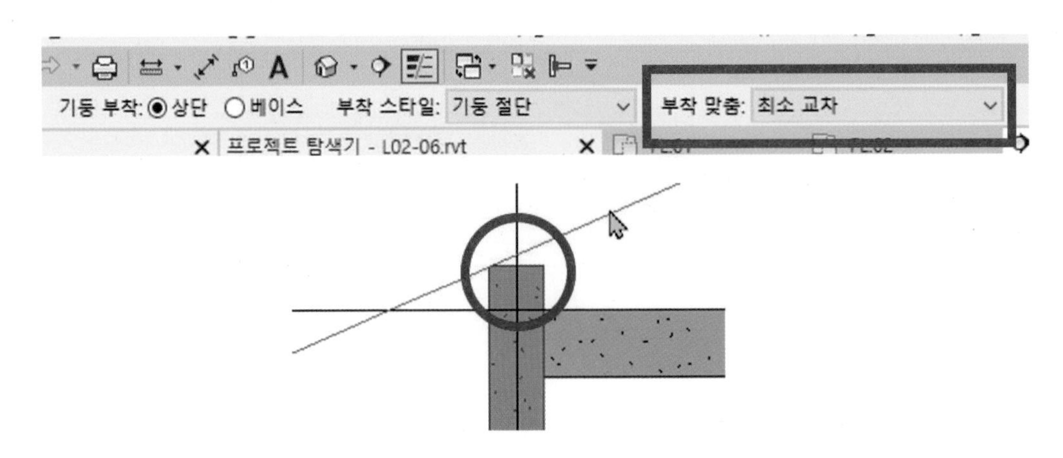

⑥ 교차 기둥 중심선은 참조 평면이 구조 기둥 중심선에 위치합니다.

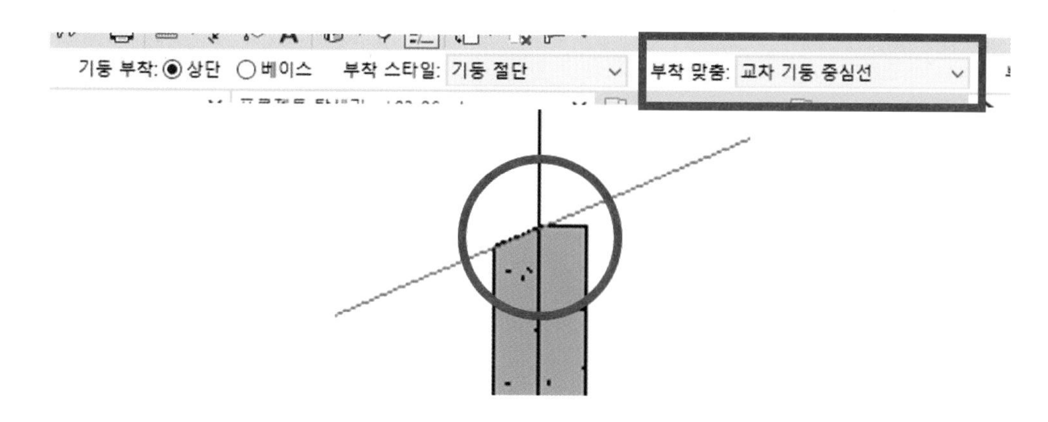

⑦ 최대 교차는 참조 평면과 최대 접점으로 결합됩니다.

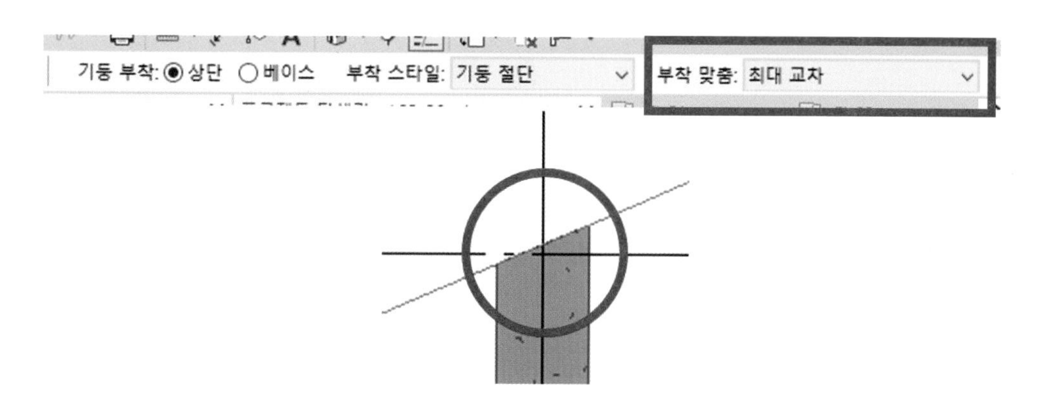

- 원래 상태로 되돌리는 방법은 부착을 분리하는 방법이 있습니다.

- 참조 평면에 부착된 경우만 분리를 진행할 수 있습니다.

① 부착된 기둥을 선택합니다. 상단 리본 메뉴의 분리 명령을 선택합니다.

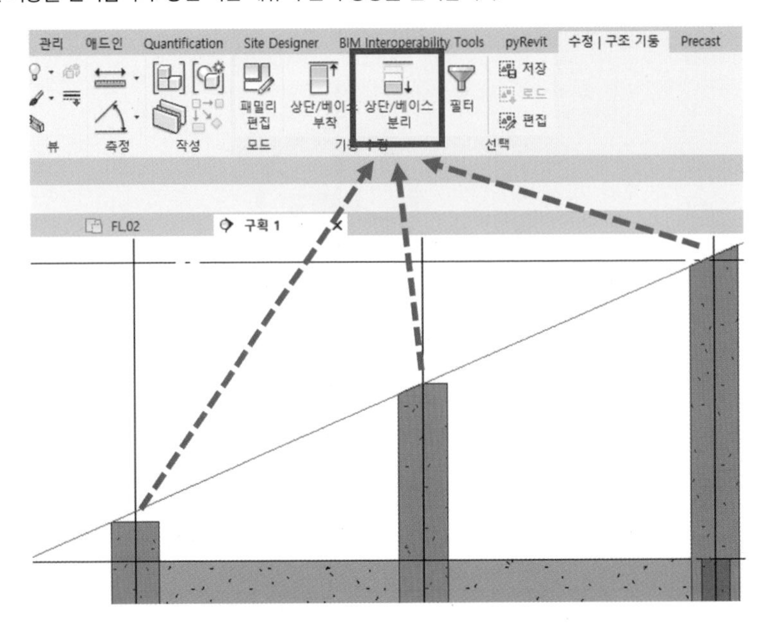

② 모두 분리를 선택합니다.

③ 구조 기둥 구속이 해제된 경우 상단 구속 조건의 높이를 0으로 조정합니다.

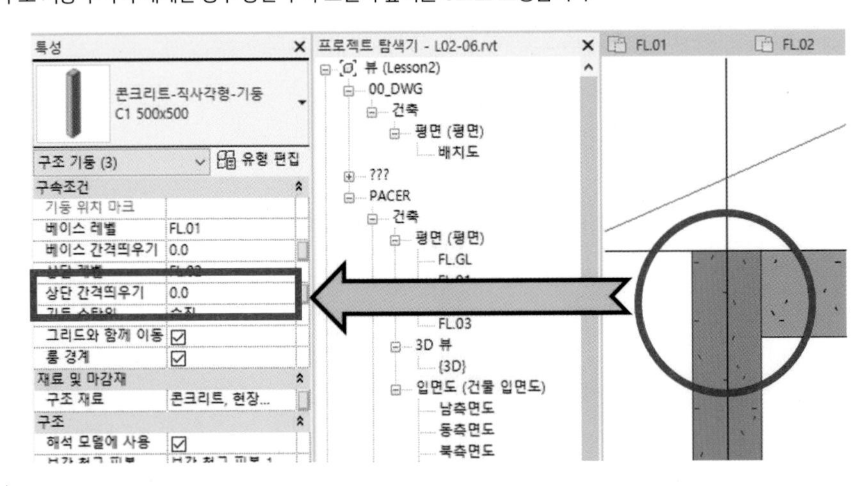

[구조 프레임 편집]

- 두 가지로 편집을 나눌 수 있습니다. Z값을 이용한 높이 조정, 구속 해제를 통한 경사 작성입니다.

① 작성된 구조 프레임을 선택합니다.

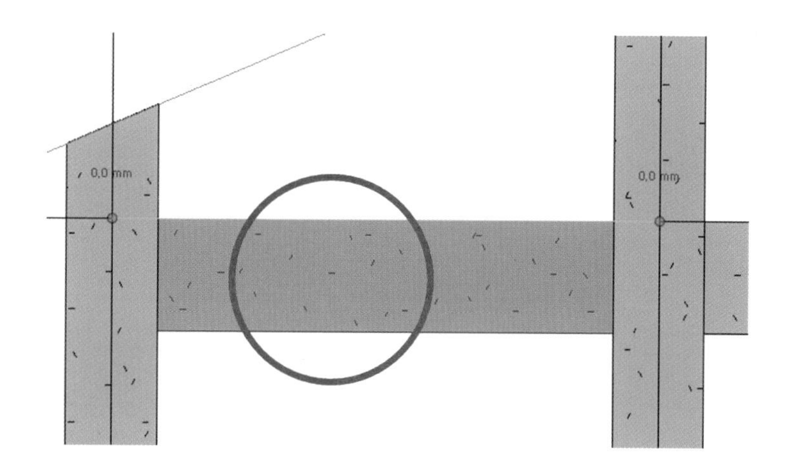

② 특성 창에서 Z값의 높이를 확인합니다. 높이 값을 -500으로 변경합니다.

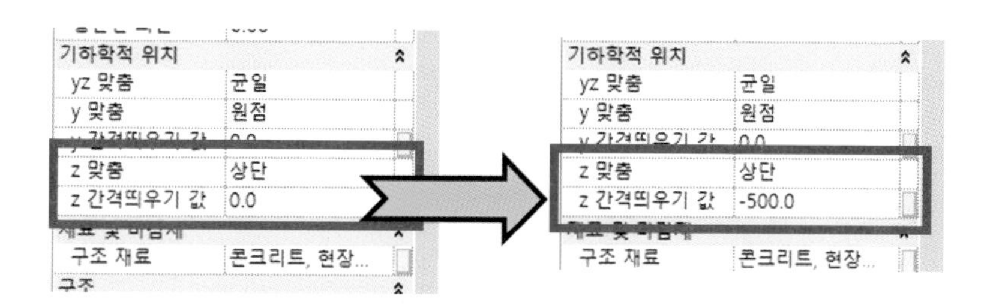

③ 선택한 구조 프레임이 레벨에서 500 아래로 이동한 것을 확인합니다.

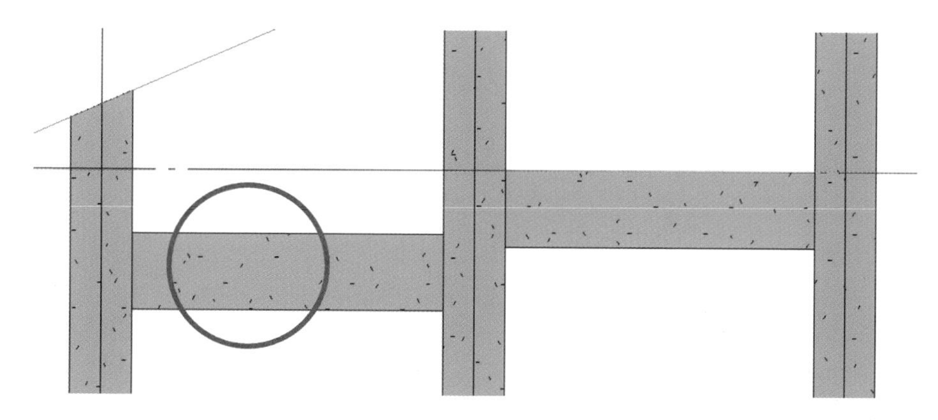

- Revit을 이용한 작업을 진행하는 경우 구조 프레임을 경사로 작성하는 경우가 있습니다.
- 이 경우에도 참조 평면을 사용합니다.
  앞의 예에서 사용한 참조 평면에 구조 프레임을 사선으로 연결합니다.

① 구조 프레임을 선택합니다. 시작 레벨의 간격(시작 지점)과 끝 레벨 간격(두 번째 지점)의 값은 0입니다.

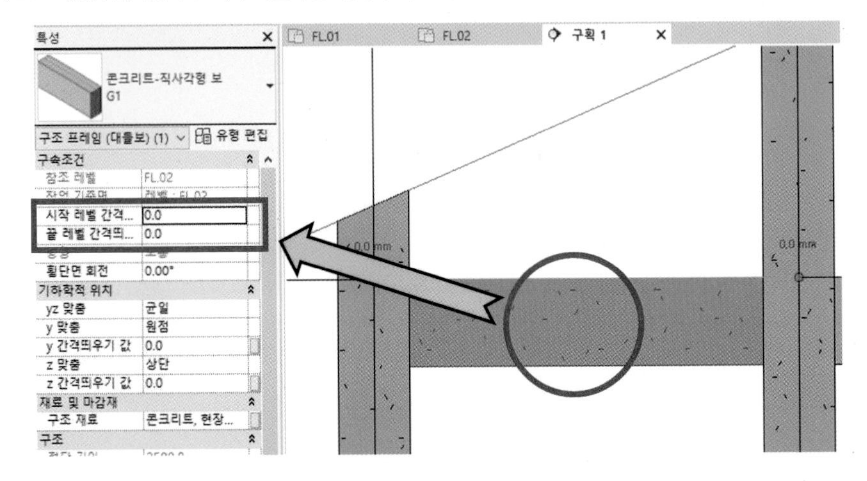

② 시작 레벨과 끝 레벨의 값에 1을 지정합니다. (1은 구조 결합을 해제하기 위한 값입니다.)

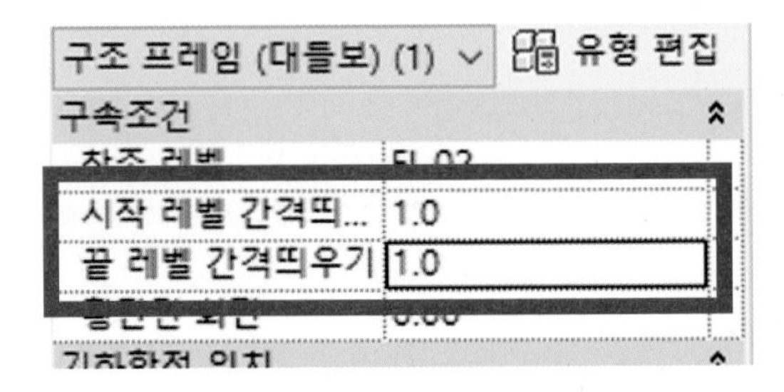

③ AL 명령을 실행합니다.

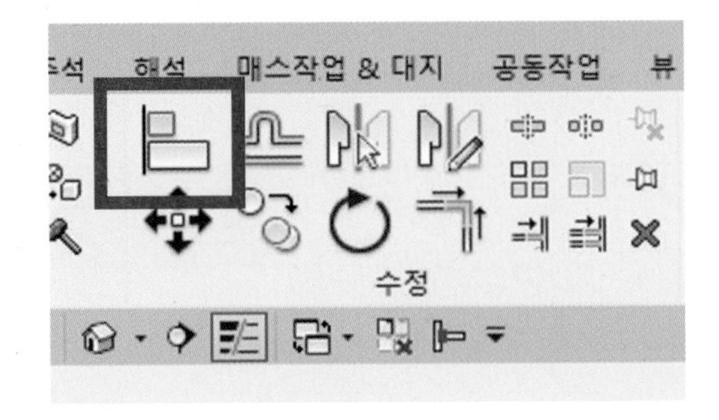

④ 참조 평면을 먼저 선택합니다. 두 번째는 보의 상단면을 선택합니다.

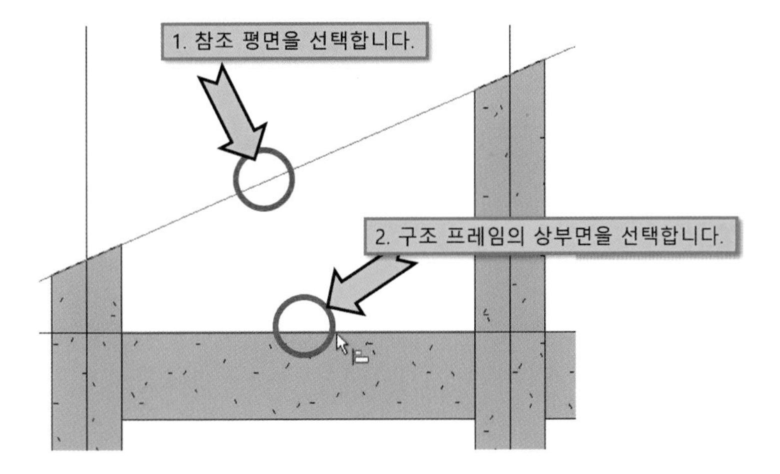

⑤ 구조 결합 해제를 위해 요소 결합 해제를 선택합니다.

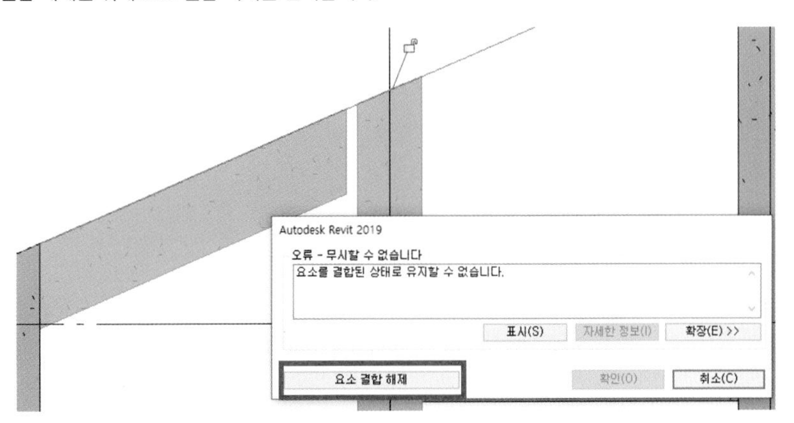

⑥ 정점의 끝 점을 조정해서 기둥의 끝점과 일치시킵니다.

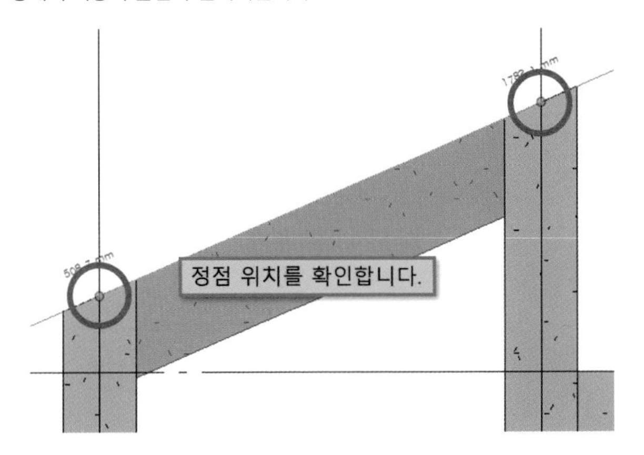

07 Sheet 및 일람표 작성 기초

7.1 Sheet 작성

- Sheet는 최종 작업으로 작성된 모델을 기반으로 도면화를 이르는 작업을 말합니다.
- 도면을 만드는 방법은 작업된 뷰를 복제해서 사용합니다.

① 프로젝트 탐색기에서 Sheet로 만들 뷰를 선택한 후 마우스 우 클릭합니다.

② 옵션에서 복제를 선택합니다.

③ 상세 복제의 경우 주석(치수 및 Text)까지 모두 복제하게 됩니다.

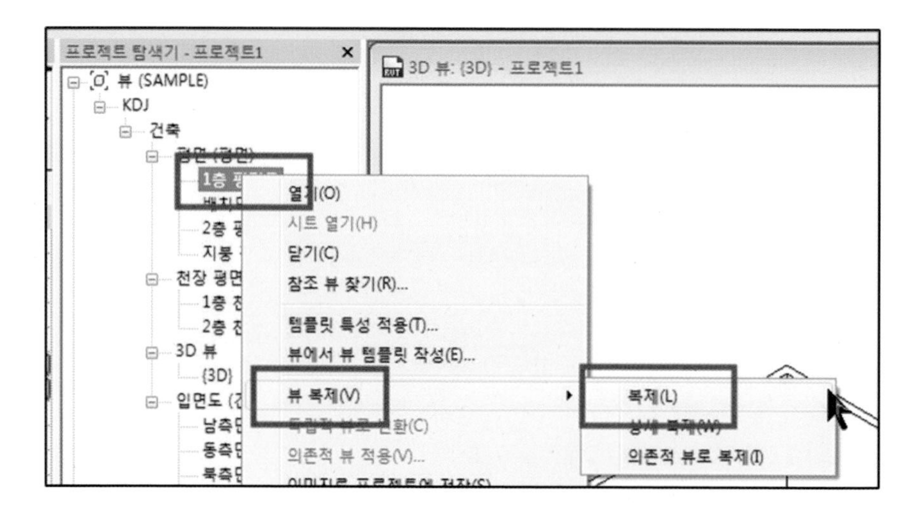

④ [기본 뷰]와 구분을 위해서 [복제된 뷰]의 이름과 작업자를 각각 [1층 기준 평면도], [시트 뷰]로 변경합니다.

⑤ ID 데이터 값이 변경되어 프로젝트 탐색기에 반영된 것을 확인할 수 있습니다.

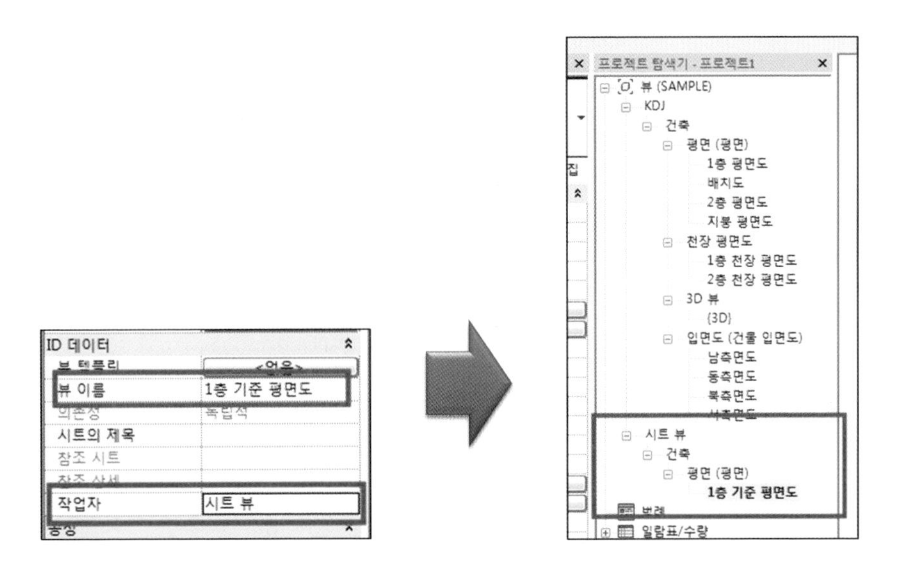

⑥ 시트 작성을 위해 새로운 시트를 추가합니다.

⑦ 프로젝트 탐색기 하단에 시트를 선택한 다음 마우스 우 클릭한 후 새 시트를 선택합니다.

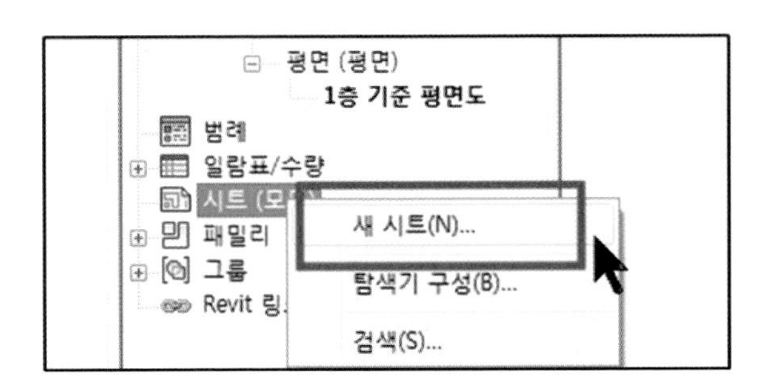

⑧ 새 시트 대화상자에서 [A1 미터법]을 선택합니다. 이 외에도 다양한 용지를 사용할 수 있습니다.

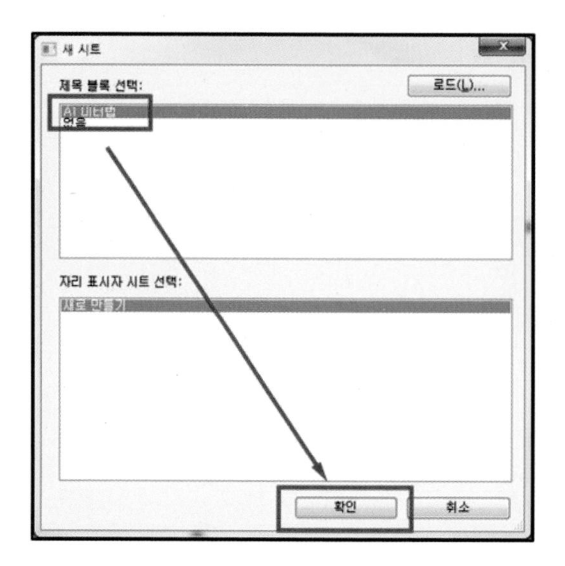

⑨ 시트 뷰가 생성되면 도면을 넣기 위해 [뷰] 탭에 뷰를 선택합니다.

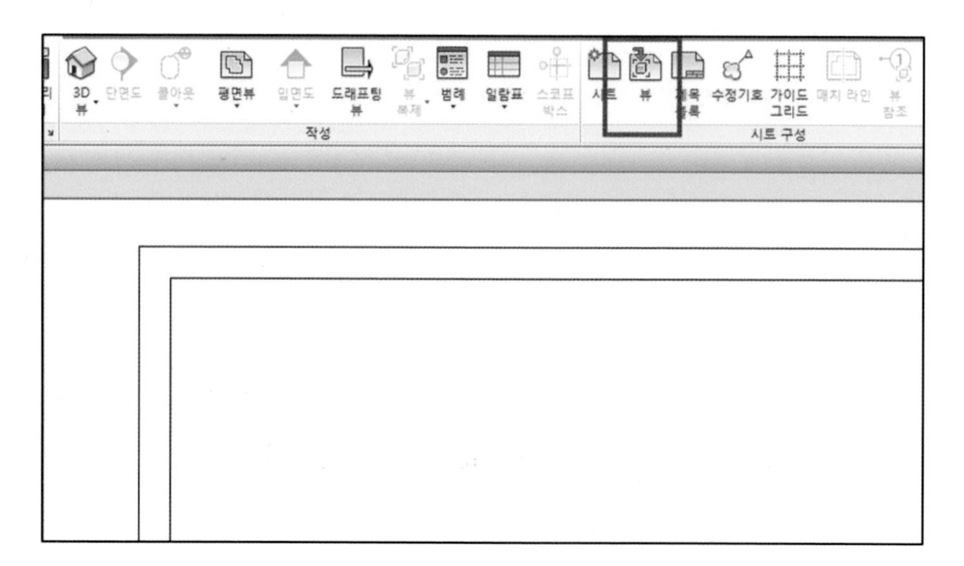

⑩ 복제한 뷰를 선택한 후 [시트에 뷰 추가]를 입력합니다.

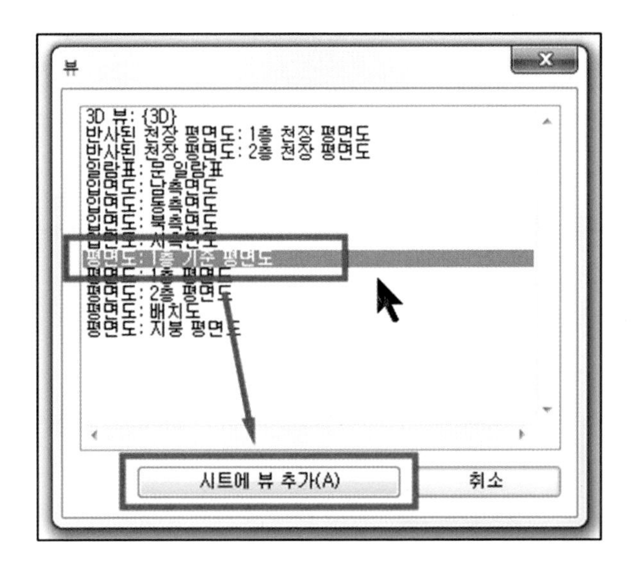

⑪ 아래 이미지와 같이 뷰가 시트에 추가된 것을 확인할 수 있습니다.

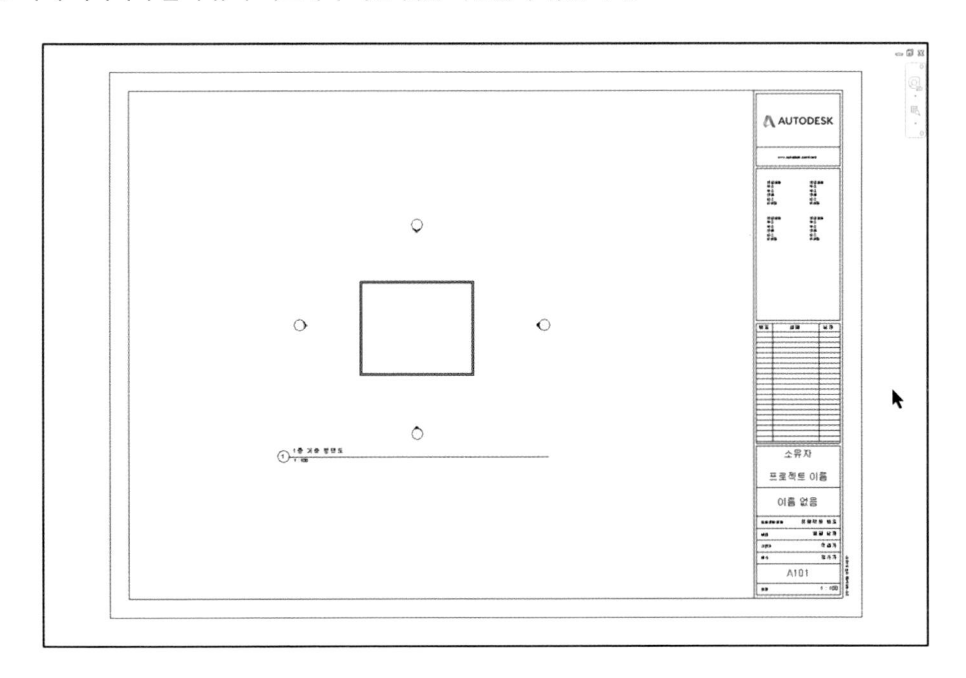

7.2 일람표 작성

- Revit 모델의 가장 큰 강점은 모델링 데이터에 대한 물량을 산출할 수 있다는 것입니다.
- 이는 BIM 소프트웨어가 가지는 강점으로 화면상에 모델링된 객체라면 종류에 상관없이 물량 산출이 가능하다는 장점이 있습니다.
- 이번 장에서는 벽체에 대한 간단한 물량 산출을 해 보겠습니다.

① 프로젝트 탐색기에 위치한 일람표를 선택한 후 마우스 우 클릭합니다.
확장 메뉴에서 [새 일람표/수량]을 선택합니다.

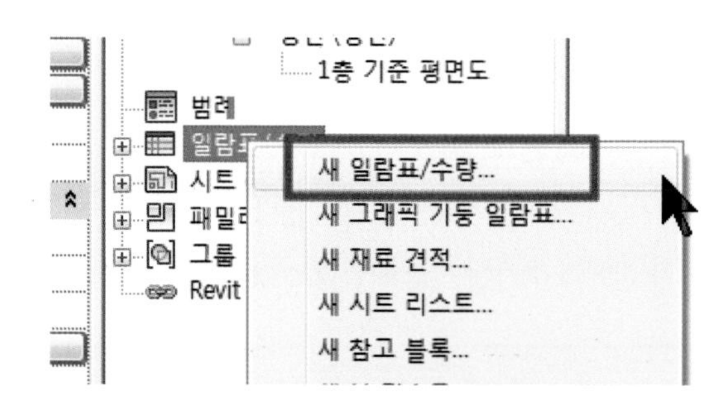

② 새 일람표에서 벽을 선택합니다. 이름은 변경해서 사용해도 됩니다.

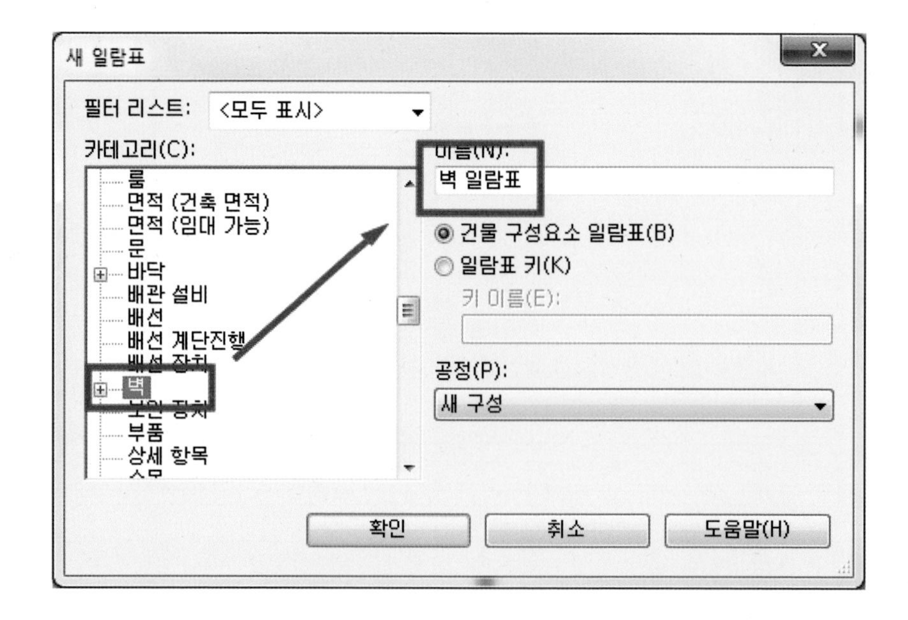

③ 필드에서는 원하는 항목을 선택한 후 추가 버튼을 입력합니다.

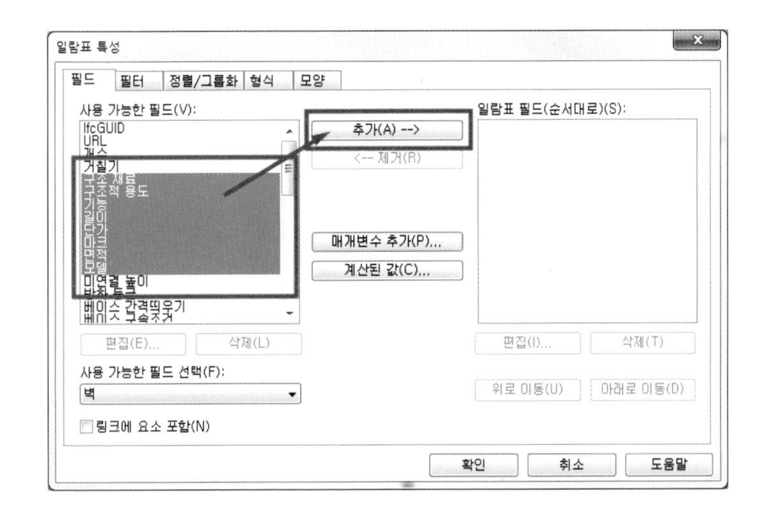

④ 항목을 확인한 후 순서는 [위로 이동], [아래로 이동] 버튼을 사용하여 위치를 변경할 수 있습니다.

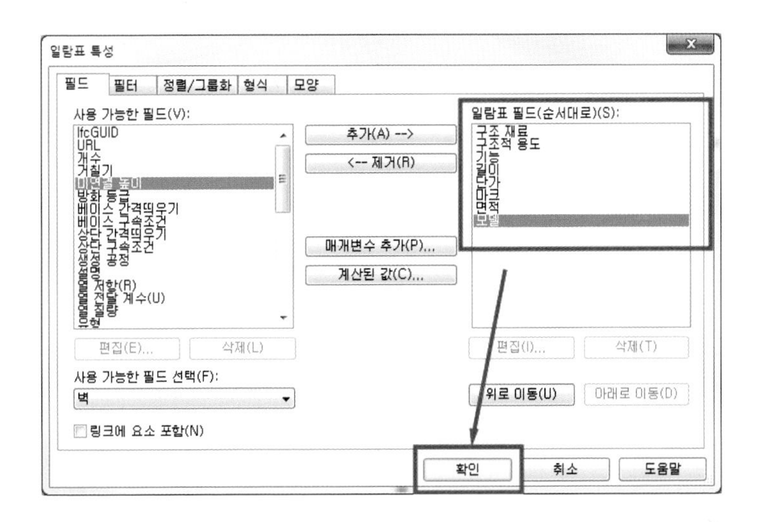

⑤ 이미지와 같이 일람표가 작성된 것을 확인할 수 있습니다.

<벽 일람표>

A	B	C	D	E	F	G	H
구조 재료	구조적 용도	기능	길이	단가	마크	면적	모델
기본 벽	비내력벽	외부	12400			50 m²	
기본 벽	비내력벽	외부	10000			40 m²	
기본 벽	비내력벽	외부	12400			50 m²	
기본 벽	비내력벽	외부	10000			40 m²	

08 RC Practice example

8.1 준비하기

- 예제를 통한 기능 학습에 초점을 맞춰서 학습합니다.
- 교재의 순서대로 작업을 진행합니다.
- 궁금한 점은 본 교재의 내용이나 카페 게시판 질문 답변을 이용해 주시기 바랍니다.

8.1.1 프로젝트의 시작

① Revit을 실행합니다. 새로 만들기 명령을 실행합니다.

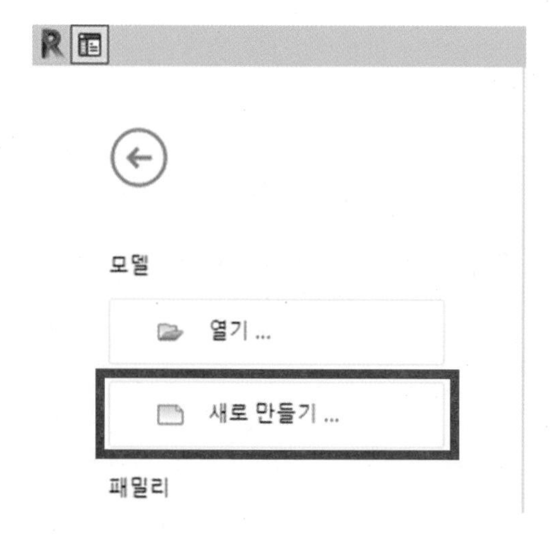

② 새로운 작업을 위해서 건축 템플릿을 선택합니다. (구조 작업의 경우도 건축 템플릿을 사용합니다.)

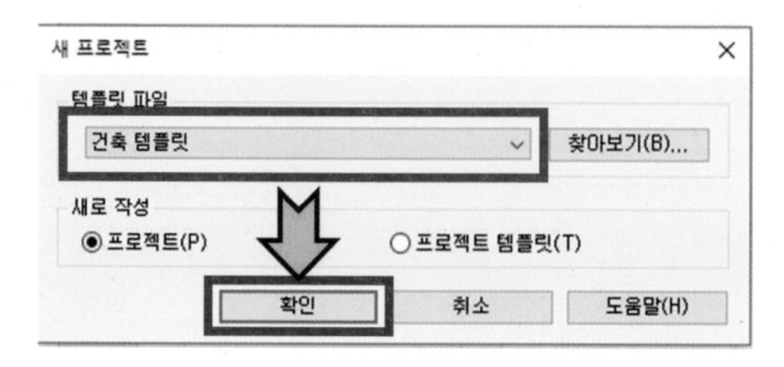

8.1.2 프로젝트의 매개 변수 작성

① [관리] 탭의 프로젝트 매개변수를 실행합니다.

② 프로젝트 매개변수 대화상자에서 새로운 매개변수를 지정하기 위해서 [추가]를 선택합니다.

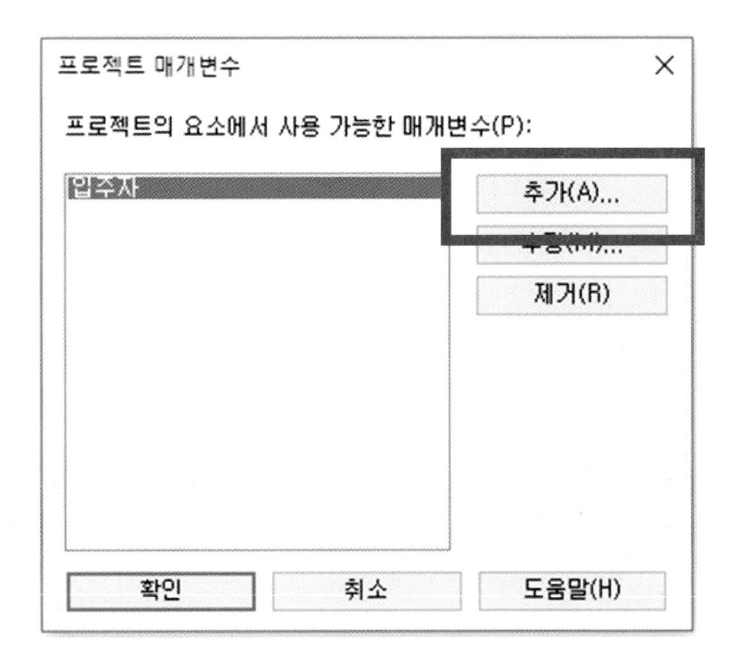

③ 매개변수 특성을 지정할 경우 이름은 [작업자]로, 유형은 [문자], 그룹은 [ID 데이터]를 지정합니다. 카테고리는 작업자의 작업 영역을 지정하는 것으로 모두 선택을 지정합니다.

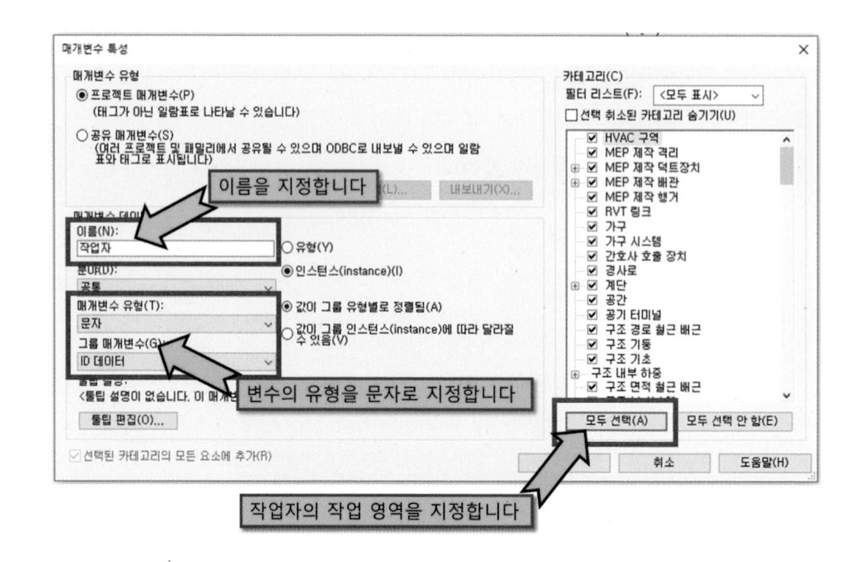

④ 작업자와 매개변수 그룹은 아래와 같이 적용됩니다.

■ 작업자 : ID 데이터의 작업 항목입니다.

■ 매개변수 유형 : 위의 작업자 항목을 질문으로 생각했을 때 답변의 형식을 뜻합니다.

■ ID 데이터 : 작업 그룹을 지정합니다.

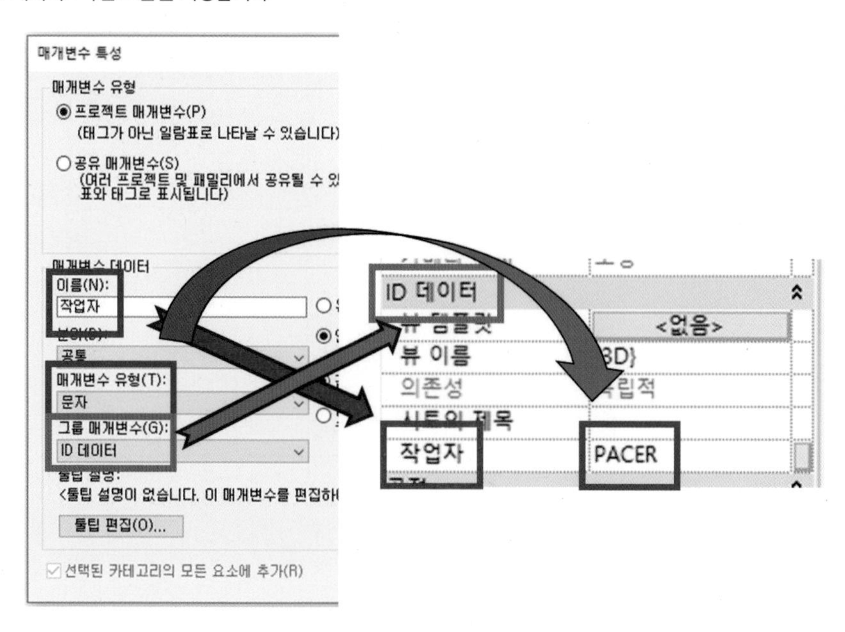

⑤ 새롭게 추가된 [작업자] 항목을 선택 후 확인을 선택합니다.

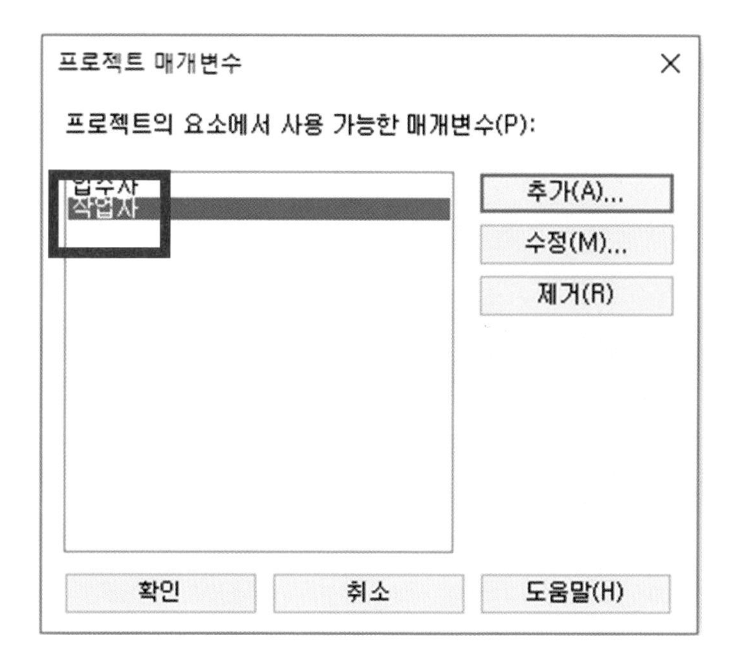

⑥ 특성 창에서 새롭게 추가된 항목을 확인할 수 있습니다.

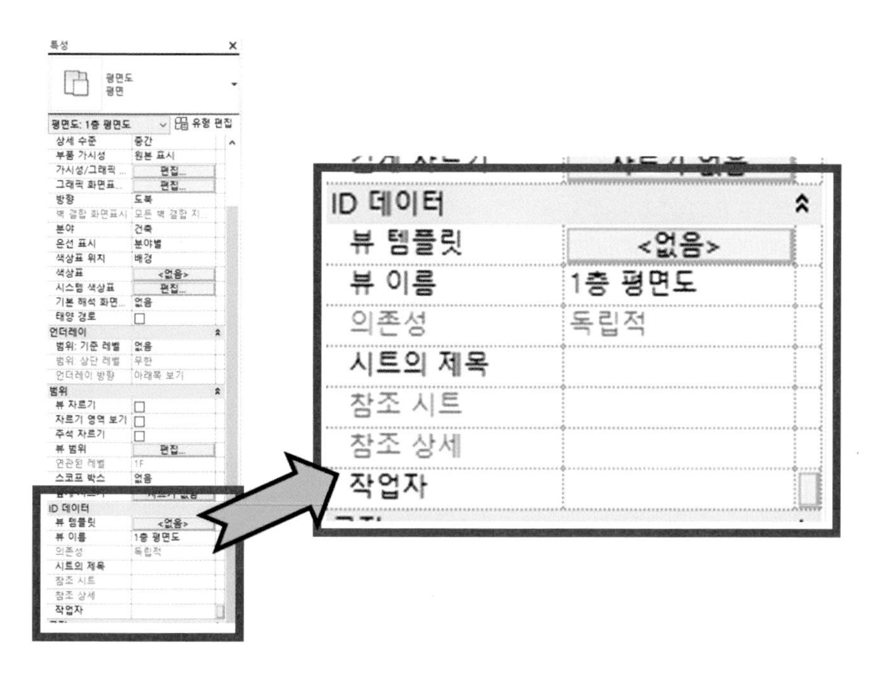

8.1.3 프로젝트의 탐색기 설정

- 앞선 교재편에서의 프로젝트 탐색기 설정에서 한 가지 설정이 추가됩니다.
- [작업자] 항목을 추가해서 구성을 합니다.
- 건축과 구조, 그리고 작업자를 추가할 수 있습니다.

① 프로젝트 탐색기에서 뷰 이름을 선택 후 마우스 우 클릭을 합니다.

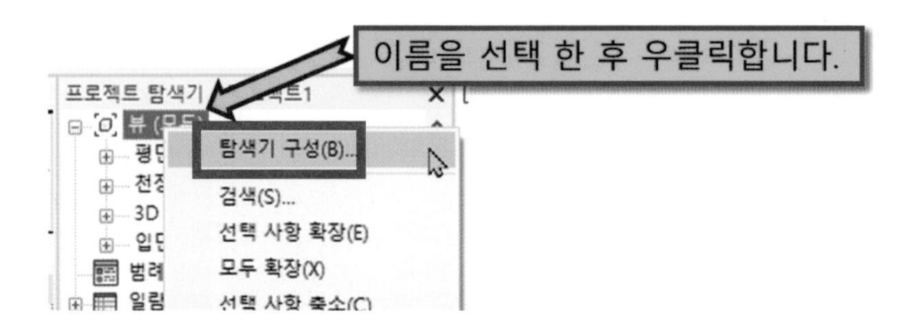

② 탐색기 구성 항목에서 [새로 만들기]를 선택합니다.

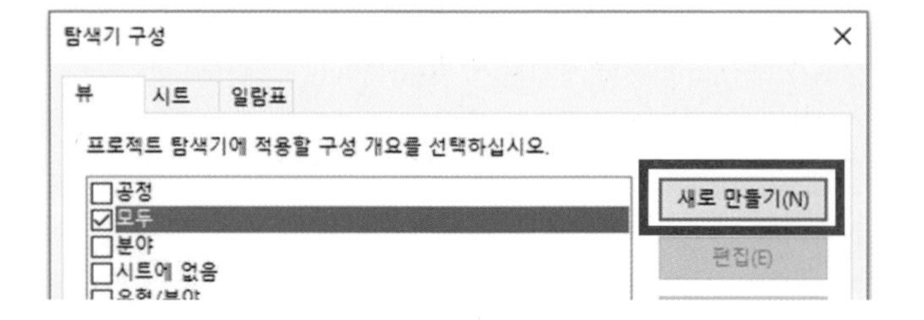

③ 이름은 프로젝트 명으로 지정합니다.

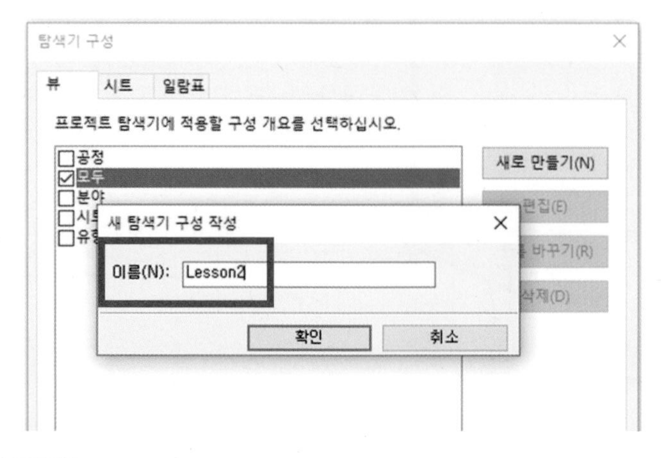

④ 그룹화 및 정렬 기준에서 1번째 항목은 [작업자], 2번째는 [분야], 3번째는 [패밀리 및 유형], 그룹화는 [연관된 레벨]로 설정합니다.

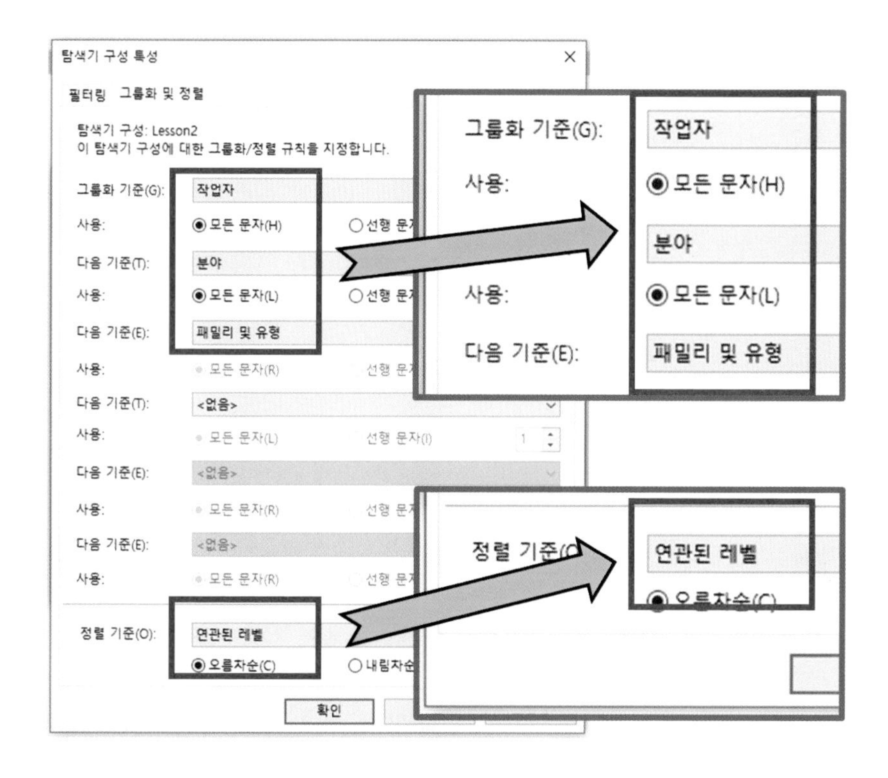

⑤ 새로 생성된 프로젝트 명을 선택한 후 확인을 선택합니다.

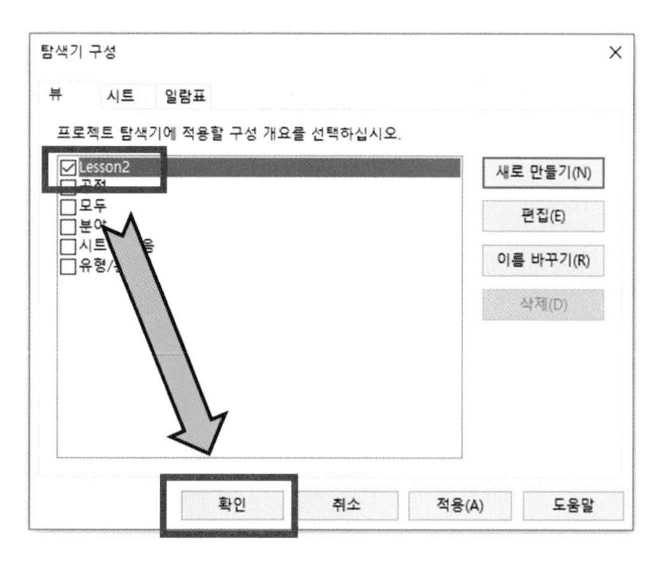

⑥ 프로젝트 탐색기의 뷰를 열어 리스트를 확인합니다. 1층 평면도를 선택한 후 키보드의 Shift를 누른 상태에서 남측면도까지 모든 뷰를 선택합니다. (평면은 선택하지 않습니다.)

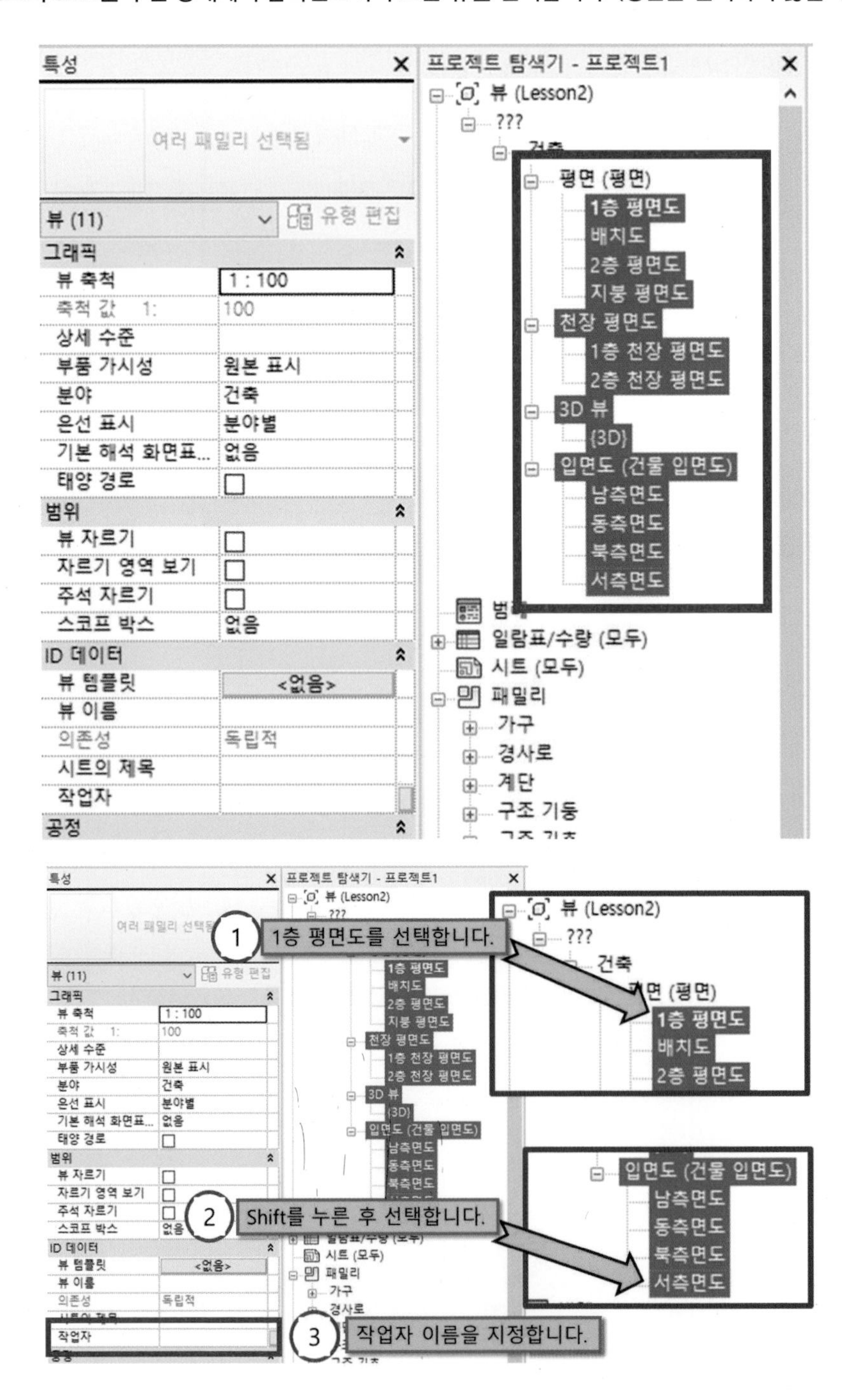

⑦ 특성 탭의 작업자를 지정합니다. (작업자의 이름 영문 이니셜, ID 번호 등을 입력합니다.)

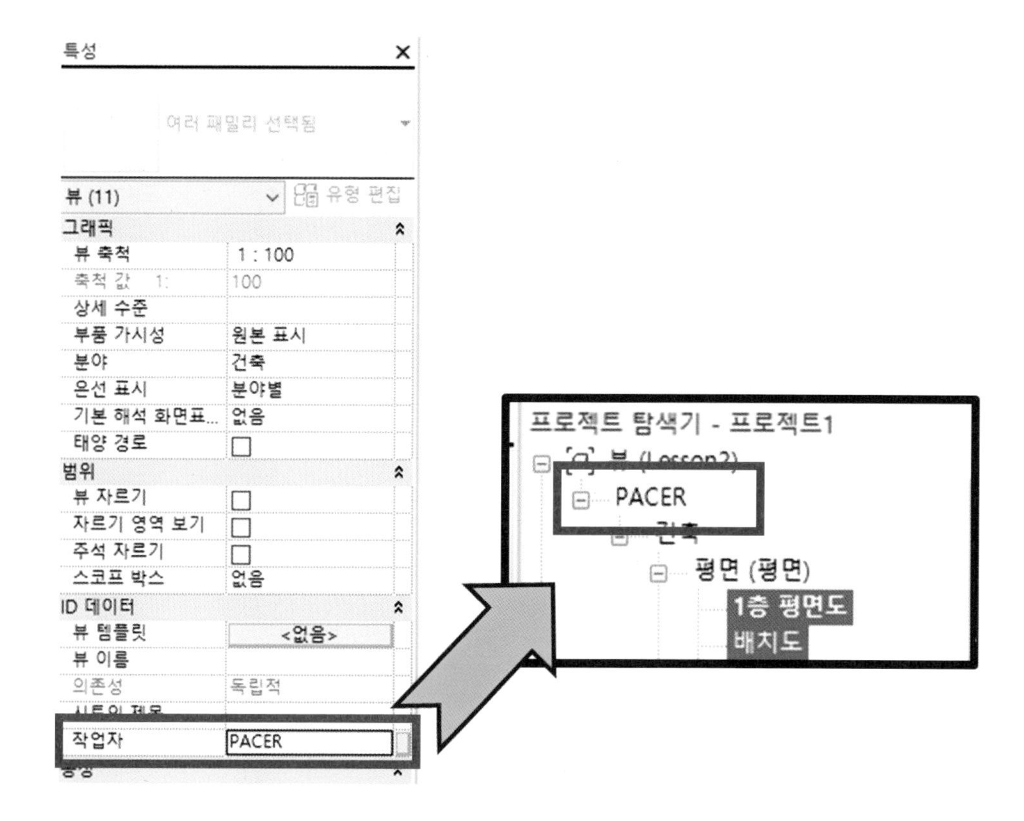

⑧ 배치도를 선택 한 후 작업자를 [00_DWG]로 변경합니다.

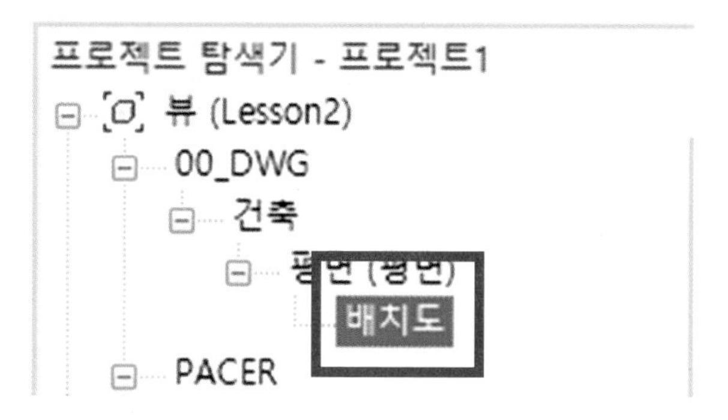

⑨ 프로젝트 탐색기에서 사용하지 않는 평면도와 천정 평면도를 삭제합니다.

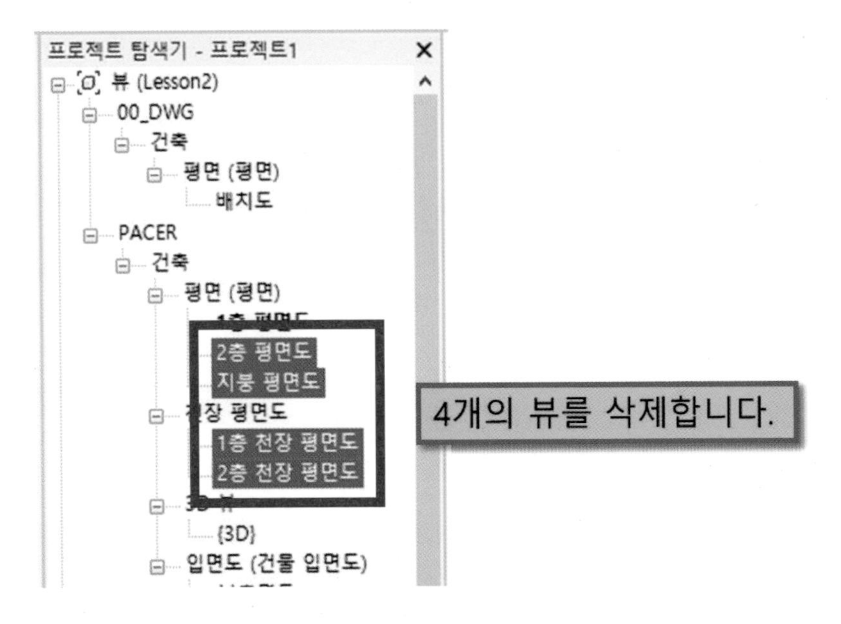

⑩ 아래와 같이 작성된 프로젝트 탐색기를 확인합니다.

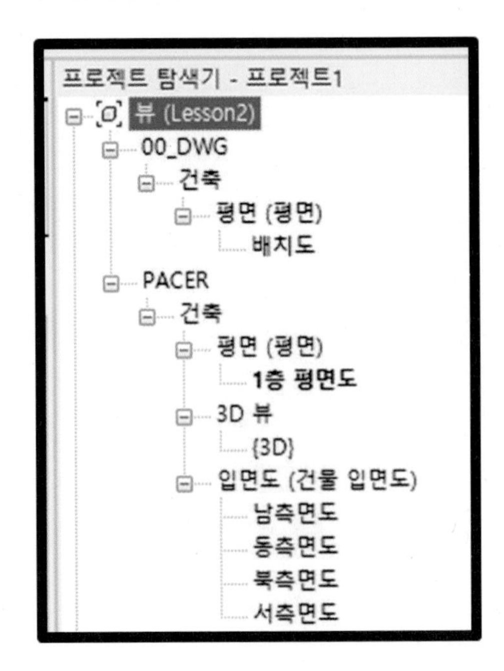

- Revit 2019를 실행합니다.
- 프로젝트 진행을 위해서 기본 템플릿을 아래 그림과 같이 선택합니다.

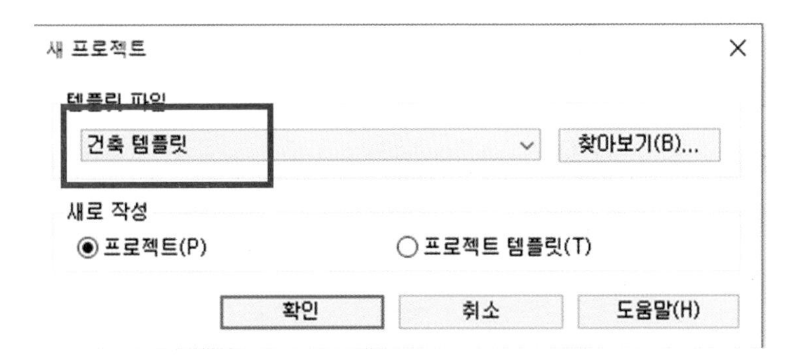

8.1.4 임시 치수 설정

- Revit은 기본적으로 객체를 선택할 경우 [임시 치수]가 나타납니다.
- 문제는 이 임시 치수의 기본 설정이 벽의 마감면이 기준이라는 점입니다.
- 올바른 치수 기입 및 작업을 위해서 임시 치수의 설정을 변경합니다.

① [관리] 탭으로 이동합니다. 추가 설정을 실행합니다.

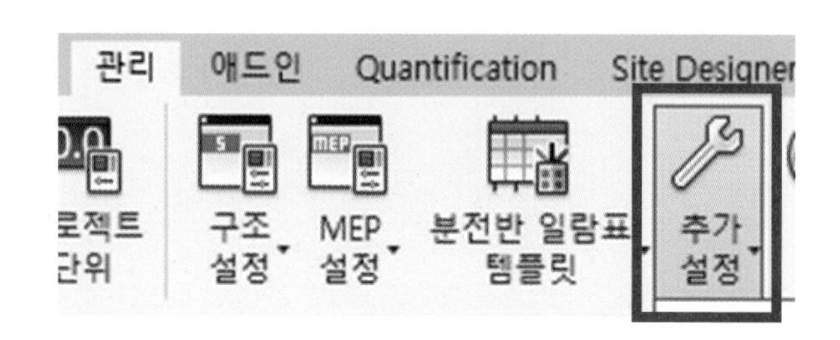

② 추가 설정 하단의 풀 다운 메뉴에서 임시 치수를 실행합니다.

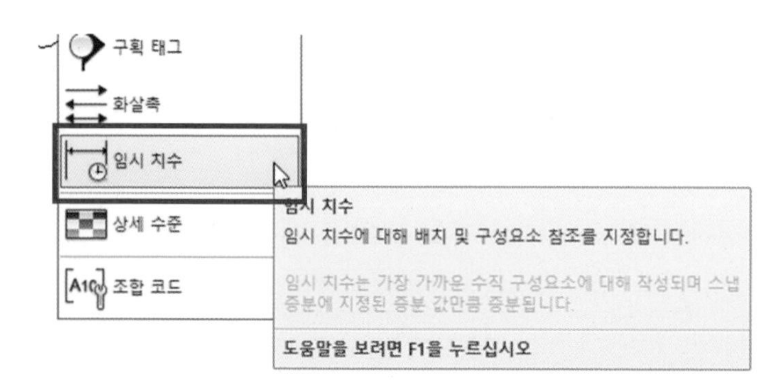

③ 임시 치수 특성 창에서 벽의 [중심선]을 선택합니다.

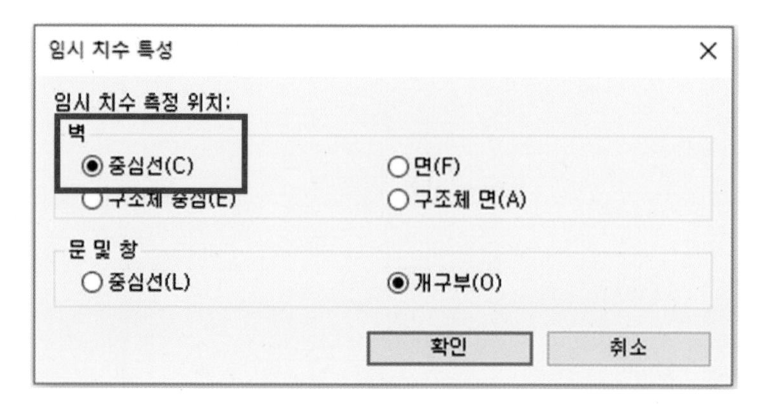

8.1.5 룸 태그 설정

- 이번 장에서는 기본 설정만 다룹니다.
- 기본 설정에 포함되는 작업입니다.

① [건축] 탭으로 이동합니다.

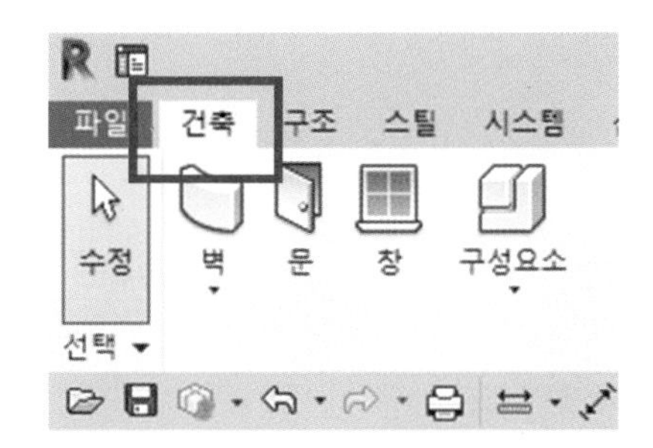

② [룸 및 면적] 풀 다운 메뉴를 선택합니다.

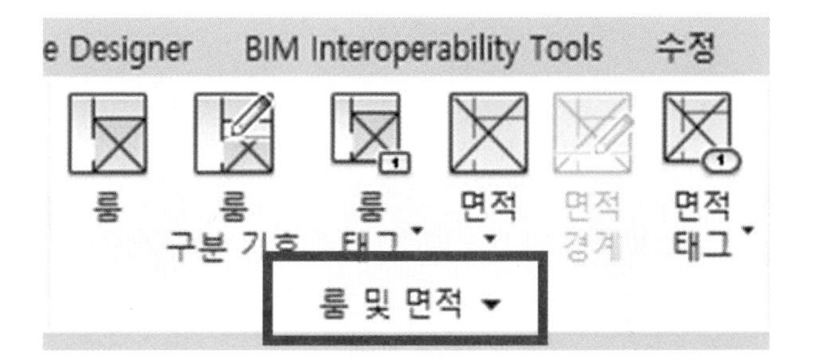

③ [면적 및 체적 계산]을 선택합니다.

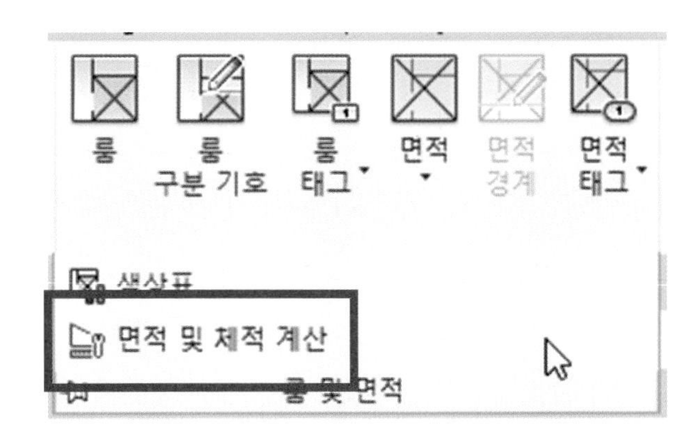

④ 룸 면적 계산 항목에서 [벽 중앙에서]를 선택한 후 확인을 누릅니다.

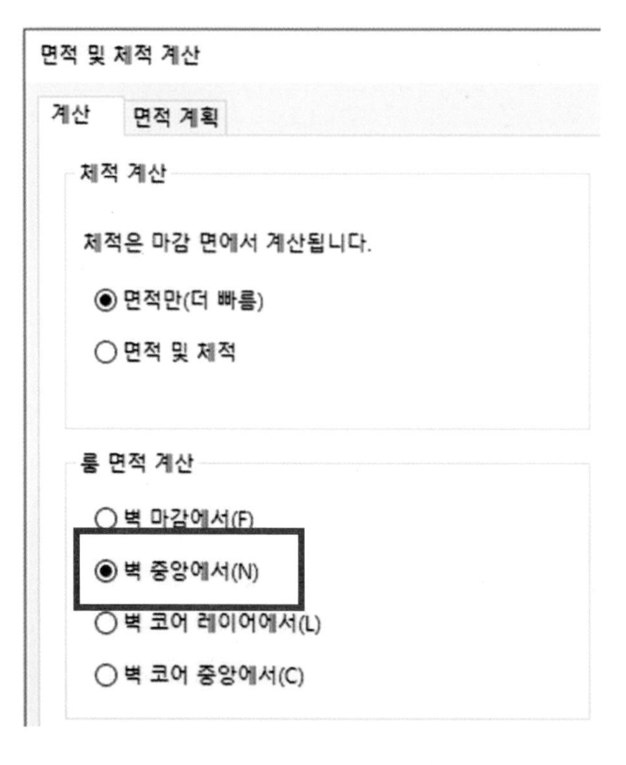

8.2.1 입면도 범위 설정

- Revit을 이용해서 작업을 진행하면 모델 입면의 모습이 완전히 안 보이는 경우가 있습니다.
- 이는 입면도의 범위 설정에 관련되어서 옵션을 변경하지 않았기 때문에 생기는 현상입니다.
- 간단하게 옵션 수정하는 작업을 통해서 범위를 조정할 수 있습니다.

① 작업 화면에 있는 입면도 기호 중 하나를 확대합니다.

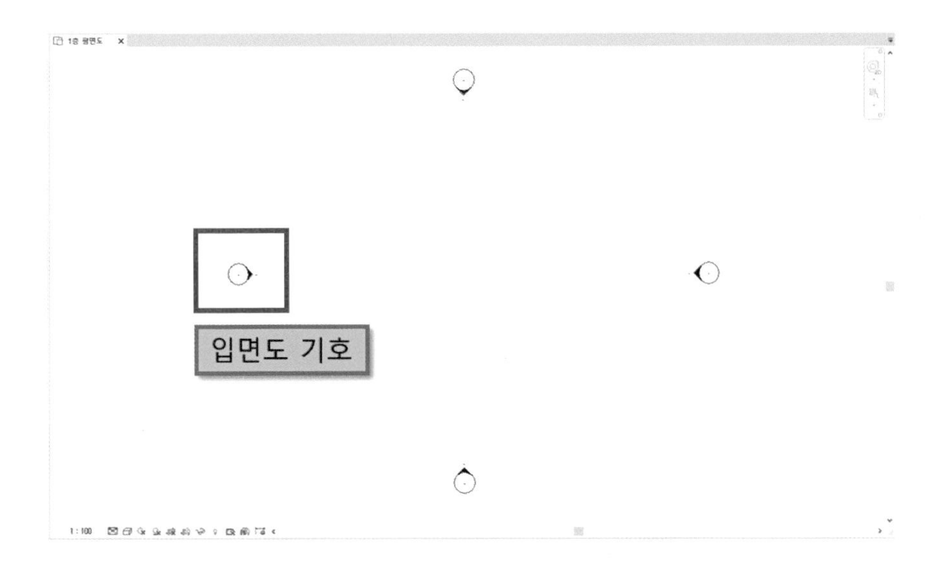

② 입면도 기호의 원에 해당하는 부분을 선택하면 뷰의 방향을 지정하거나 새로 만들 수 있습니다.

- 이번 프로젝트에서는 기본 뷰 옵션을 활용하는 만큼 따로 지정하지 않습니다.

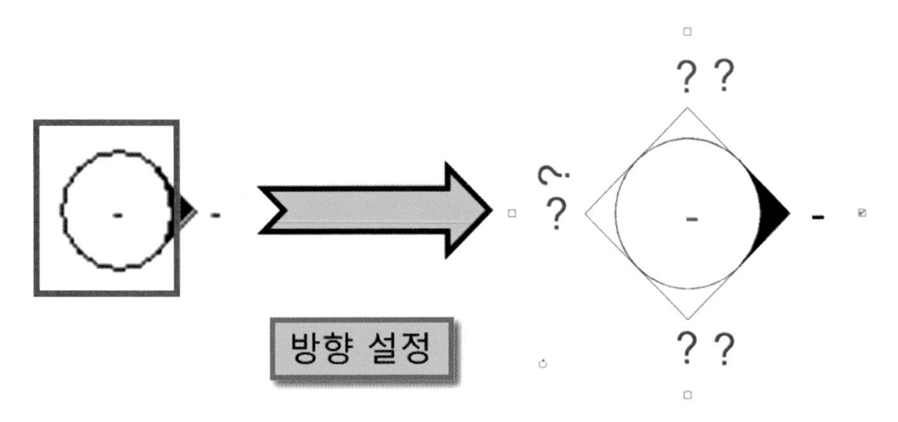

③ 입면도 기호의 앞쪽 솔리드로 채워진 부분을 선택하면 그림과 같은 파란색 실선을 확인 할 수 있습니다.

- 파란색 실선 부분이 뷰가 시작되는 지점입니다.
- 파란색 점선으로 표기된 부분은 뷰의 범위입니다. 이 점선을 벗어나면 모델은 입면에서 더 이상 보이지 않게 됩니다.

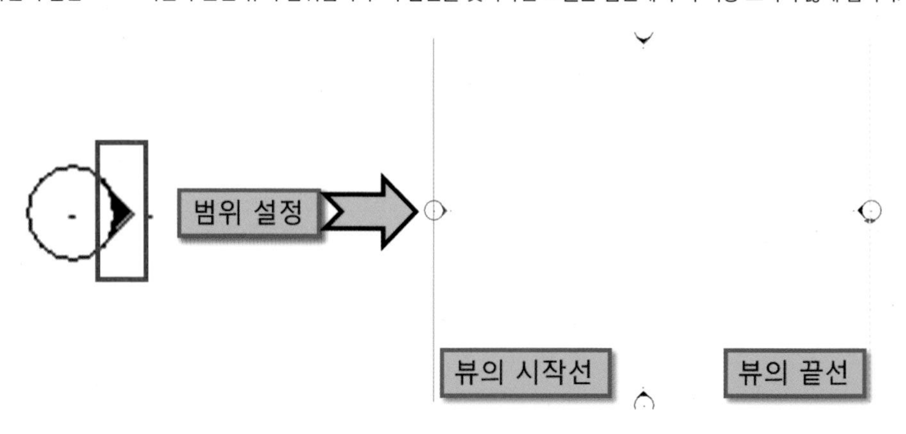

④ 입면도 기호의 앞쪽 솔리드된 부분을 선택한 후 특성을 보면 [범위]에 [먼 쪽 자르기] 옵션을 수정할 수 있습니다.

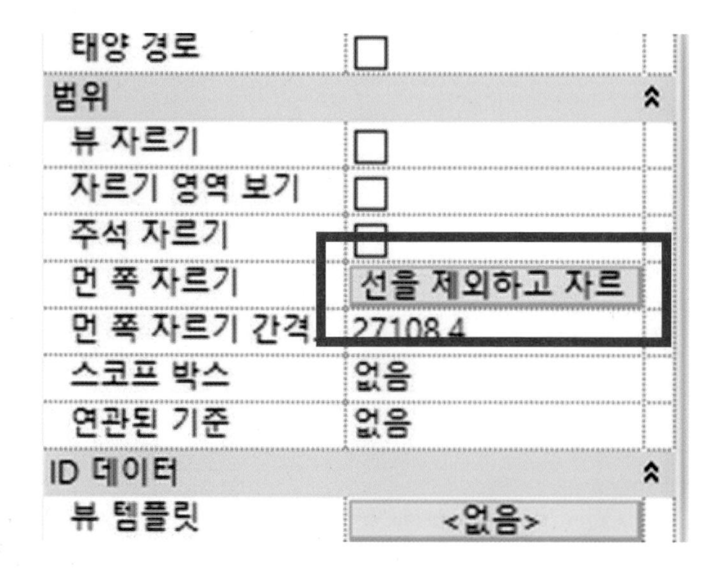

⑤ [먼 쪽 자르기] 옵션을 무한대 범위인 [자르기 없음]으로 변경합니다.

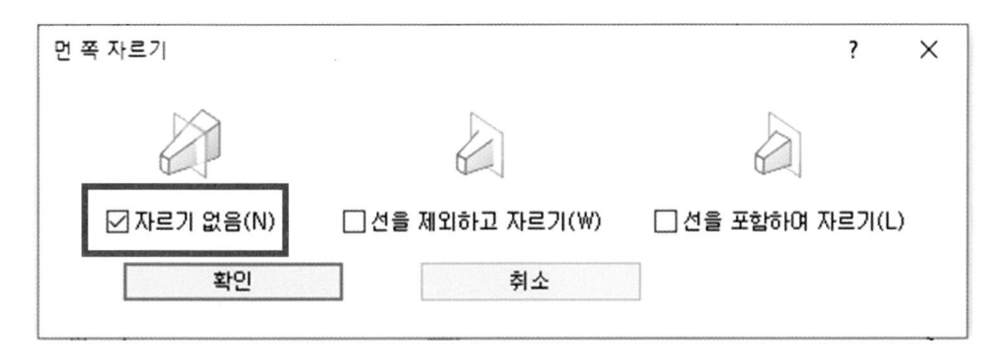

⑥ 나머지 입면 기호들도 같은 작업을 진행합니다.

8.2.2 재질 작성

- 프로젝트에 사용될 재질을 미리 작성합니다.
- 일람표에서 재질명을 이용해서 부재를 분류할 때 유용하게 쓸 수 있습니다.
- 구조 모델이 주 작업입니다. 재질은 콘크리트 재질을 먼저 작성합니다.

① [관리] 탭에 [재질]을 선택합니다.

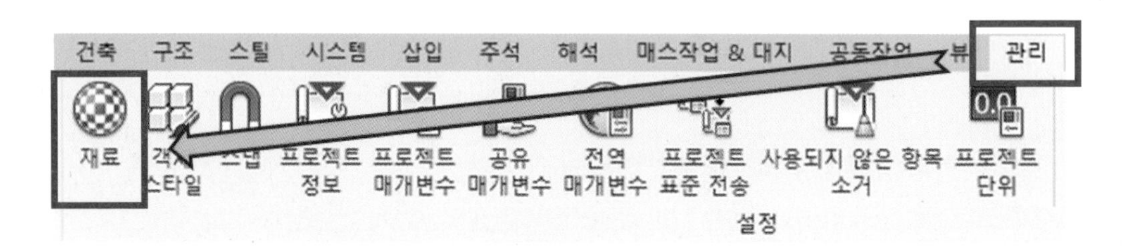

② [재질] 창에 [라이브러리 패널 열기] 아이콘을 선택합니다.

[라이브러리 패널]을 드래그해서 영역을 확장합니다.

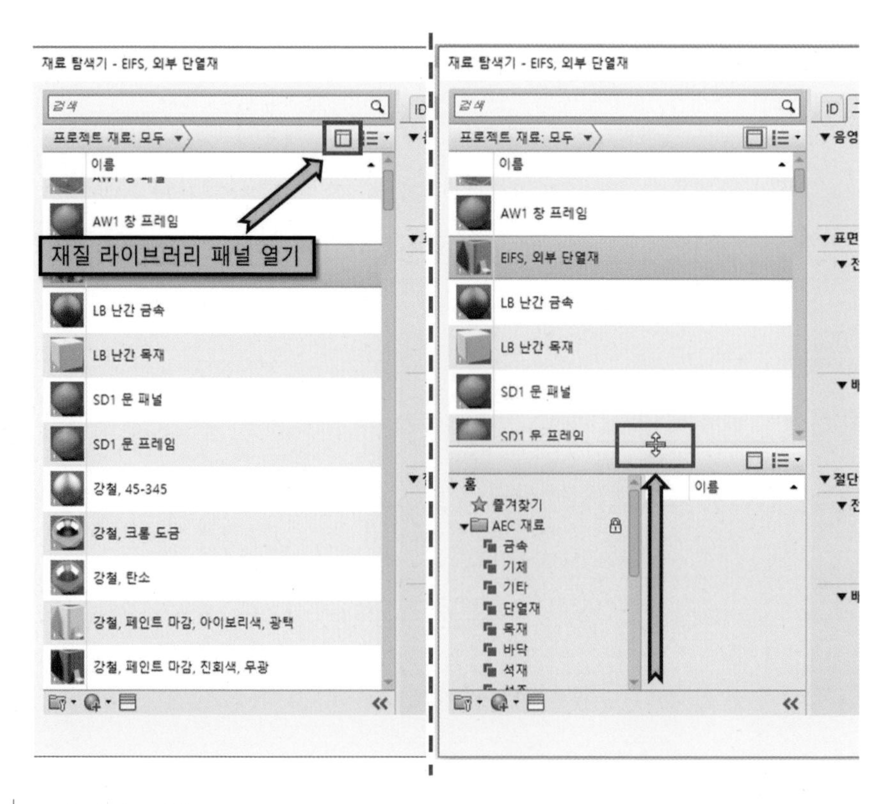

③ 콘크리트 재질을 선택한 후 마우스 우 클릭합니다. [복제]를 선택합니다.

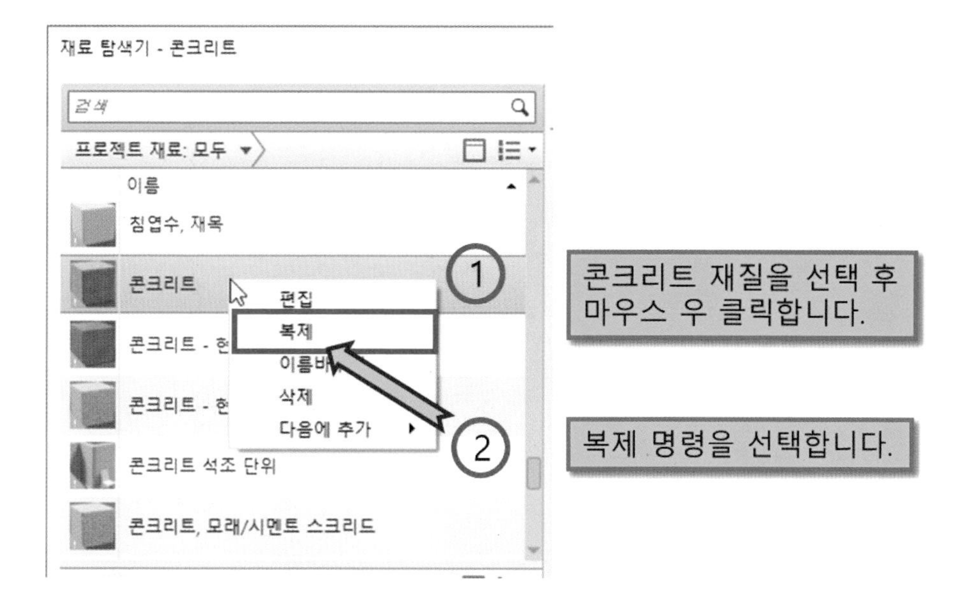

④ 이름을 지정합니다. 이름 앞에 특수 문자 혹은 숫자를 붙입니다.
이유는 재질명으로 분류 시에 빠르게 찾을 수 있다는 장점이 있습니다.

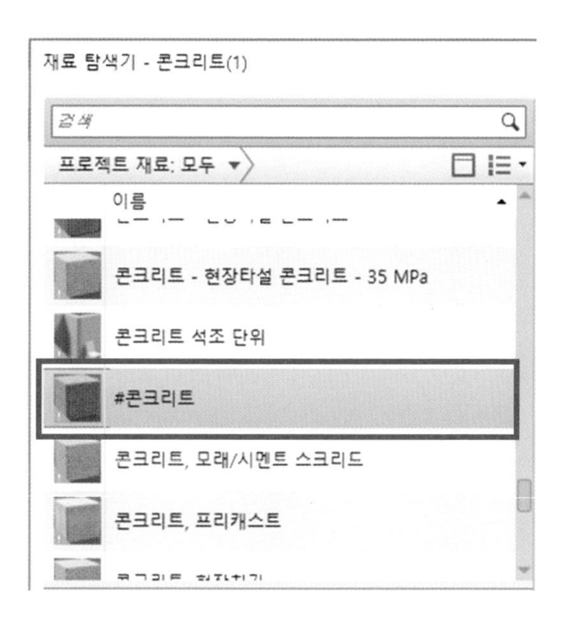

⑤ 재질 표면 패턴을 제거합니다. 도면으로 만들 경우 재질 패턴이 보이기 때문입니다.

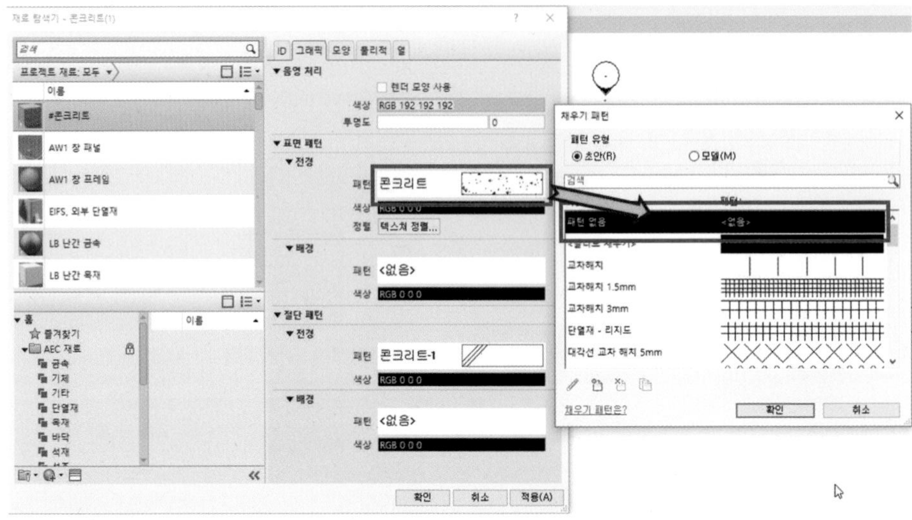

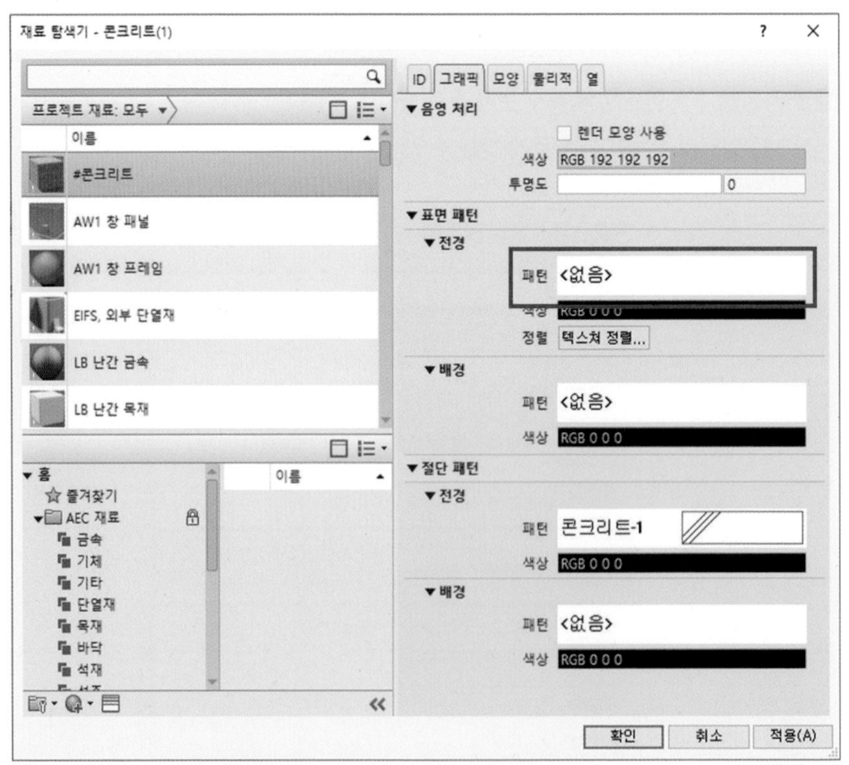

⑥ 아래와 같이 스틸 재질도 작성을 합니다.

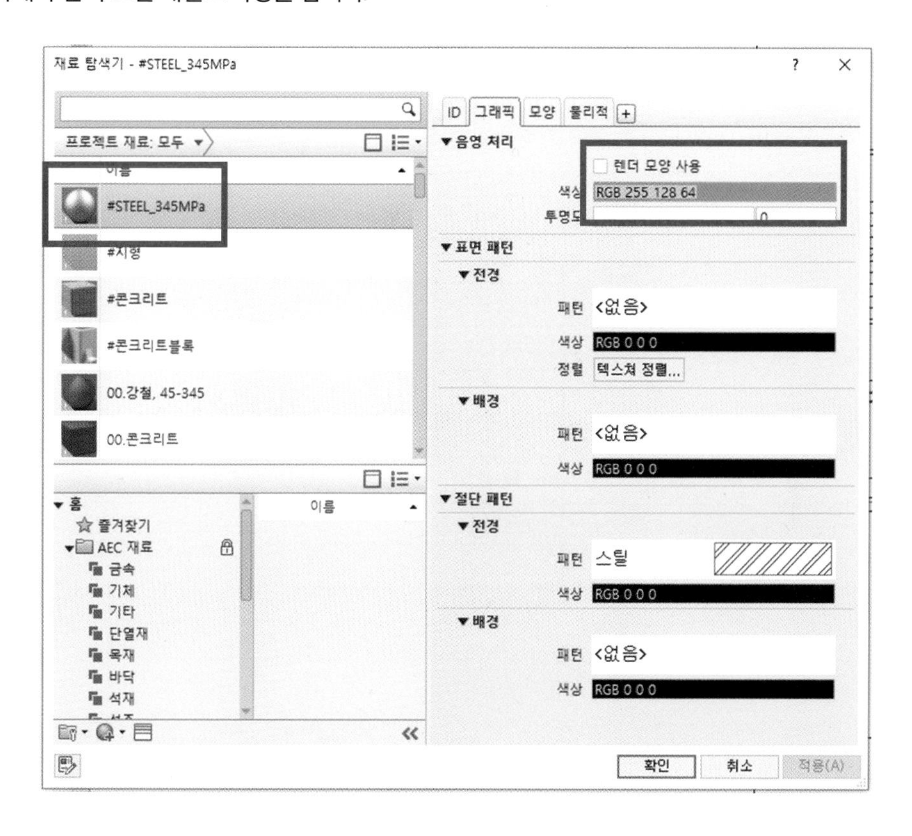

8.2.3 레벨 설정

- 2번째 예제는 구조에 관련된 예제입니다. 철근 콘크리트와 스틸을 사용한 구조 예제입니다.

① 아래의 표를 참고하여 레벨을 작성합니다.

레벨 일람표	
이름	입면도
FL.ROOF	18150
FL.04	16150
FL.03	12150
FL.02	6150
FL.01	150
FL.GL	0
FL.B01	-2050

② 남측면도에서 레벨을 이용해서 아래와 같이 작성합니다.

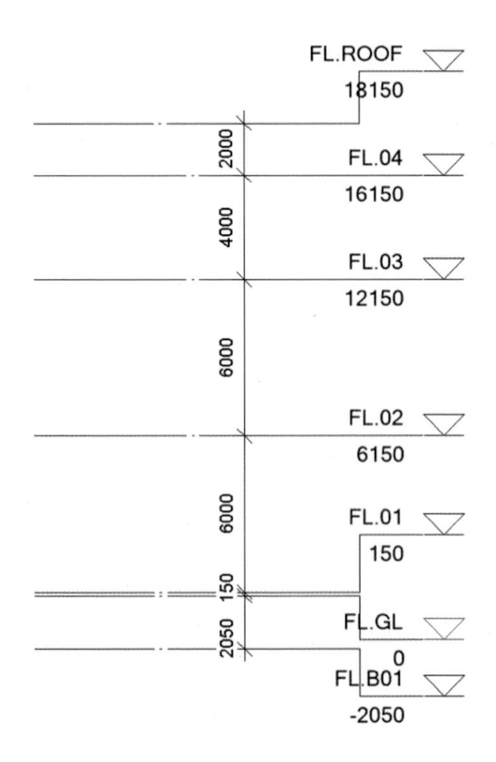

③ 레벨 작성이 끝난 후 새로 작성된 평면 뷰를 작성하기 위해서 아래와 같이 평면도 명령을 실행합니다.

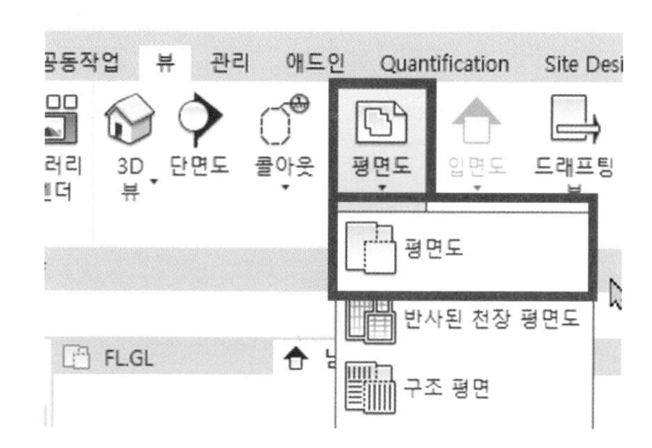

④ 새로 작성된 레벨을 선택 후 확인을 선택합니다.

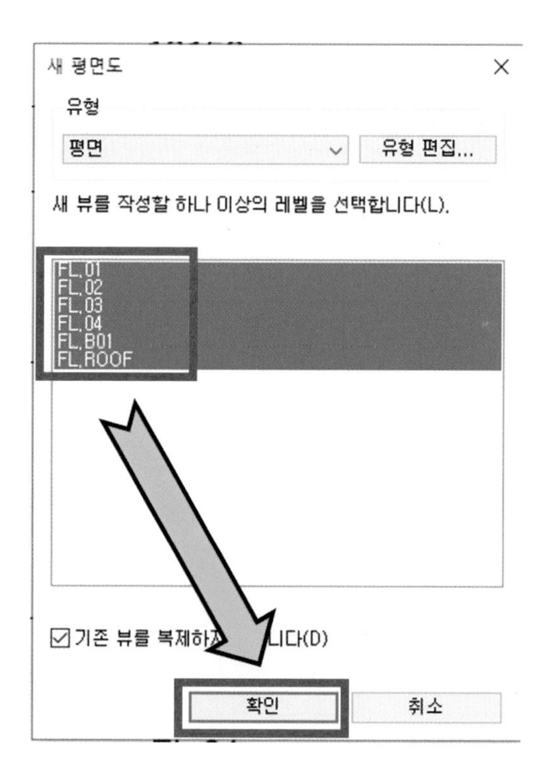

⑤ 새롭게 추가되는 모든 뷰는 아래 이미지와 같이 [???]로 분류됩니다.

⑥ 새로 추가된 뷰를 선택 후 작업자 지정을 합니다.

⑦ 보통은 이름이나 사번 등의 식별 가능한 아이디를 사용합니다.

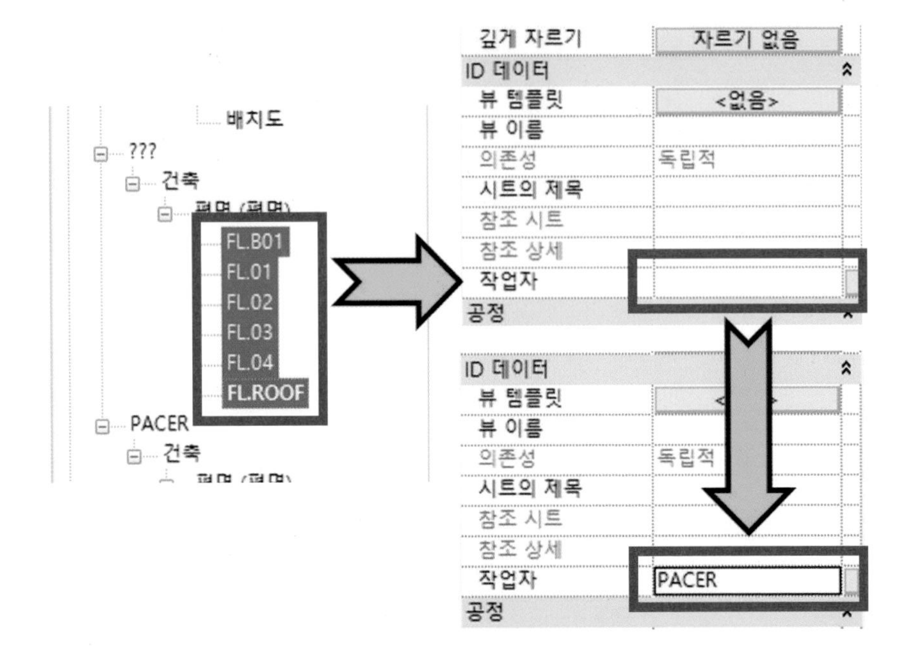

⑧ 아래와 같이 프로젝트 탐색기가 분류되었는지 확인합니다.

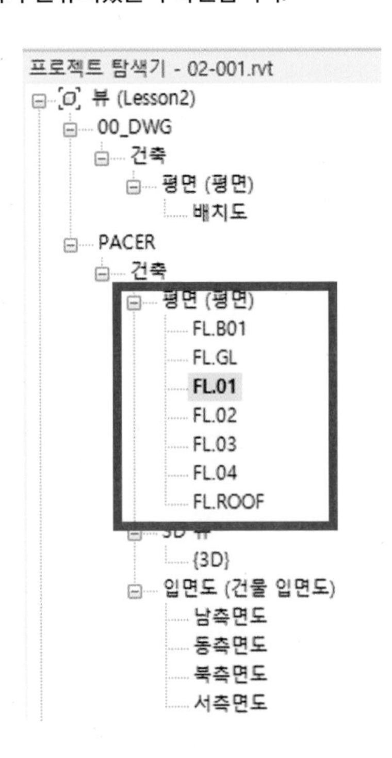

8.2.4 그리드 설정

① 평면 뷰에서 FL.01 뷰를 더블 클릭합니다. 아래와 같이 그리드를 작성합니다.

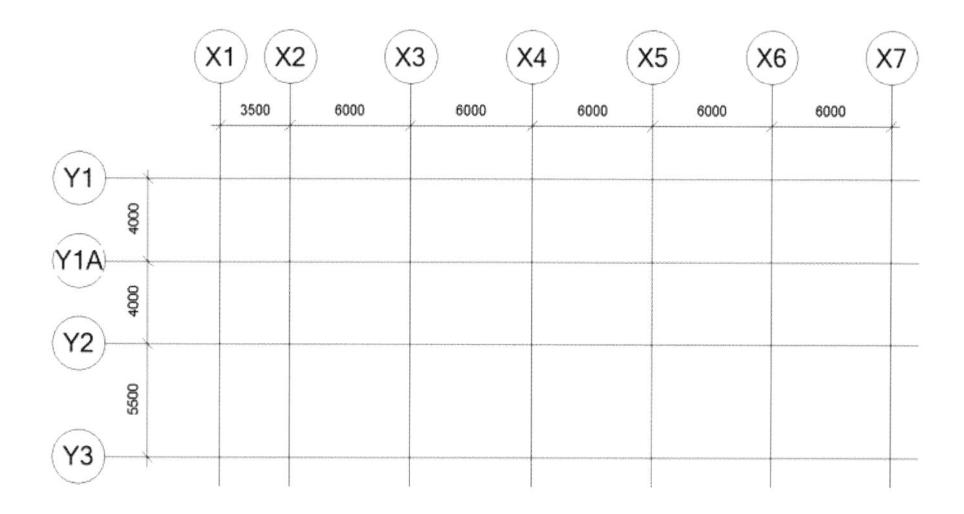

② 그리드 작성 후 레벨과 그리드가 제대로 교차하는지 확인합니다.

남측면도로 이동한 후 아래 그림과 같이 레벨 선을 연장합니다.

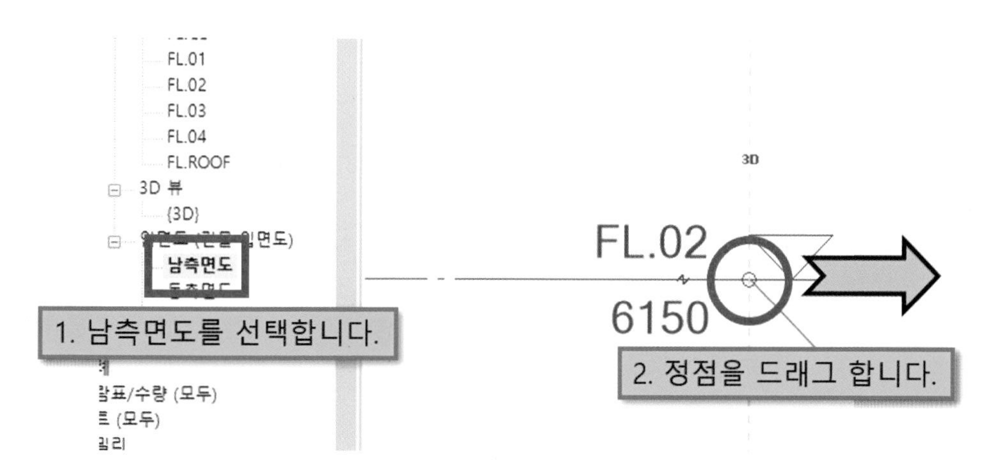

③ 남측과 동측의 뷰에서 아래와 같이 그리드와 레벨이 충분히 교차되도록 작업합니다.

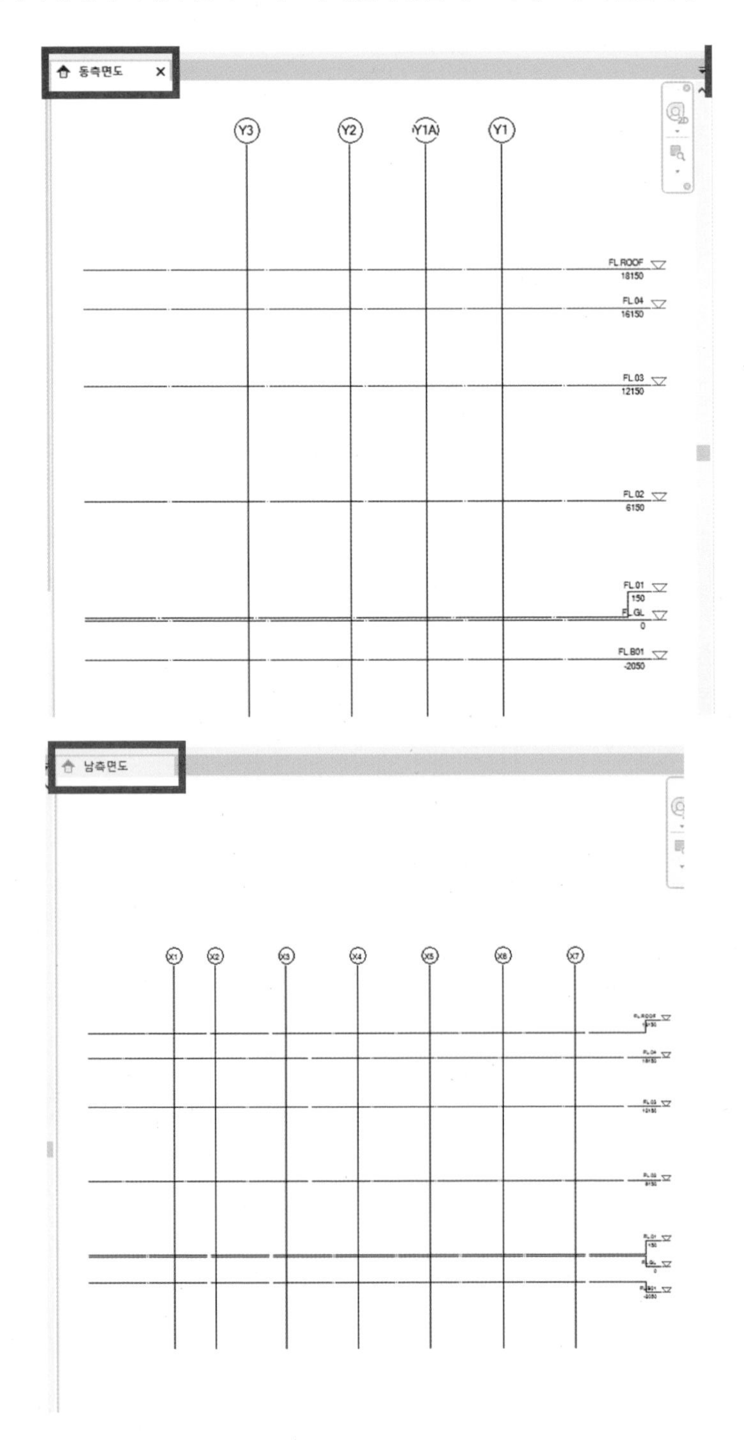

8.2.5 구조 뷰 설정

- 구조 작업을 위해서 건축 뷰를 복제해서 구조 뷰로 만들어줍니다.
- 구조와 건축의 경우 작업은 분류해서 작업을 진행해야 합니다.
- 소규모 프로젝트의 경우는 예외로 합니다.

① 건축 뷰에 있는 FL.B01을 선택 후 마우스 우 클릭합니다. 뷰 복제를 선택합니다. 3가지 복제 기능 중 복제를 선택합니다. 복제는 주석을 제외하고 복제가 됩니다. 상세 복제는 주석을 포함해서 복제가 됩니다.

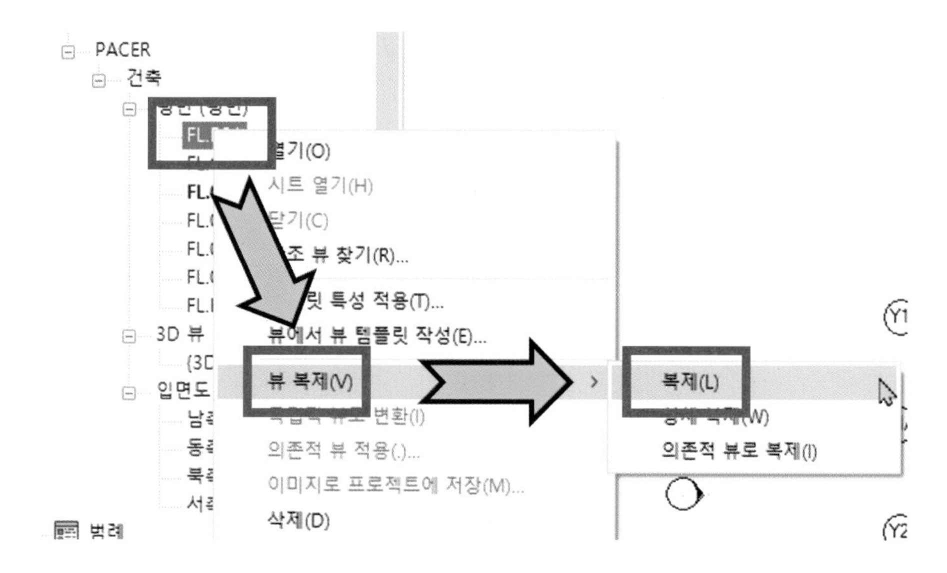

② 복제된 뷰를 선택합니다.

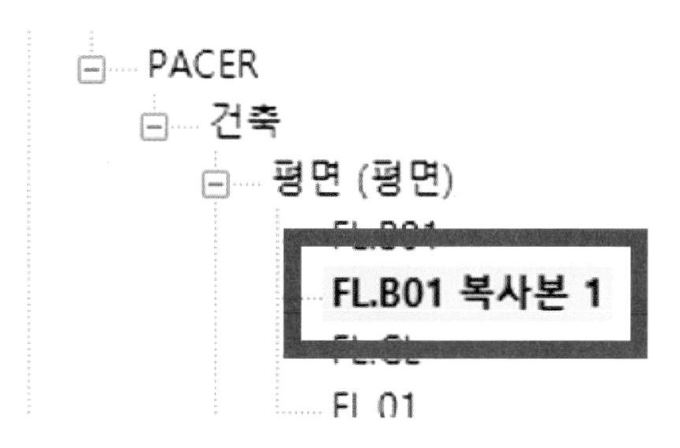

③ 특성 창에서 분야를 구조로 변경합니다. 뷰의 이름 뒤에 구분을 위해서 [S]를 붙여줍니다.

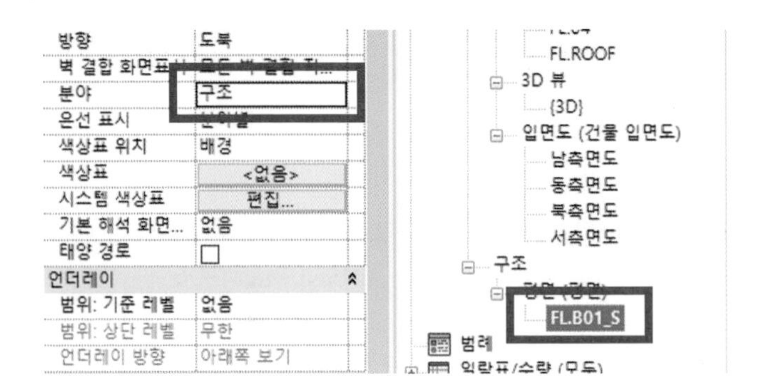

④ 아래와 같이 나머지 뷰를 복제합니다.

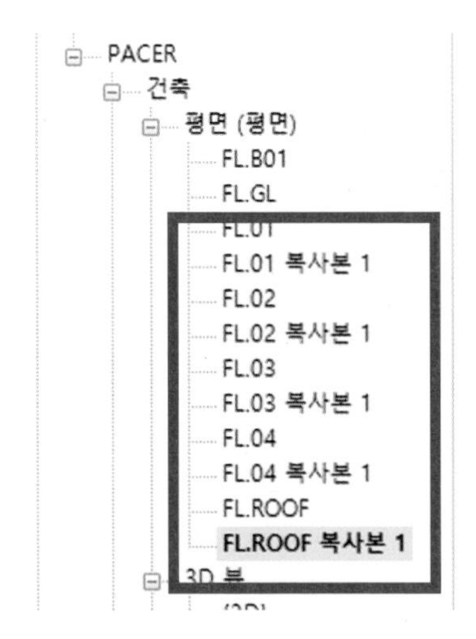

⑤ 분야를 구조로 변경합니다.

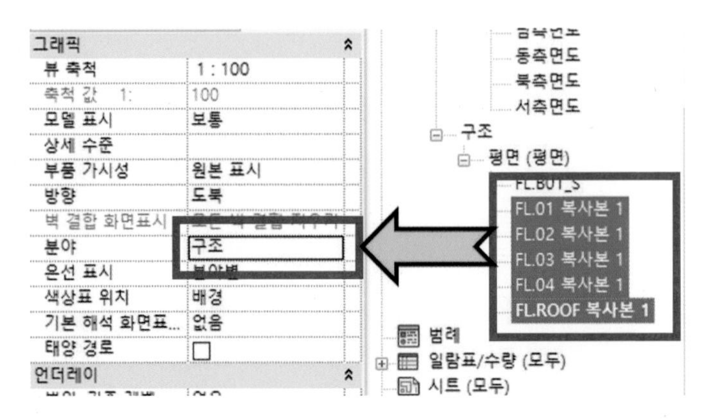

⑥ 뷰의 이름을 변경합니다.

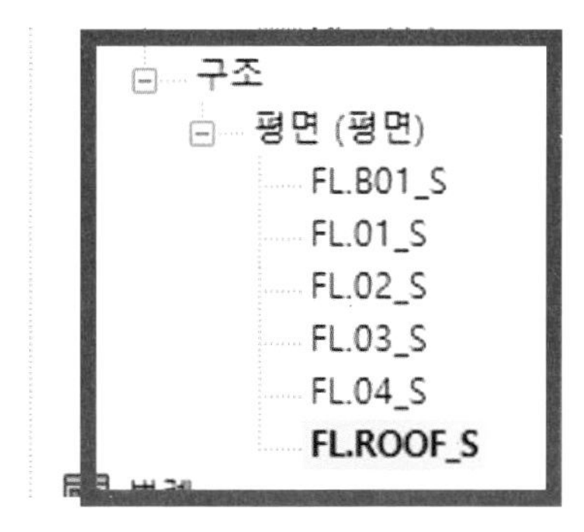

⑦ 복제된 뷰의 경우 초기화되어 있습니다. 원활한 작업을 위해서 아래와 같이 옵션을 변경합니다.

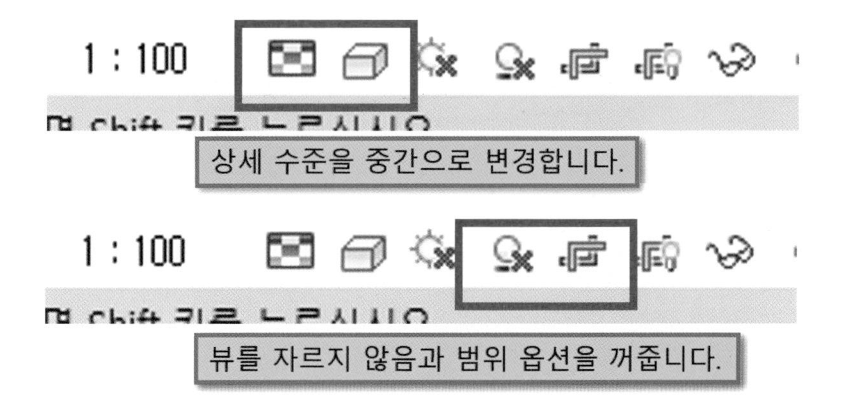

8.3 지하 PIT 작성하기

이 프로젝트의 경우 엘리베이터 지하에 PIT가 위치합니다.

PIT 작성을 위해서 구조벽, 줄 기초, MAT 바닥 등의 명령을 사용합니다.

8.3.1 독립 기초 작성하기

- 이번 예제에서 사용되는 기초 유형은 독립 기초 3가지 유형과 벽 기초(줄 기초) 1가지 유형이 사용됩니다.
- 구조 기초는 작업 전 [삽입] 탭의 패밀리 로드를 통해서 가져옵니다.

① 구조 지하 1층 뷰를 더블 클릭합니다.

② 구조 기초 패밀리 로드를 위해서 [삽입] 탭의 패밀리 로드를 실행합니다.

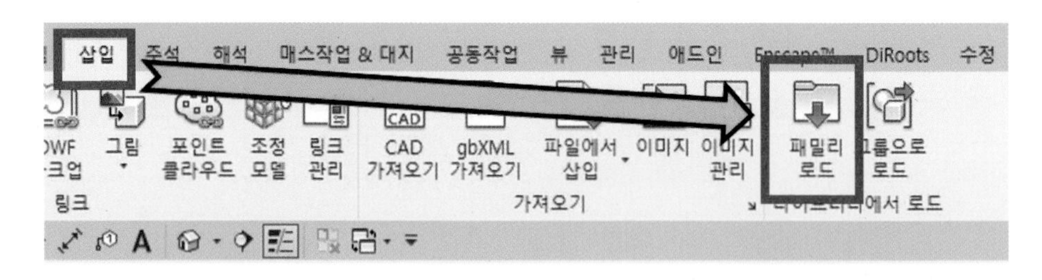

③ 구조 기초 폴더를 선택합니다.

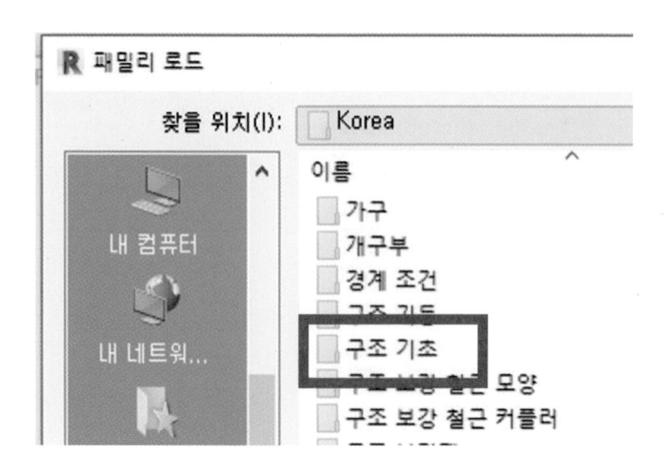

④ [기초 직사각형.rfa] 파일을 선택한 후 확인을 누릅니다.

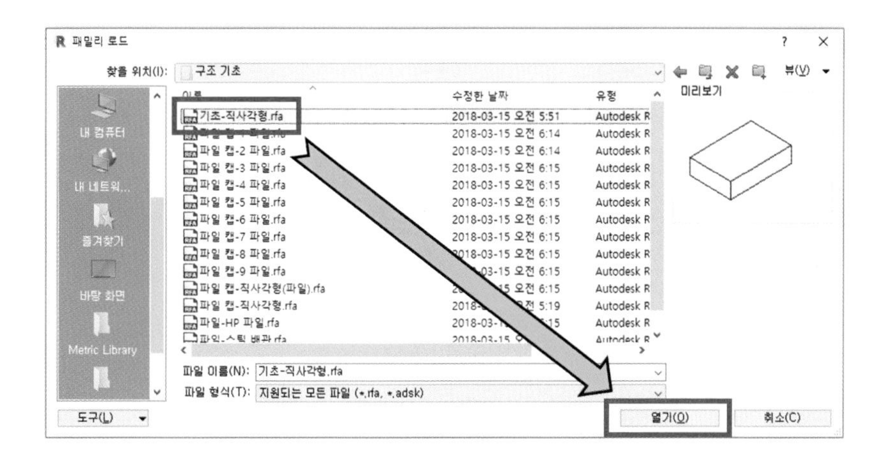

⑤ 구조 기초의 경우 작성 후 뷰 범위를 벗어나 뷰에서 보이지 않는 경우가 있습니다.
뷰 범위를 이용해서 아래와 같이 범위를 무한대로 변경합니다.
(지하 하단 층의 경우만 적용하도록 합니다.)

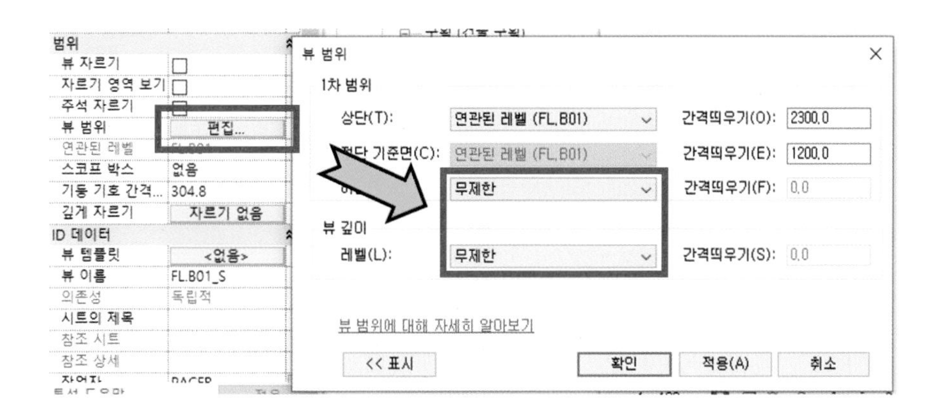

⑥ 패밀리 로드가 끝나면 [구조] 탭의 독립 기초 명령을 선택합니다.

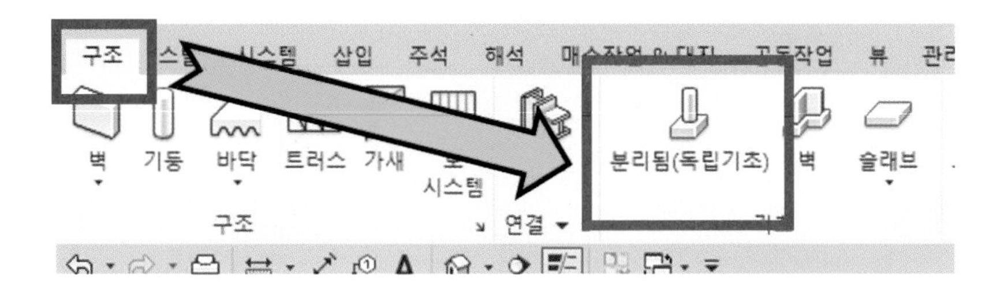

⑦ 기초 유형을 작성하기 위해서 유형 편집을 선택합니다.

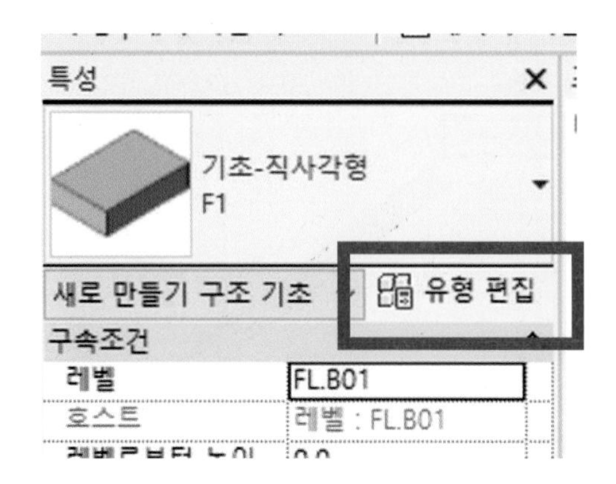

⑧ [복제]를 선택한 후 유형의 이름을 지정합니다.

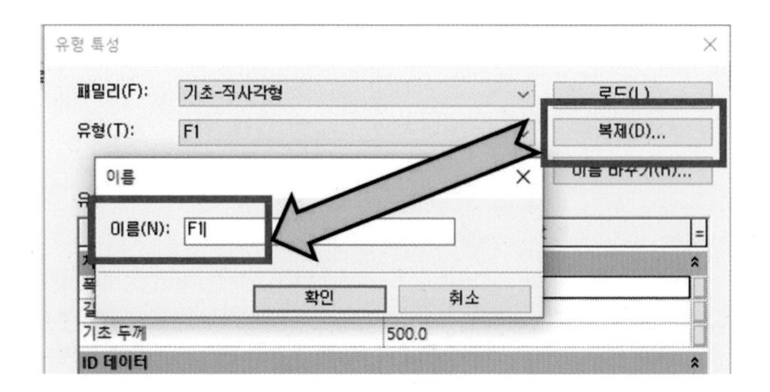

⑨ 유형 각 항목의 치수를 입력합니다.

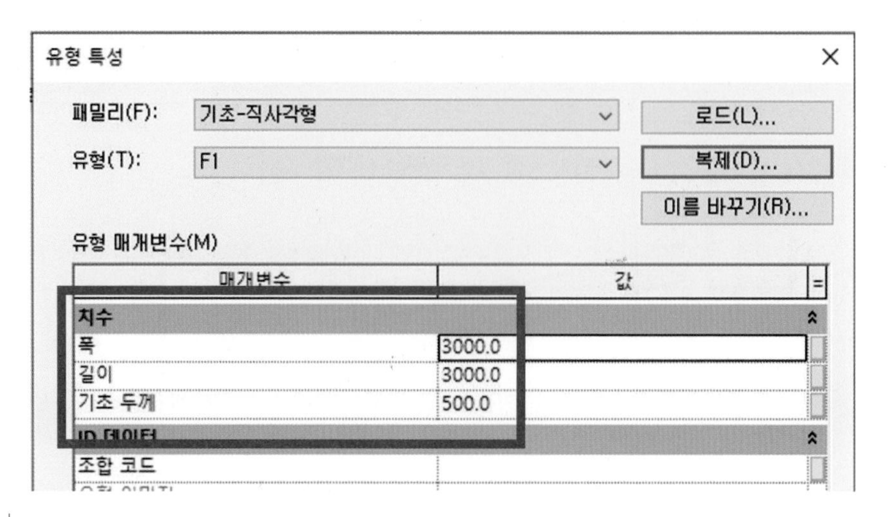

⑩ 유형 명과 각 부의 치수는 아래의 표를 참고합니다.

<구조 기초 일람표>				
A	B	C	D	E
유형	구조 재료	길이	폭	기초 두께
F1	#콘크리트	3000	3000	500
F2	#콘크리트	2000	2000	500
F3	#콘크리트	1600	1600	500
줄기초 300x300x300	#콘크리트		900	300

⑪ 3개의 유형을 작성합니다.

⑫ 아래의 완성된 도면의 태그(구조 기초 이름)를 참고합니다.

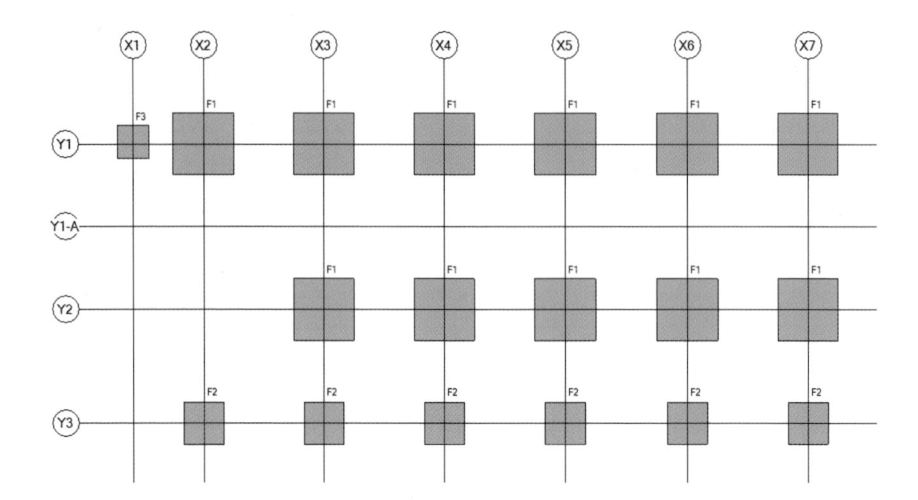

- 좌측 확대도

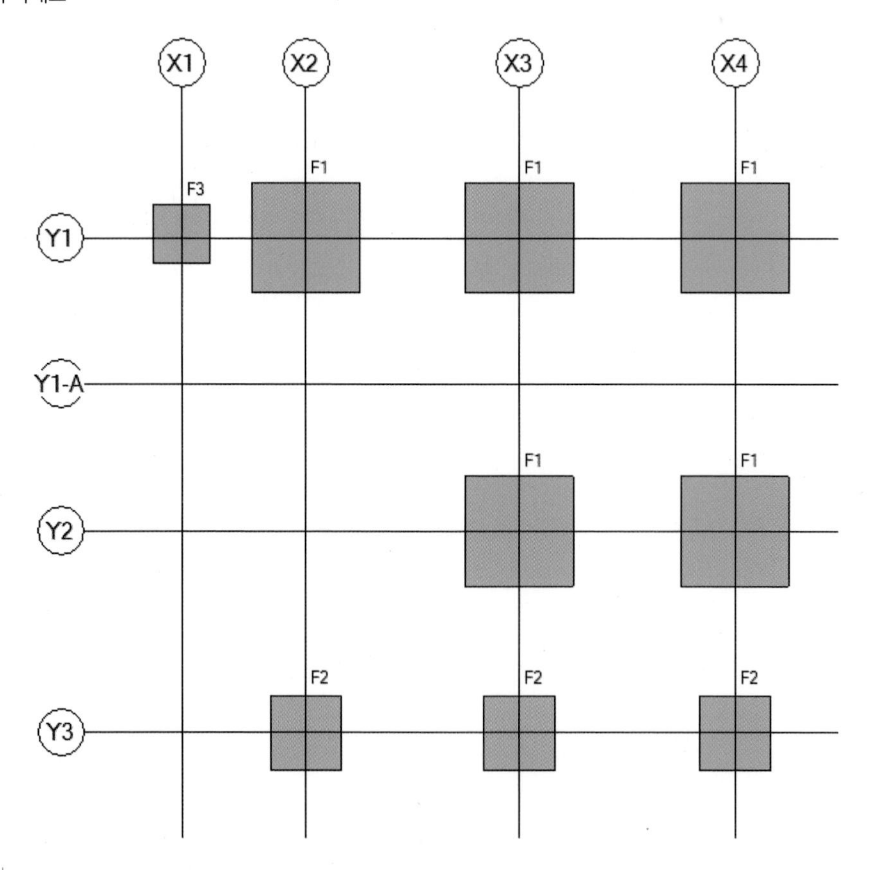

- 우측 확대도

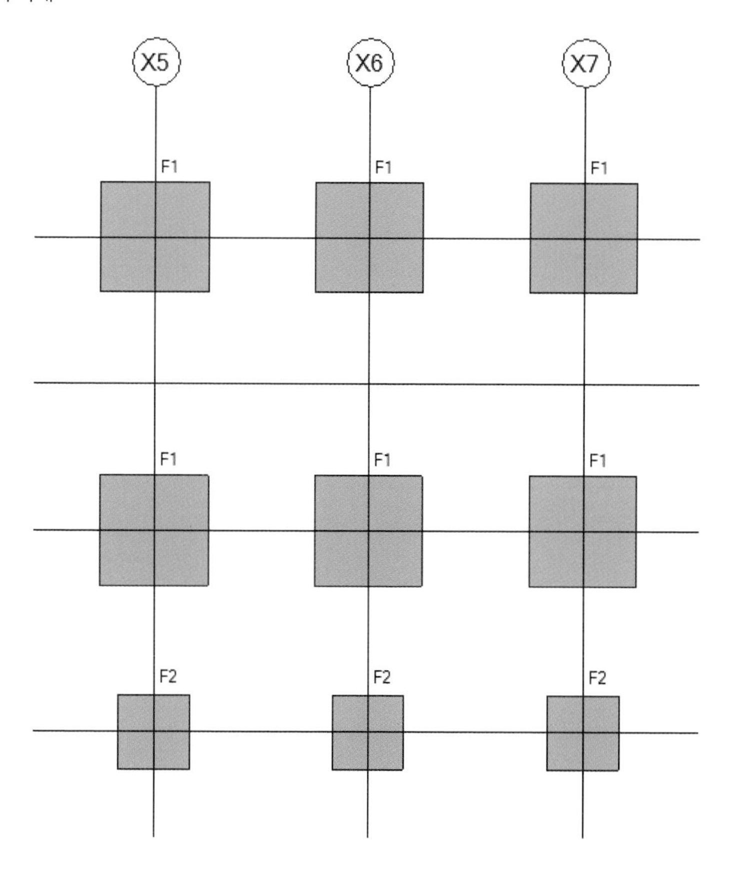

8.3.2 구조 기둥 작성하기

- 구조 기둥의 경우 앞에서 설명을 했기 때문에 실습에서는 구조 기둥 패밀리 로드를 통해서 사용하는 방법을 학습하도록 하겠습니다.

① 구조 탭의 기둥을 선택합니다. 구조 작업의 경우 특별한 경우가 아니면 구조 항목에 있는 기둥을 사용합니다.

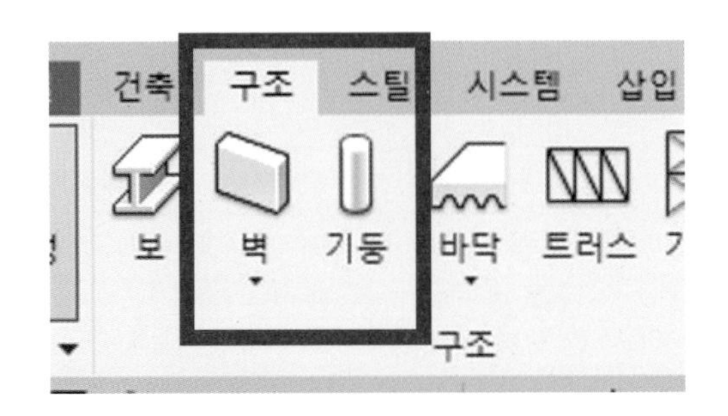

② 메뉴 우측 끝에 있는 패밀리 로드를 선택합니다.

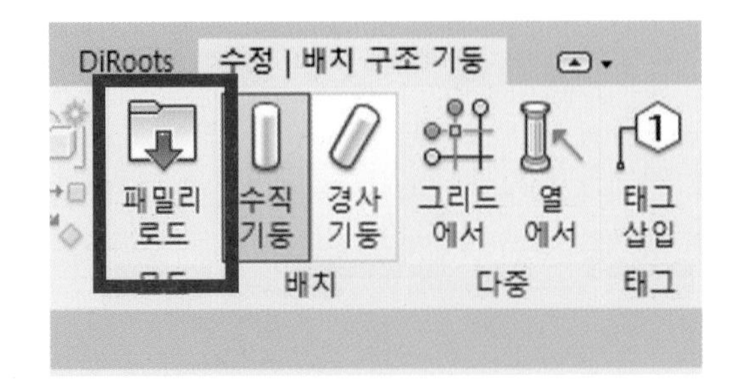

③ 구조 기둥 폴더를 실행합니다.

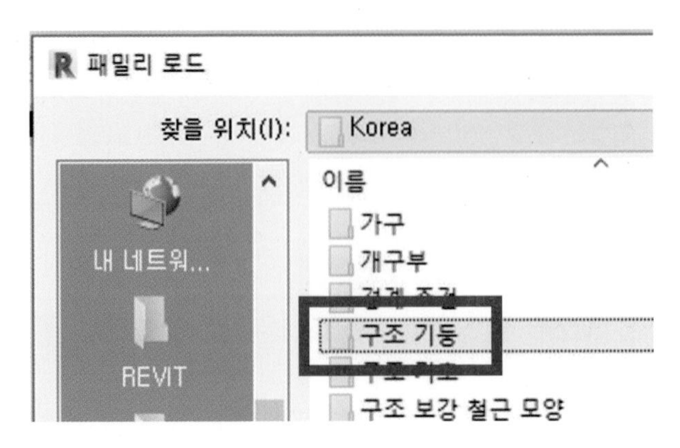

④ 콘크리트 폴더를 선택합니다.

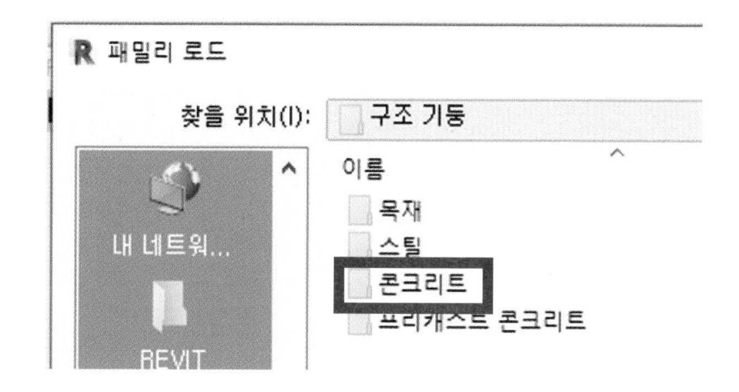

⑤ 항목 중 콘크리트 직사각형 기둥을 선택합니다.

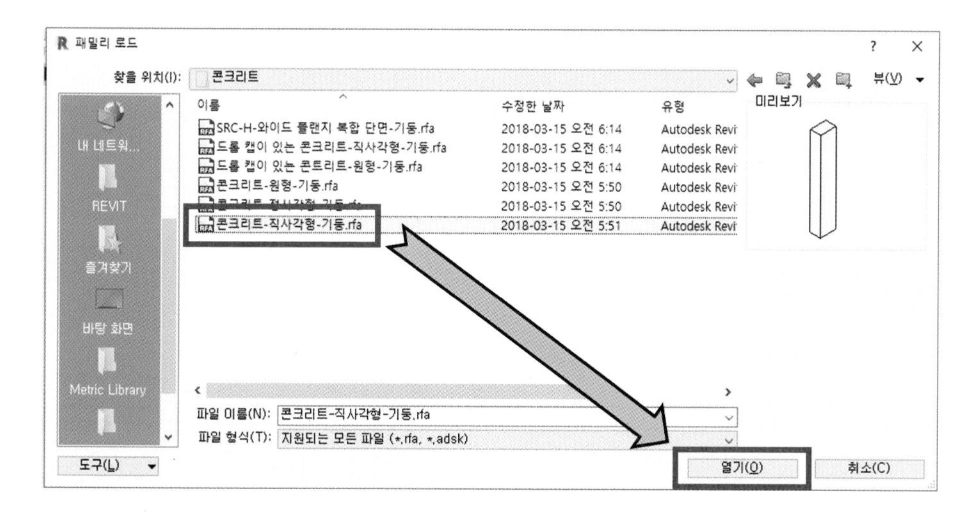

⑥ 특성 창에 기둥이 로드된 것을 확인한 후 유형을 작성하기 위해서 유형 편집을 실행합니다.

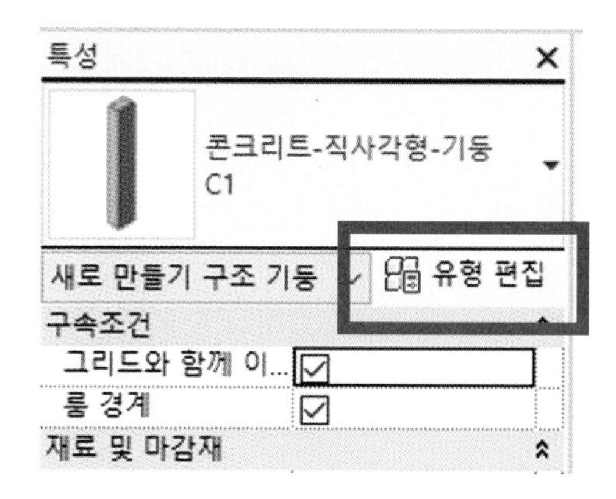

⑦ 복제를 선택한 후 유형 명을 입력합니다.

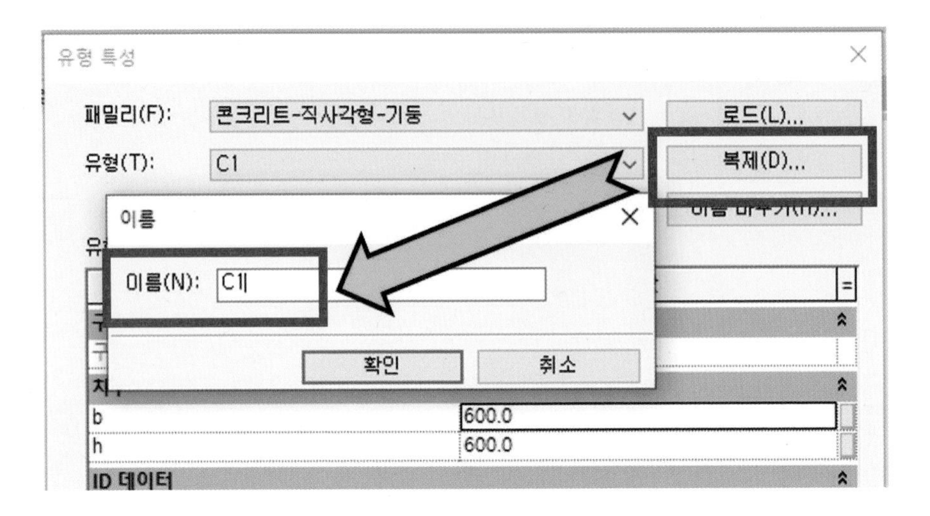

⑧ 유형 명의 기둥 사이즈를 입력합니다

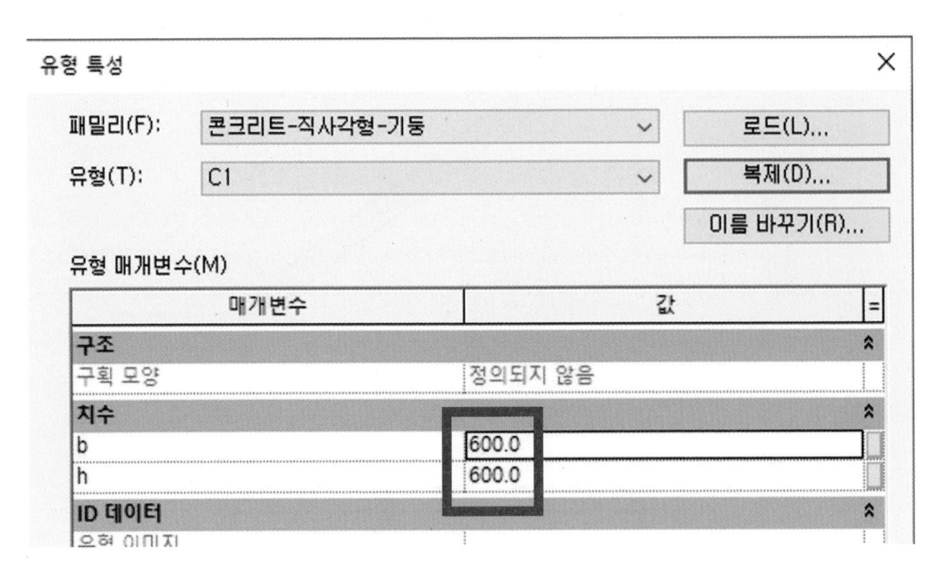

⑨ 프로젝트에 사용될 기둥의 유형은 아래와 같습니다. 아래의 표를 참고해서 유형을 작성합니다.

<구조 기둥 일람표>	
A	B
유형	모델
C1	600 x 600
C1A	600 x 600
C2	400 x 400

⑩ 기둥 작성 시에는 반드시 높이와 레벨을 확인합니다.

⑪ 아래의 도면에서 기둥 태그를 참고해서 기둥을 작성합니다.

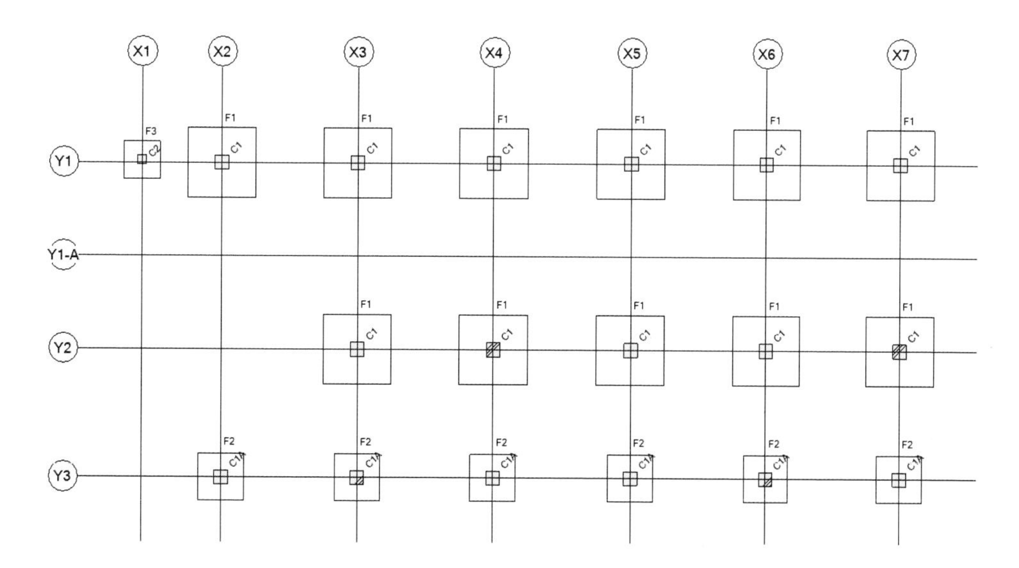

⑫ 좌측 확대

X1
X2
X3
F1
F1
F3
C2
C1
C1
Y1
Y1-A
F1
C1
Y2
F2
F2
C1A
C1A
Y3

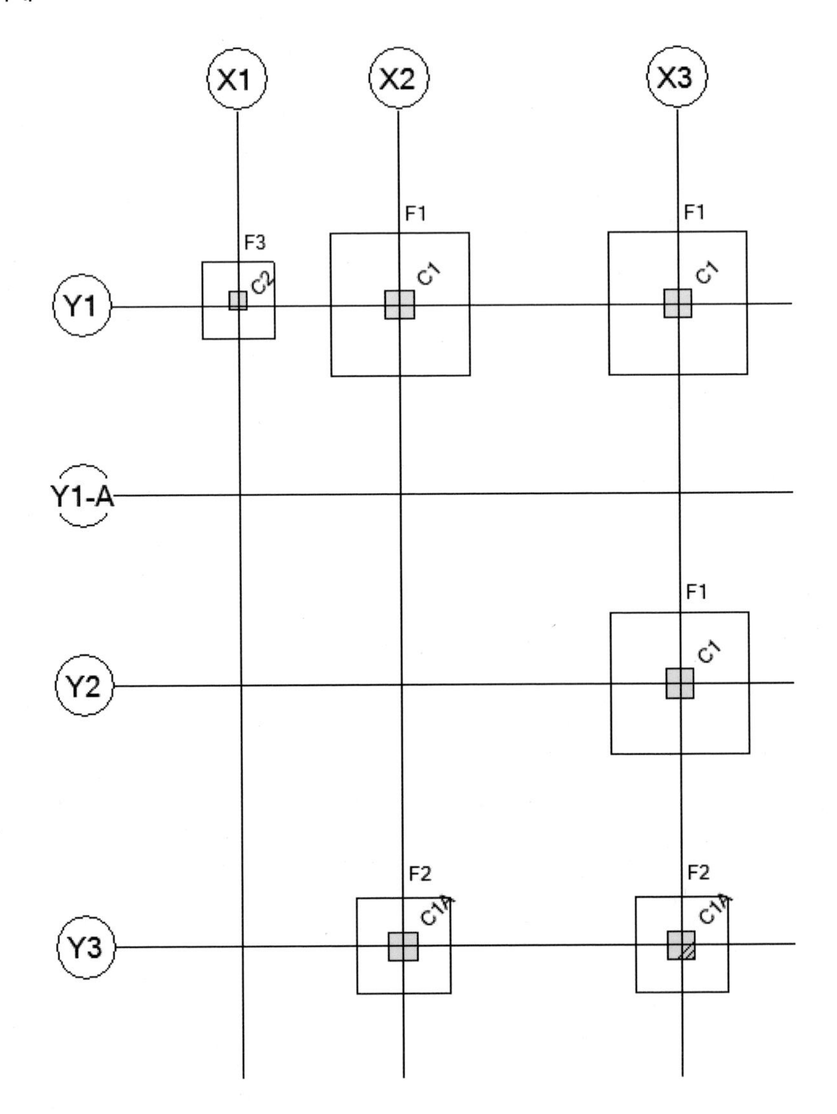

8.3.3 구조 벽체 작성

- 작성 명령을 통해서 바로 작업을 진행하도록 하겠습니다.

① [구조] 탭에 있는 벽 명령을 실행합니다.

② 유형을 작성하기 위해서 유형 편집 명령을 실행합니다.

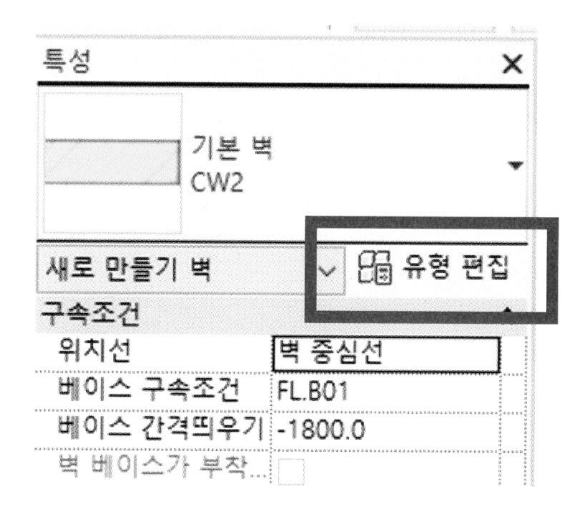

③ 복제를 통해서 유형 명 [CW2]를 입력합니다.

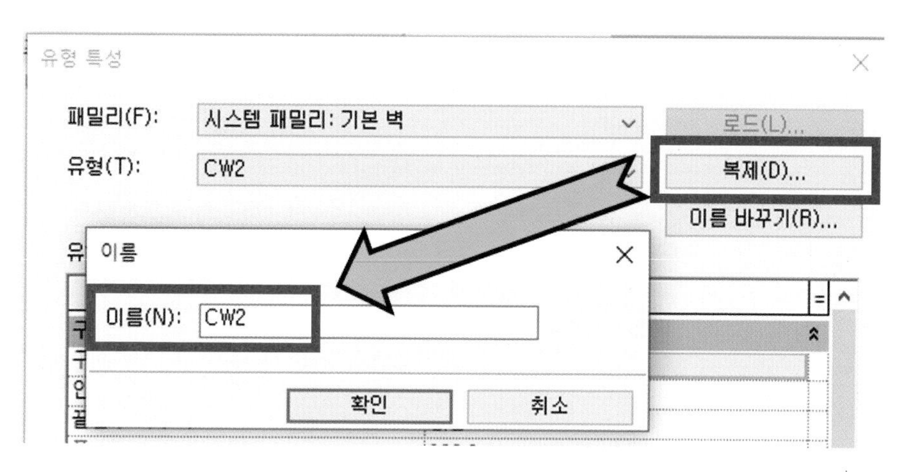

④ 구조의 [편집] 명령을 실행합니다.

벽체의 경우 편집 명령을 통해서만 벽의 두께와 재질을 지정할 수 있습니다.

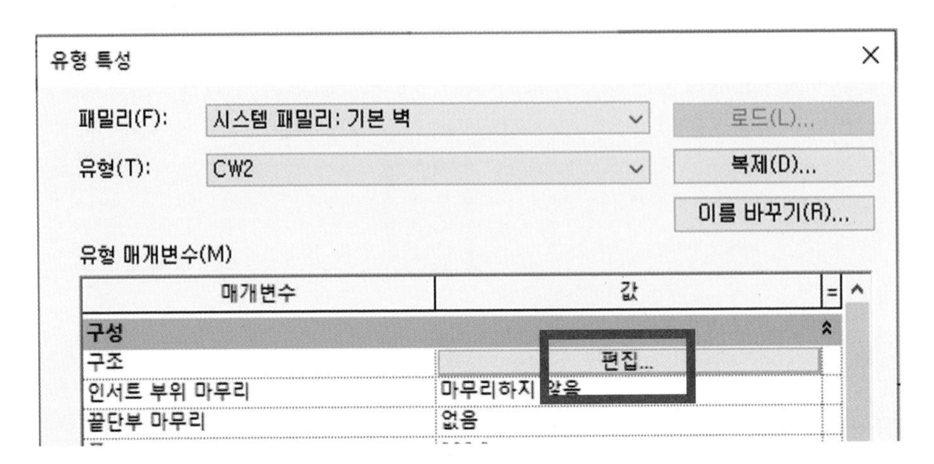

⑤ 재질은 [#콘크리트], 두께는 [300]으로 지정합니다.

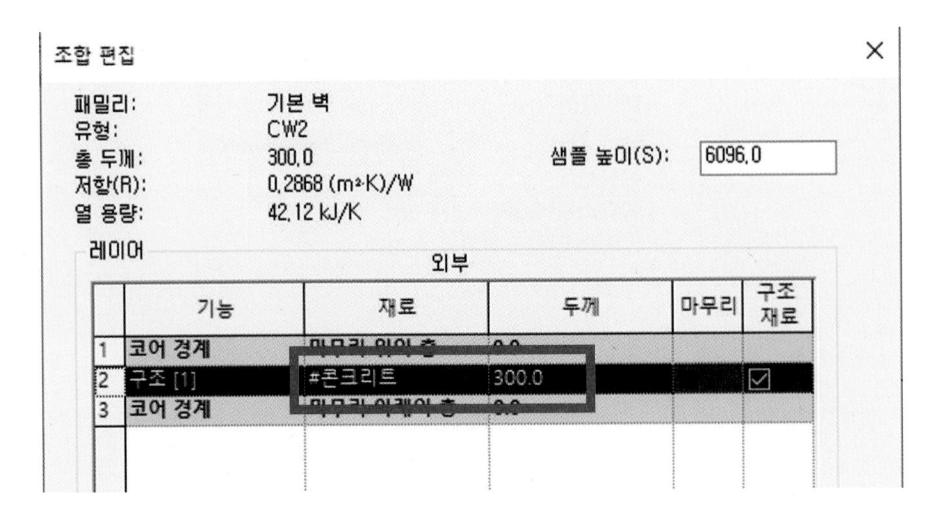

⑥ 사용 전 깊이로 지정하고 깊이 값을 2500으로 변경합니다.

⑦ 아래와 같이 벽체를 작성합니다. 직사각형 명령이나 선 그리기 명령을 사용합니다.

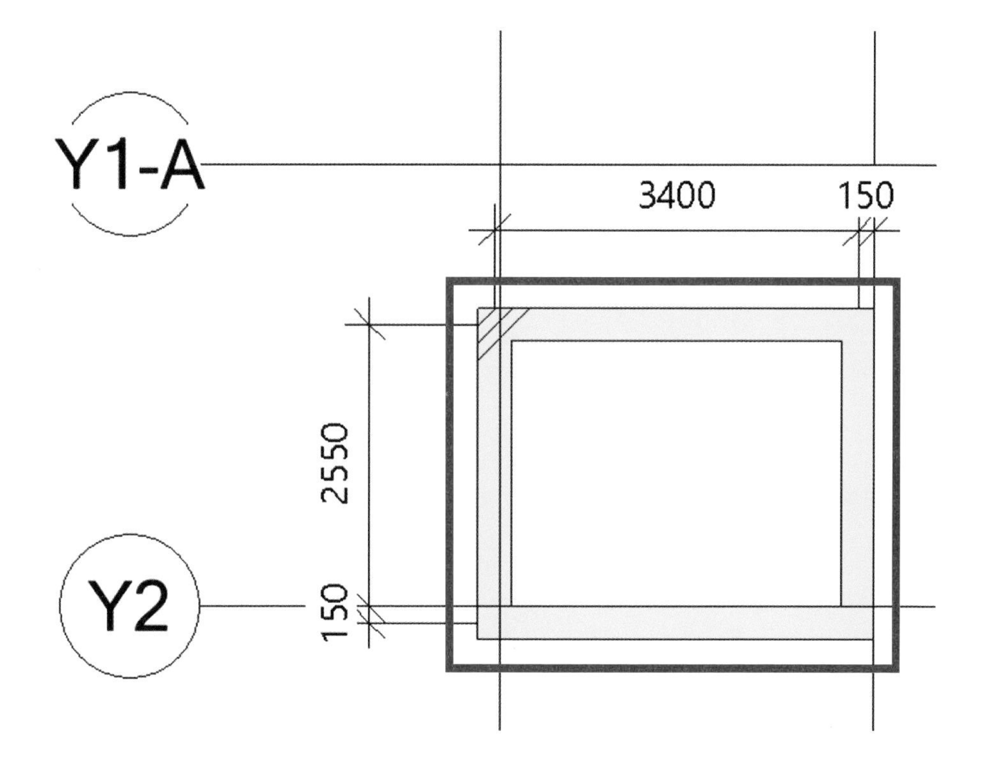

8.3.4 벽 기초 작성

- 벽 기초는 벽이 작성된 상태에서 적용이 됩니다.
- 벽의 방향도 중요하지만 이번 장에서는 실행 방법을 학습하도록 하겠습니다.

① [구조] 탭의 기초에 있는 벽을 선택합니다.

② 새로운 유형을 적용하기 위해 유형 편집을 선택합니다.

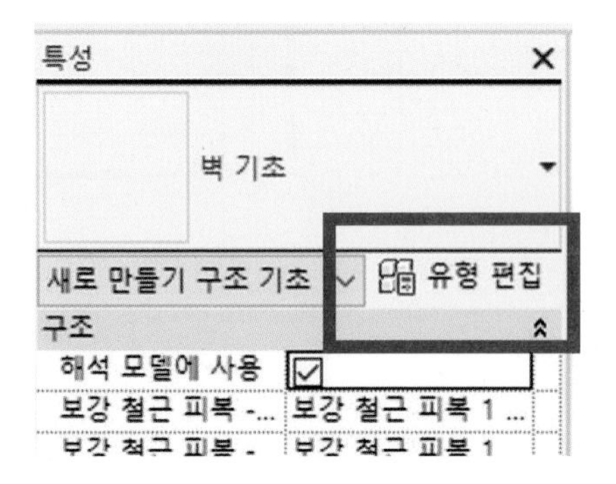

③ 복제를 이용해서 [줄기초 300X300X300] 유형 명을 만들어 줍니다.

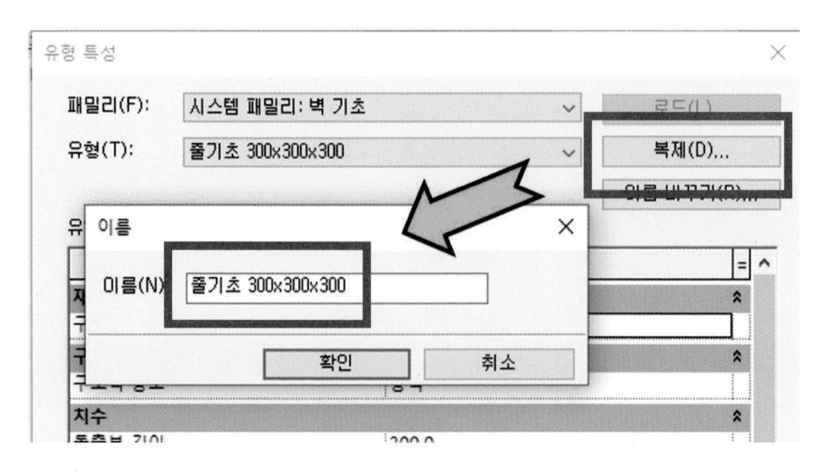

④ 구조 재료와 치수를 지정합니다. 구조 재료는 콘크리트, 치수는 300으로 변경합니다.

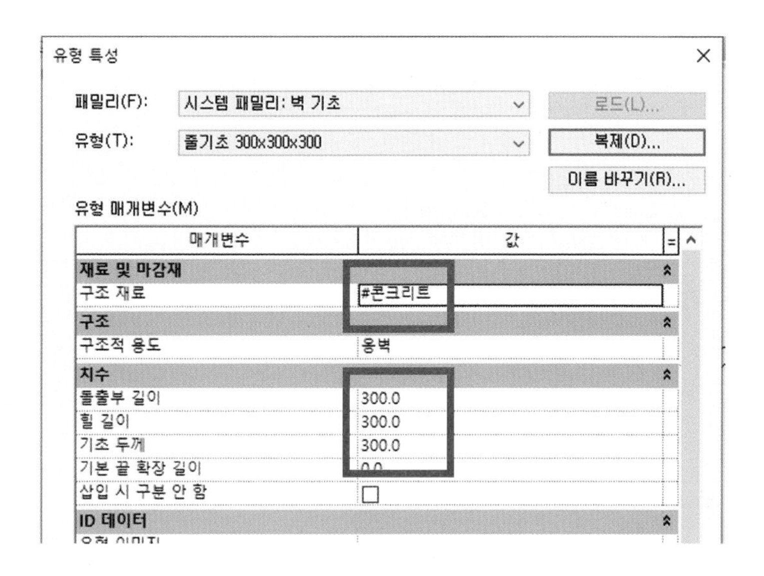

⑤ 3D 화면에서 뷰를 아래에서 위를 올려보는 시점으로 변경합니다.

Shift + 마우스 휠을 누른 상태에서 움직입니다.

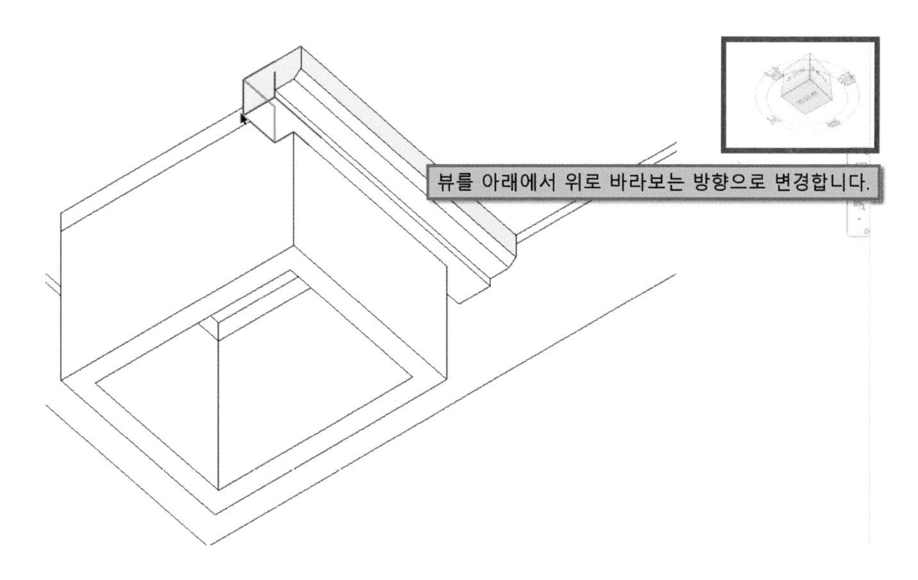

⑥ 벽을 선택한 후 완료를 선택합니다.

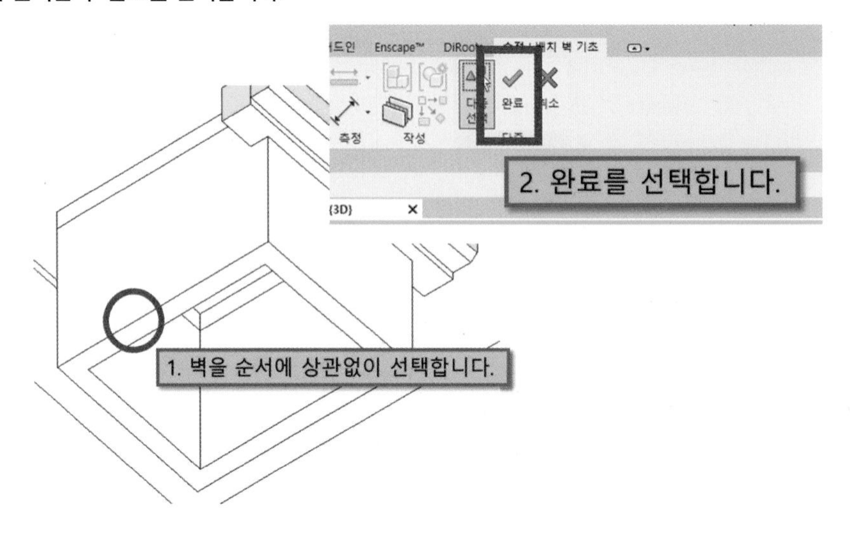

⑦ 벽에 줄 기초가 적용된 모습을 확인할 수 있습니다.

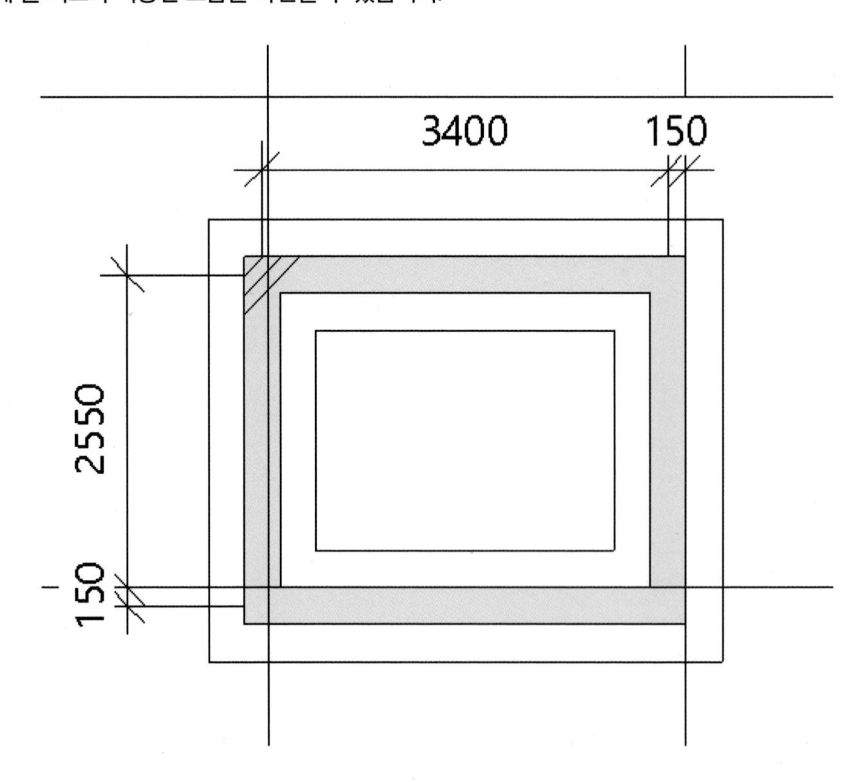

8.3.5 PIT 바닥

- 엘리베이터 밑의 바닥을 작성합니다.

① 구조의 바닥을 실행합니다.

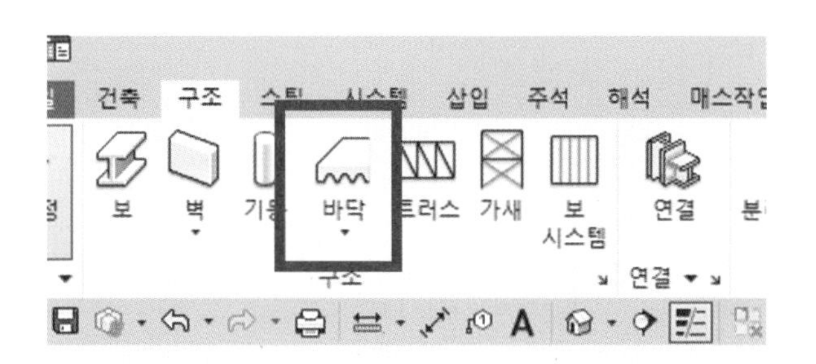

② 유형 편집을 선택합니다. 복제를 이용해서 [MAT T800] 이름을 지정합니다.

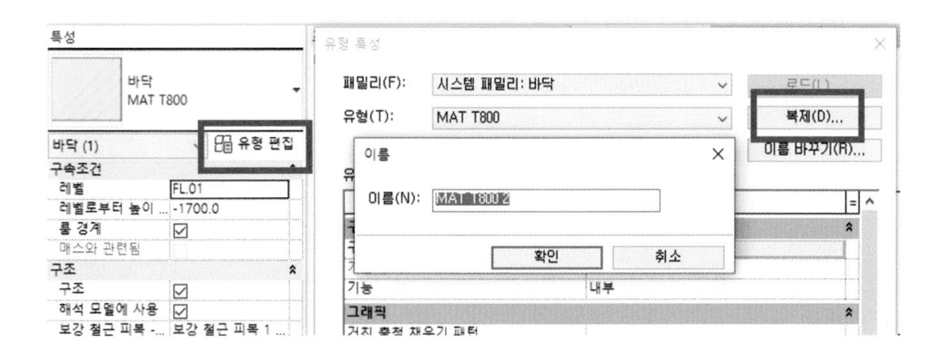

③ 바닥 두께와 재질 지정을 위해 구조의 [편집]을 선택합니다.

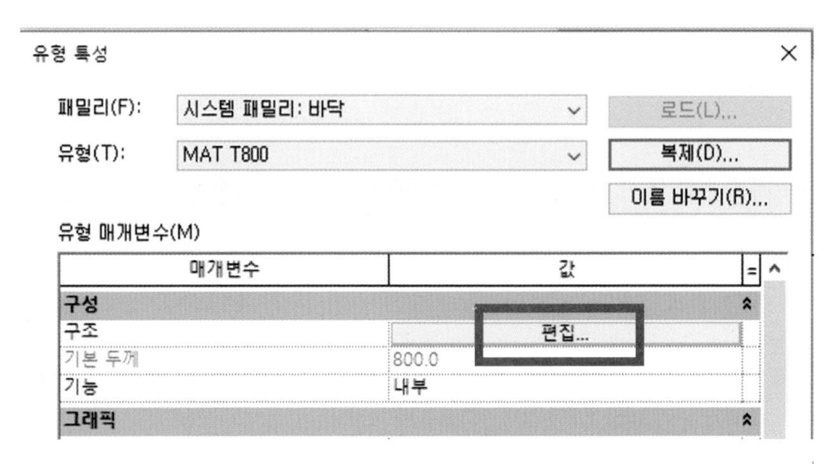

④ 콘크리트 재질과 두께 800을 지정합니다.

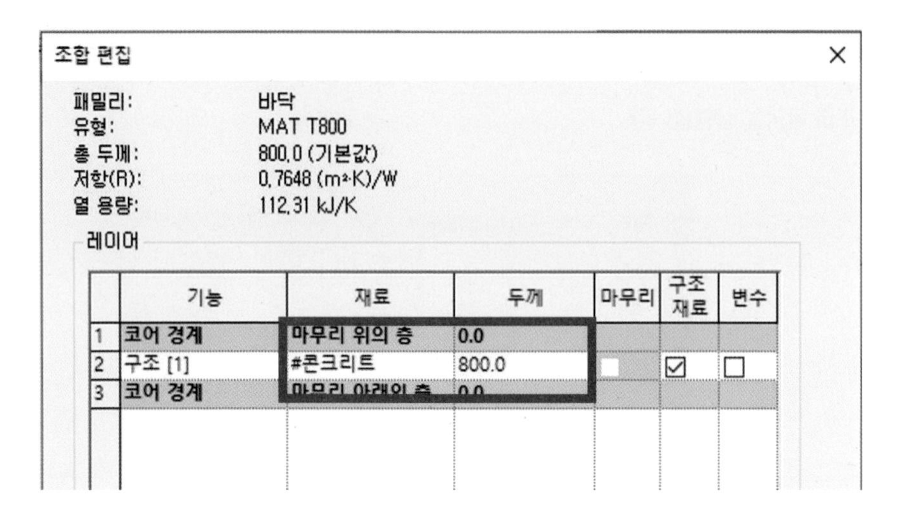

⑤ 스케치를 이용해서 구조 벽체의 안쪽 경계선을 따라서 바닥을 스케치합니다.

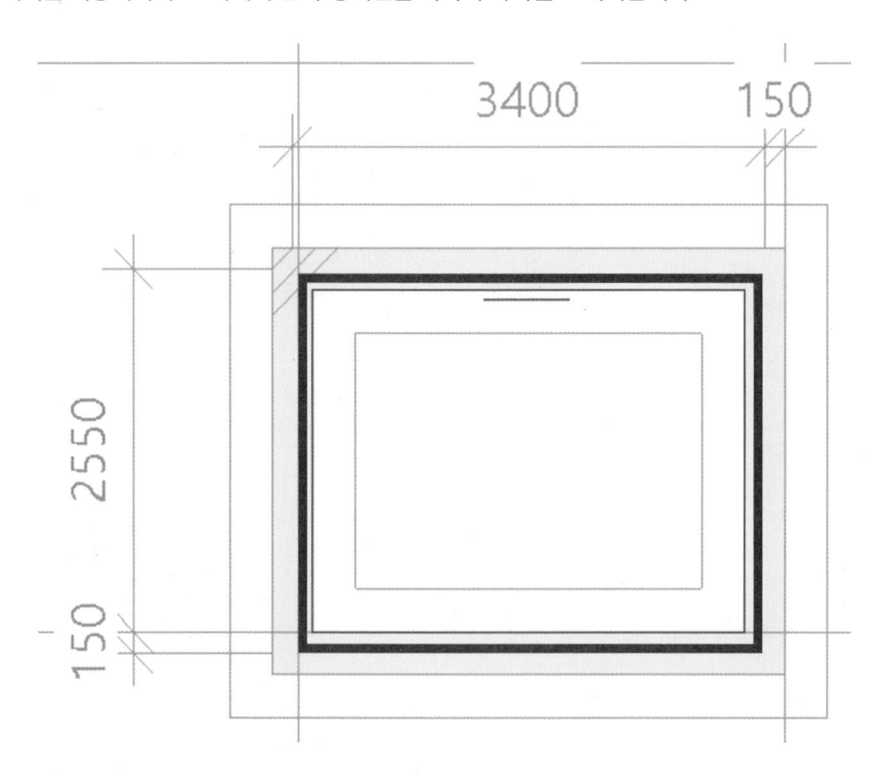

⑥ 레벨 기준을 [FL.B01], 바닥의 높이는 500으로 변경합니다. 완료를 선택합니다.

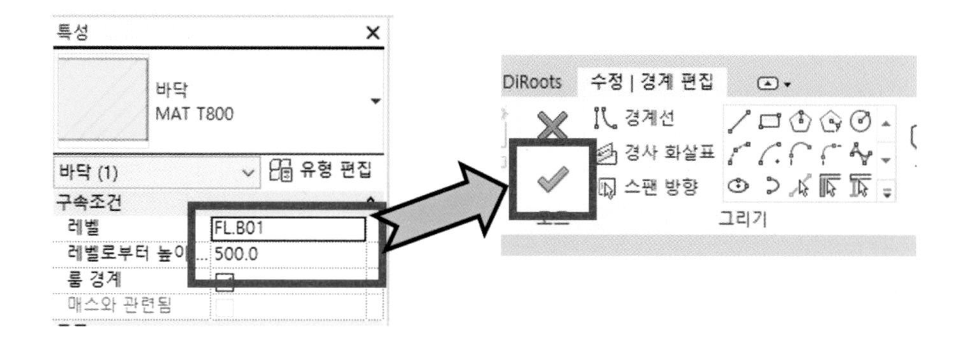

⑦ 완성된 모습입니다.

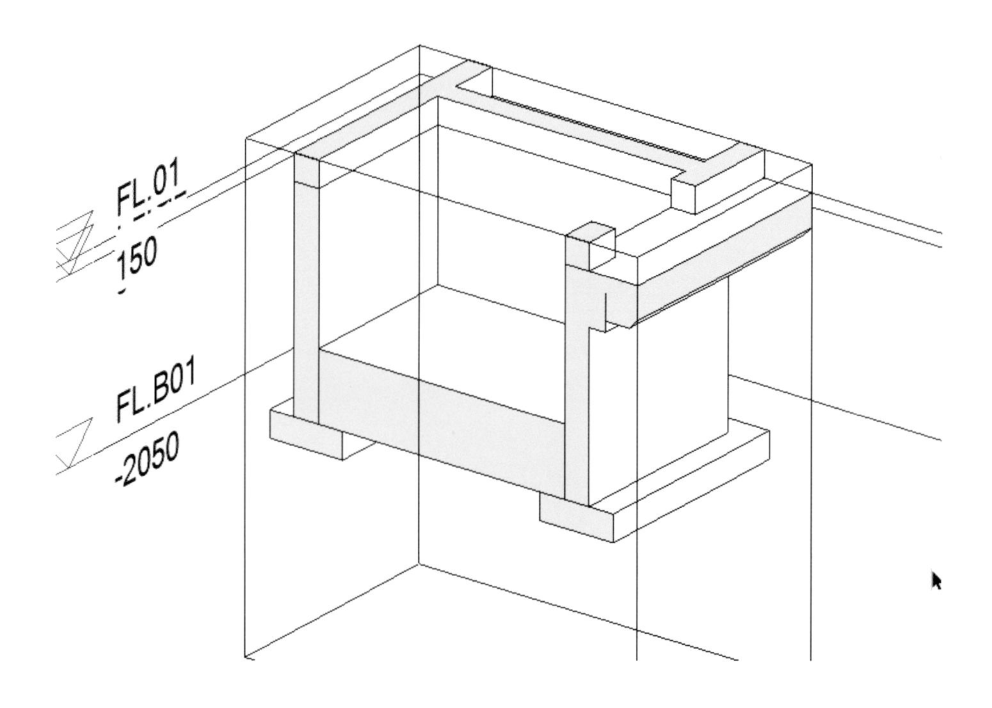

8.4 지상 1층 구조 작성하기

- 지상 1층은 구조 프레임과 구조 바닥, 구조 기둥의 순서로 작성합니다.
- 유형을 작성하고 진행하는 것을 추천드립니다.

8.4.1 구조 프레임

- 구조 프레임 작성은 앞선 페이지에서 기술한 내용입니다.
- 복습 차원에서 보시기 바랍니다.

① 삽입 탭의 패밀리 로드를 선택합니다.

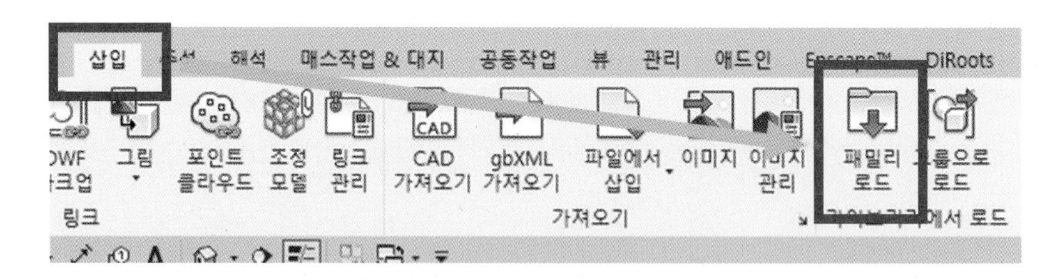

② 아래의 경로를 참고하여 구조 프레임의 콘크리트 항목을 선택합니다.

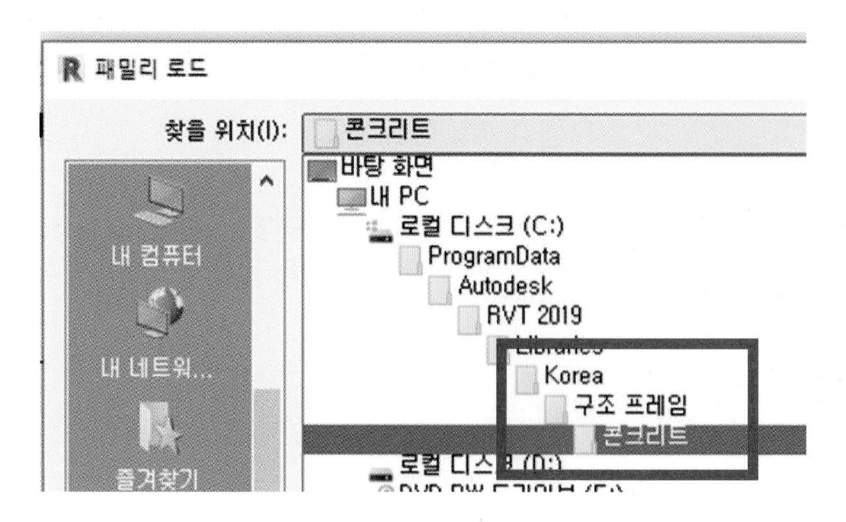

③ 콘크리트 직사각형 보를 선택해서 패밀리 로드합니다.

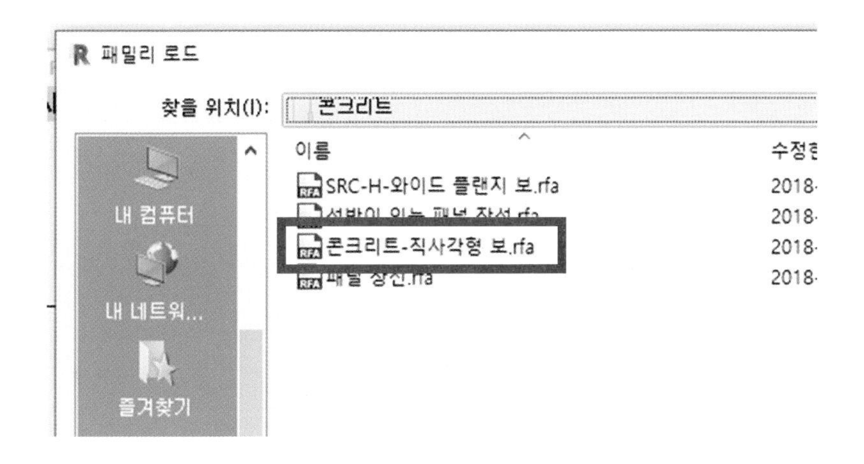

④ 사용 전 패밀리 유형을 작성합니다. 구조 탭에 있는 보를 실행합니다.

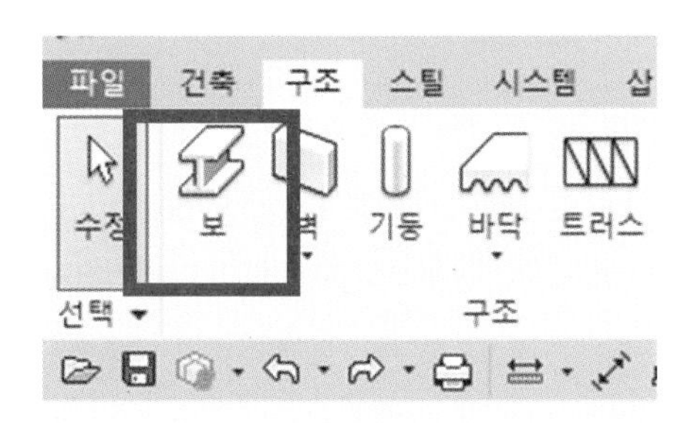

⑤ 유형 편집을 실행합니다.

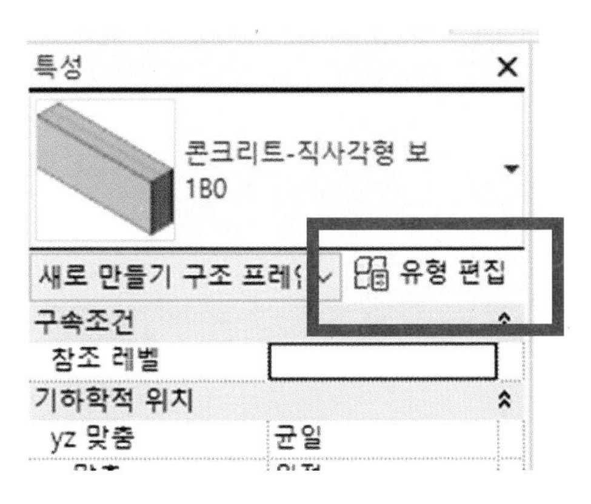

⑥ 현재의 유형을 복제한 후 새로운 이름을 지정합니다.

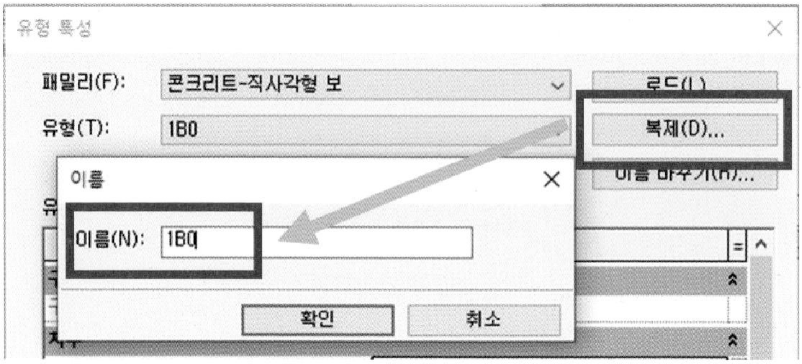

⑦ 보의 가로와 세로 사이즈를 입력합니다.

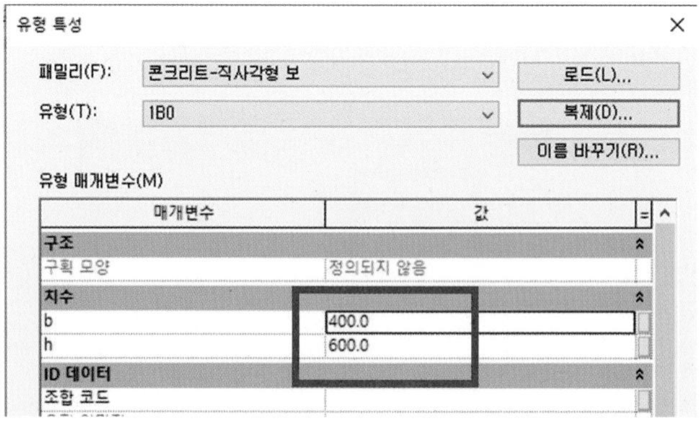

⑧ 이 프로젝트에서 사용되는 보의 유형 명과 사이즈는 아래에 있습니다. 참고하여 진행하시기 바랍니다.

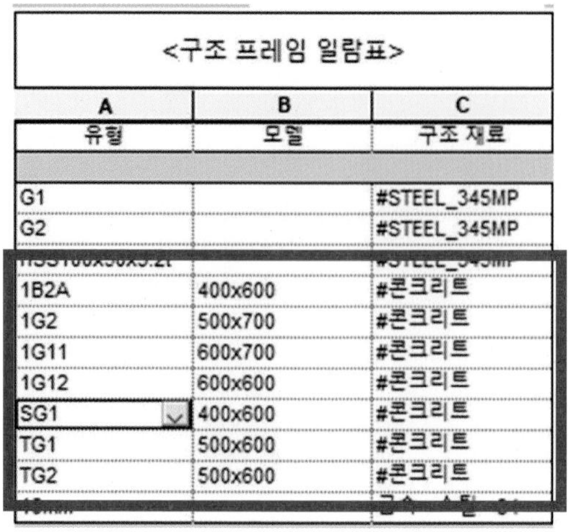

<구조 프레임 일람표>

A	B	C
유형	모델	구조 재료
G1		#STEEL_345MP
G2		#STEEL_345MP
[illegible]		[illegible]
1B2A	400x600	#콘크리트
1G2	500x700	#콘크리트
1G11	600x700	#콘크리트
1G12	600x600	#콘크리트
SG1	400x600	#콘크리트
TG1	500x600	#콘크리트
TG2	500x600	#콘크리트
[illegible]		[illegible]

[구조 프레임 작성]

- 구조 프레임은 기둥의 중심과 중심, 벽체 중심 등을 사용해서 작성합니다.
- 아래의 도면을 참고하여 구조 프레임을 작성하시기 바랍니다.

① 작업 전 뷰 범위를 하단에 -300을 적용합니다.

② Vv 명령을 이용해서 구조 프레임의 표면에 솔리드 색상을 반영합니다.
부재와 부재의 색상을 다르게 지정하는 것을 추천합니다.

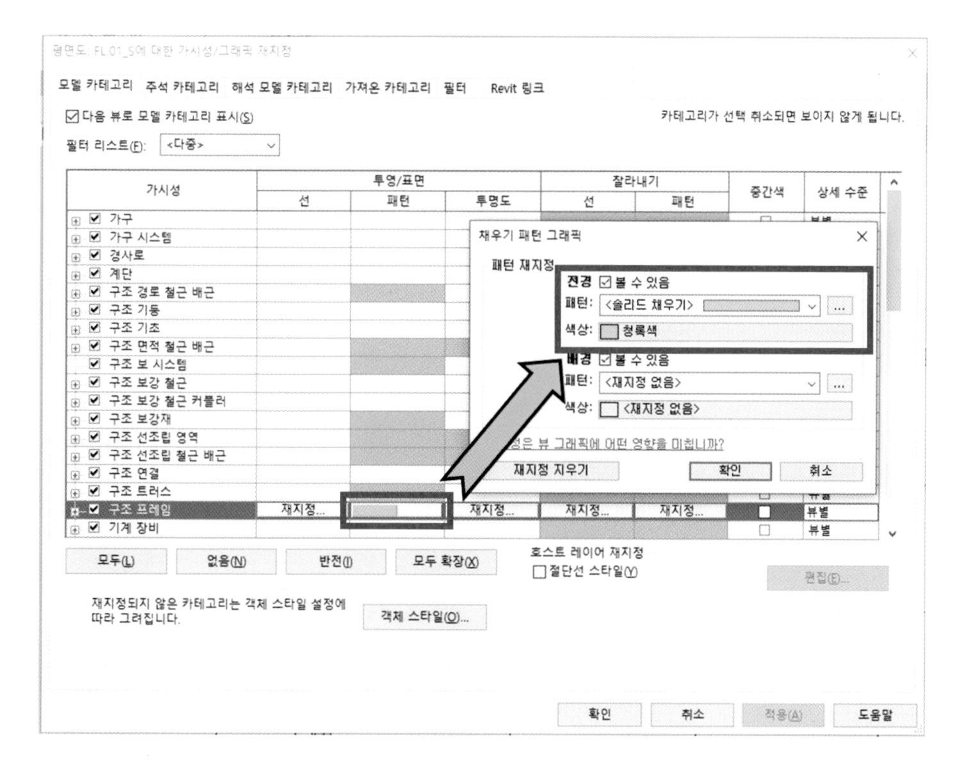

③ 구조에 있는 보 명령을 실행합니다.

④ 유형 명과 재질을 확인합니다.

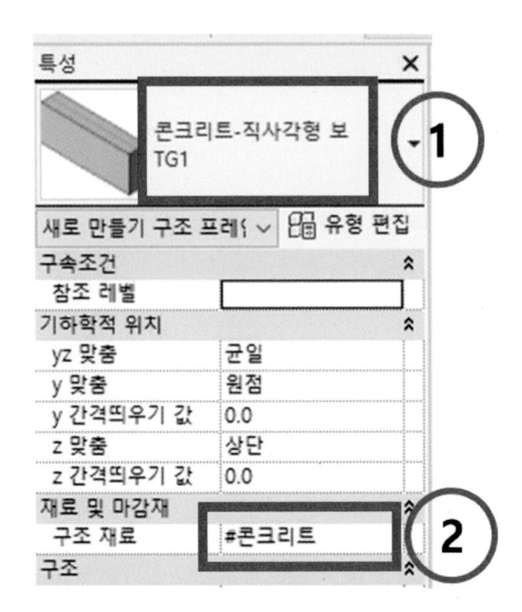

⑤ 보를 작업하기 전에 체임이 체크되어 있는지 확인하시기 바랍니다.

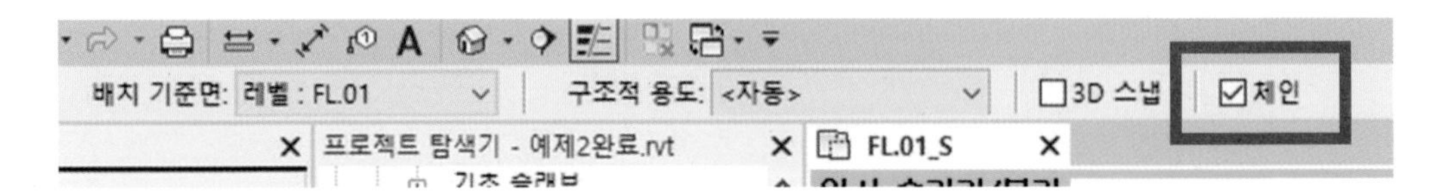

⑥ 기둥의 중심에서 중심을 연결합니다.

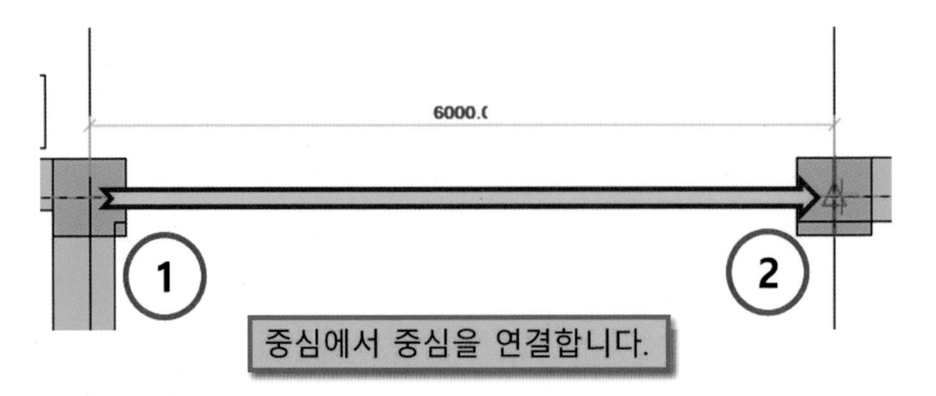

⑦ 보의 위치를 기둥의 바깥 면에 정렬시킵니다.

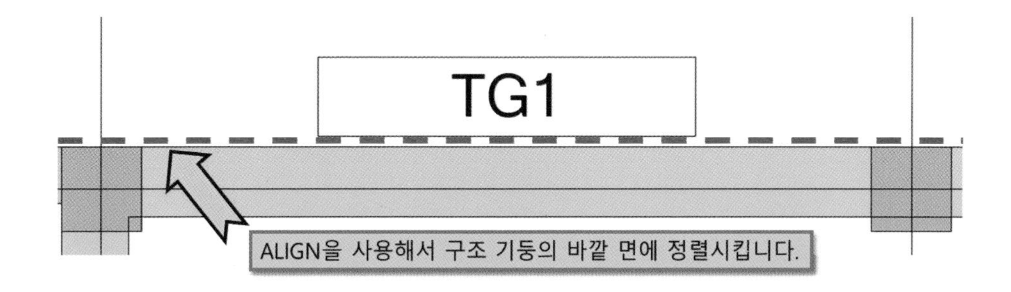

⑧ 아래는 보에 태그가 삽입된 도면입니다. 참고하여 보를 작성합니다.

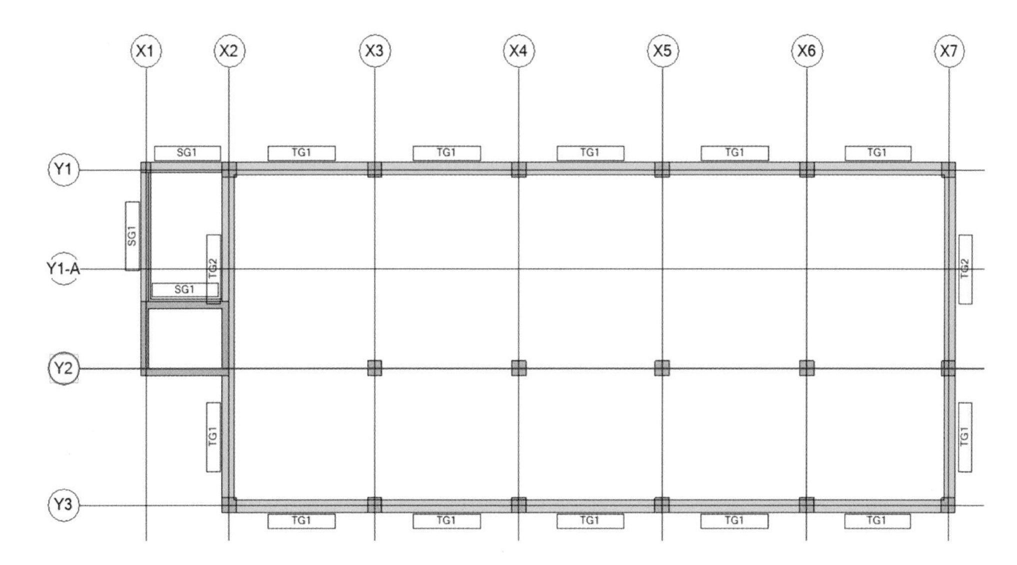

⑨ 확대 좌측 도면

X1
X2
X3
X4
SG1
TG1
TG1
Y1
SG1
TG2
Y1-A
SG1
Y2
TG1
Y3
TG1
TG1

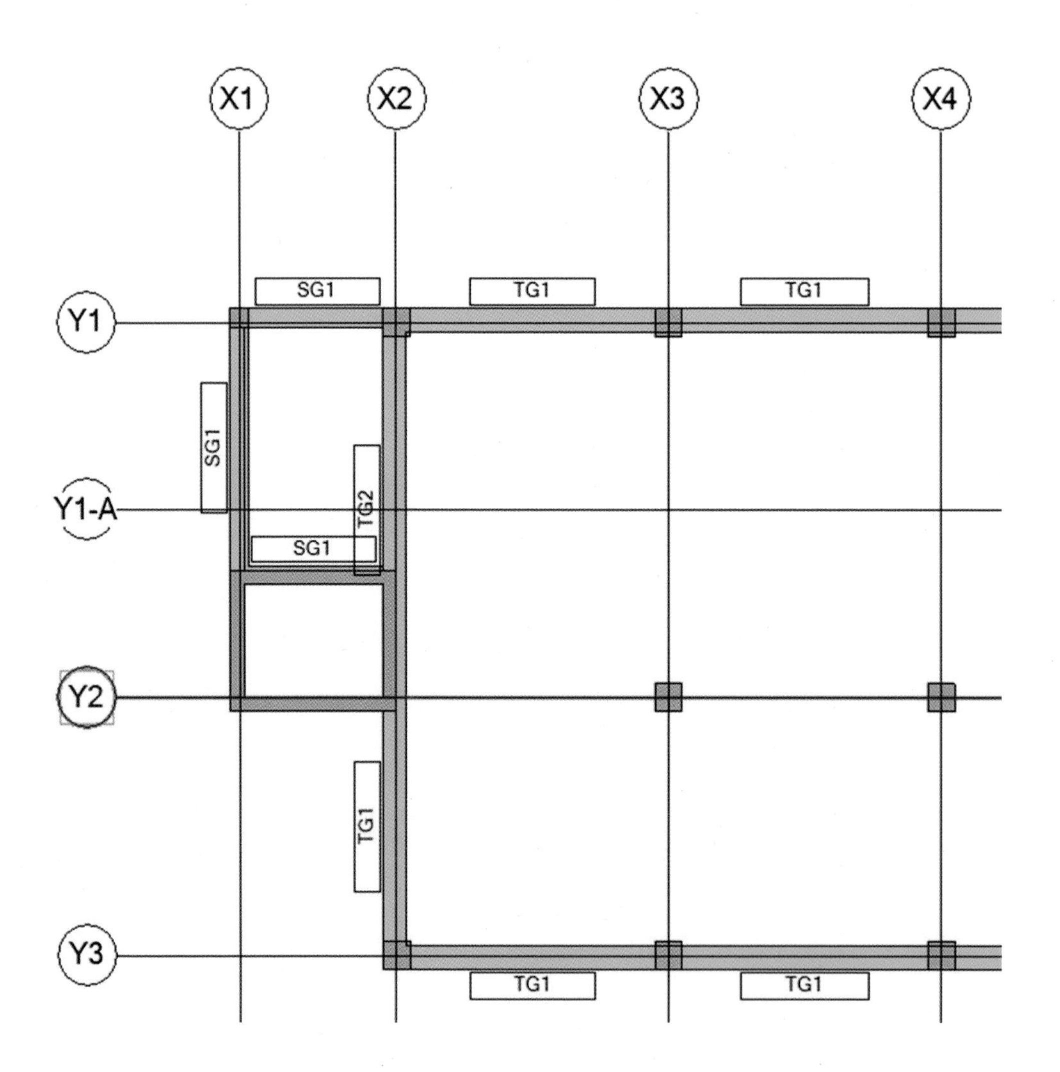

⑩ 확대 우측 도면

X4
X5
X6
X7
TG1
TG1
TG1
TG2
TG1
TG1
TG1
TG1

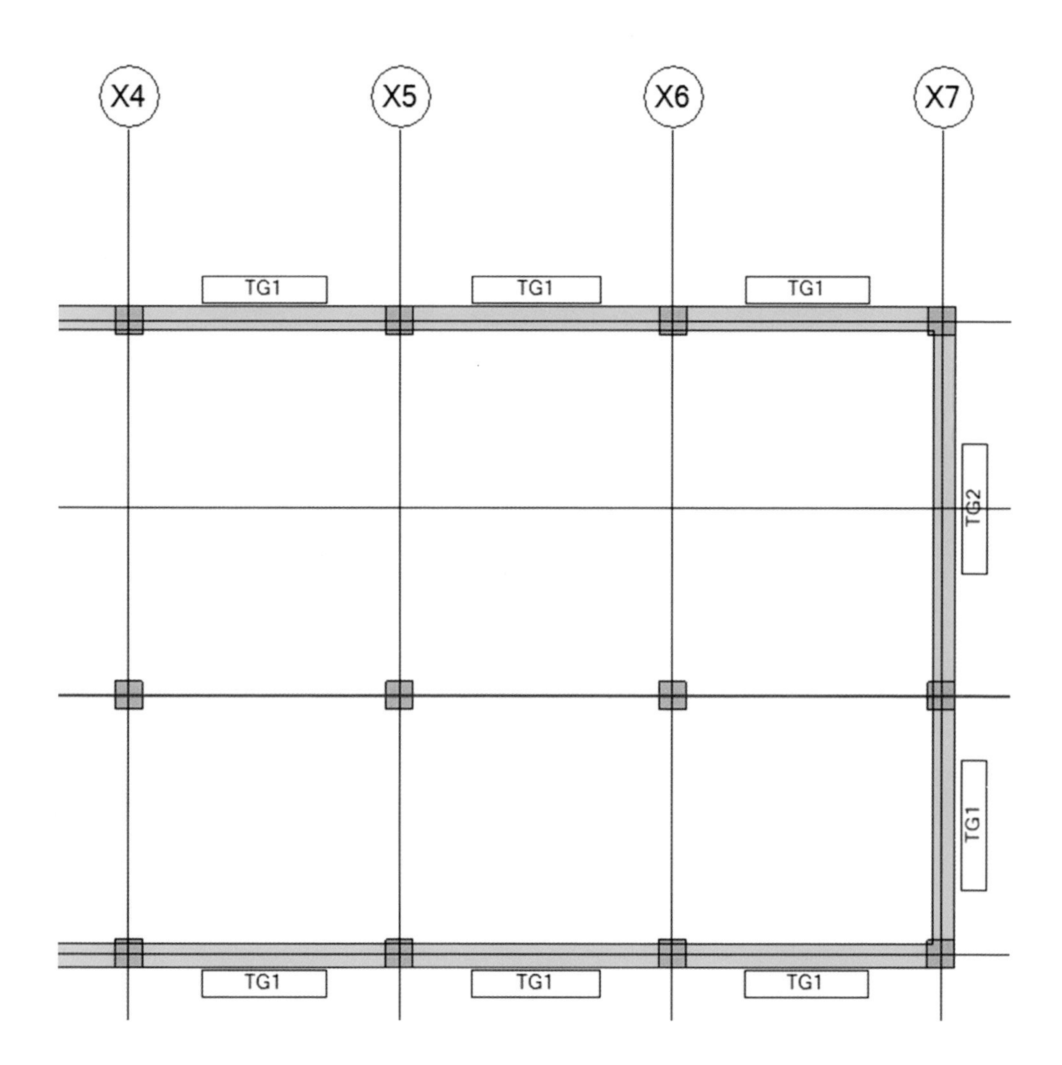

8.4.2 구조 바닥 작성

- 구조 바닥은 유형을 작성한 후에 작업을 진행합니다.

① 구조 탭의 바닥을 실행합니다.

② 바닥 유형을 만들기 위해서 유형 편집을 선택합니다.

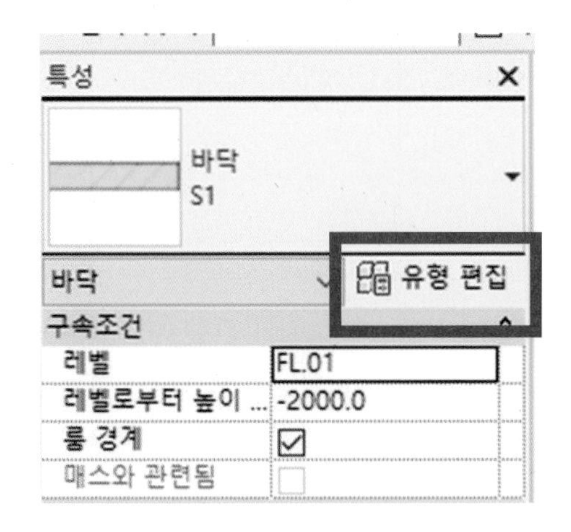

③ 복제 후 유형 명을 지정합니다.

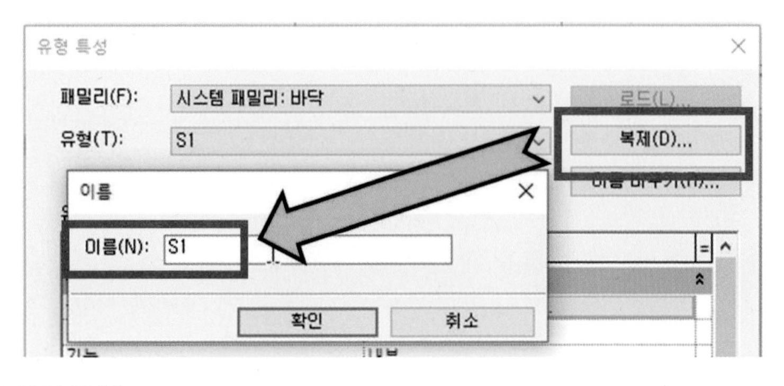

④ 바닥의 두께와 재질을 지정하기 위해서 편집을 선택합니다. 재질과 두께 값을 지정합니다.

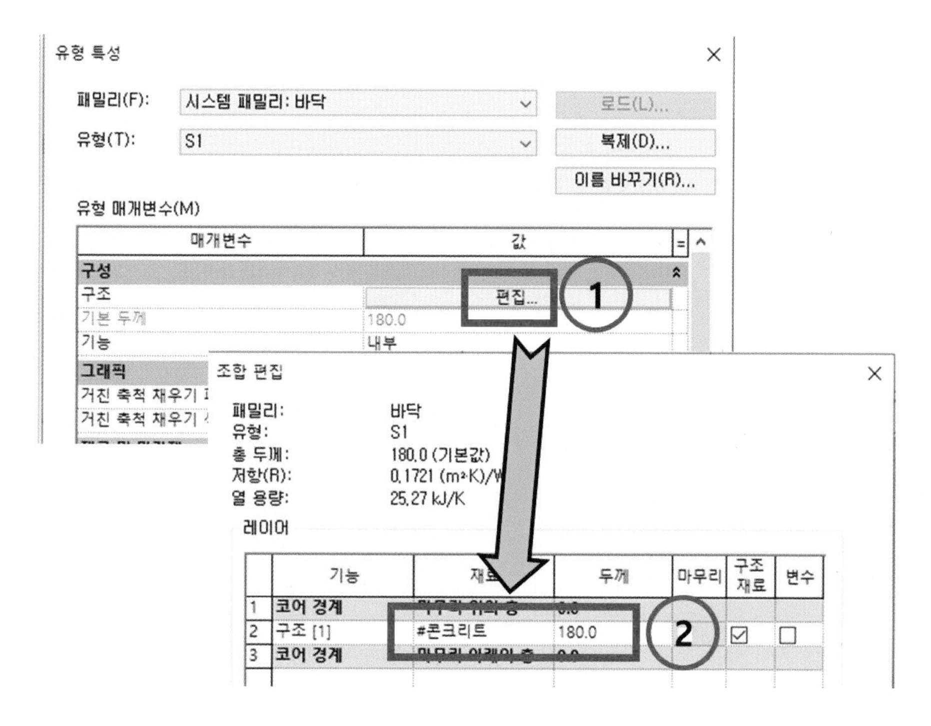

⑤ 아래의 표를 참고하여 유형을 작성합니다.

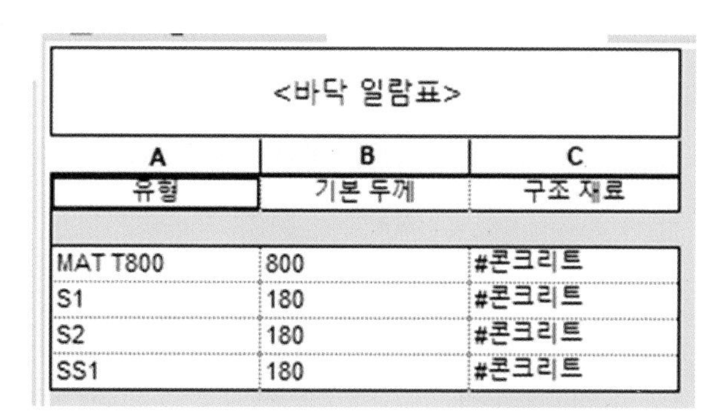

<바닥 일람표>		
A	B	C
유형	기본 두께	구조 재료
MAT T800	800	#콘크리트
S1	180	#콘크리트
S2	180	#콘크리트
SS1	180	#콘크리트

- 예제 프로젝트의 1층의 경우 2개의 바닥을 작성합니다. 계단실과 1층 바닥입니다.
- 계단 구조 바닥의 작성

  ① 구조의 바닥 명령을 실행합니다.

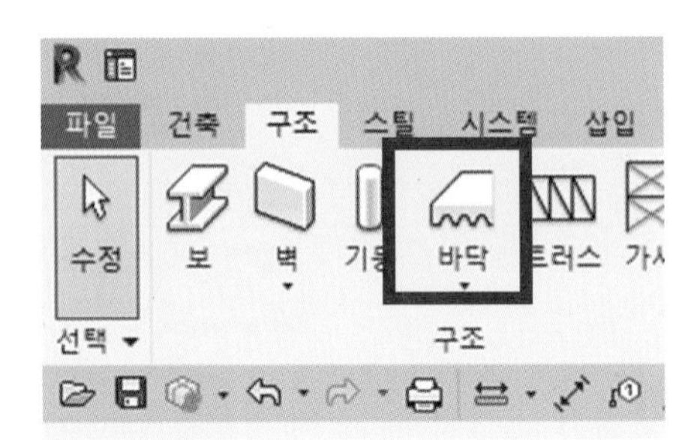

② 구조 바닥의 유형을 SS1으로 변경합니다. 레벨의 높이가 0으로 되어 있는지 확인합니다.

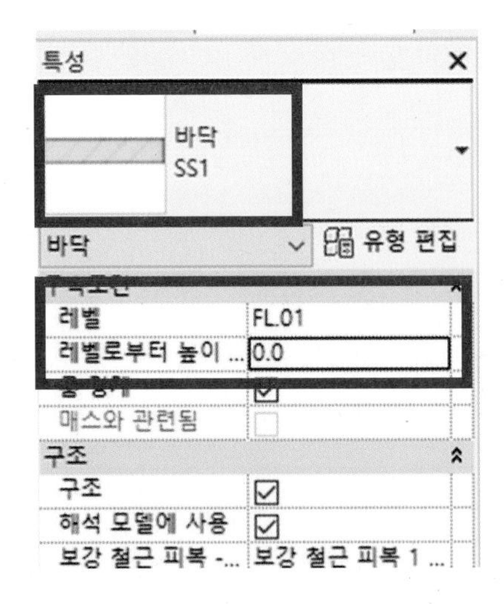

③ 스케치 명령 중 직사각형 명령을 선택합니다.

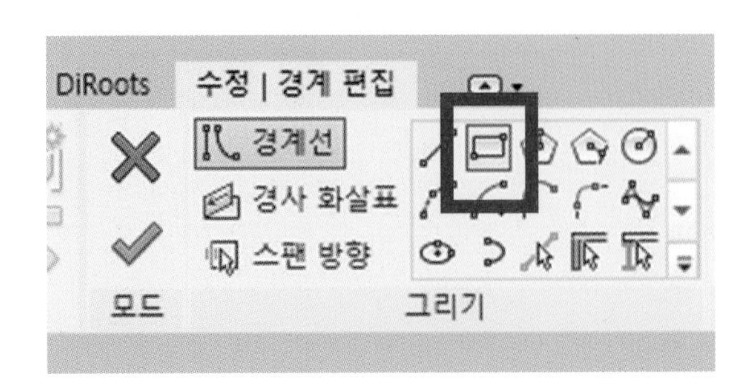

④ 구조 프레임 안쪽을 기준으로 바닥을 작성합니다.

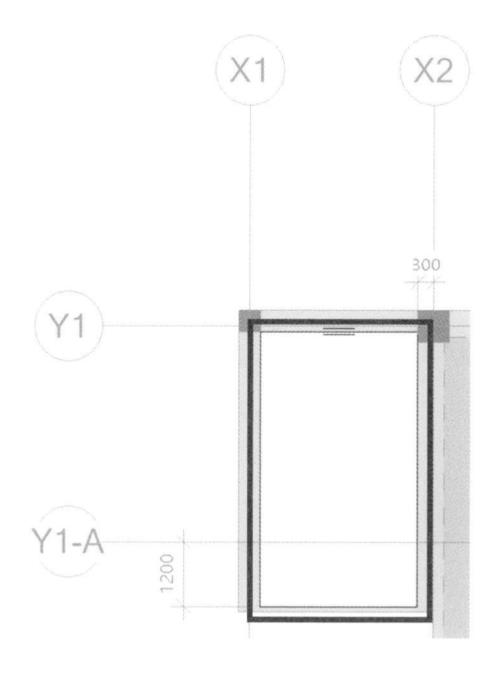

⑤ 완성된 바닥을 확인합니다.

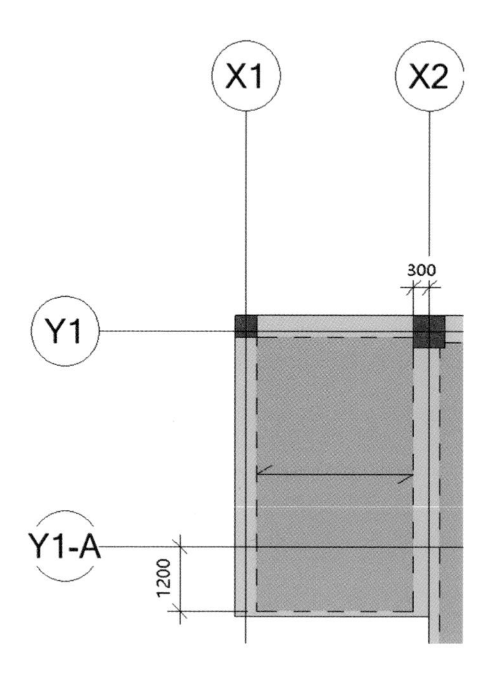

- 아래의 그림과 같이 1층 바닥을 작성하십시오.
- 사용하는 유형은 S1으로 작업합니다.
- 구조의 경우 같은 재질을 사용할 경우 자동으로 결합이 진행됩니다.
  구조 기둥을 피해서 작성하지 않아도 됩니다.

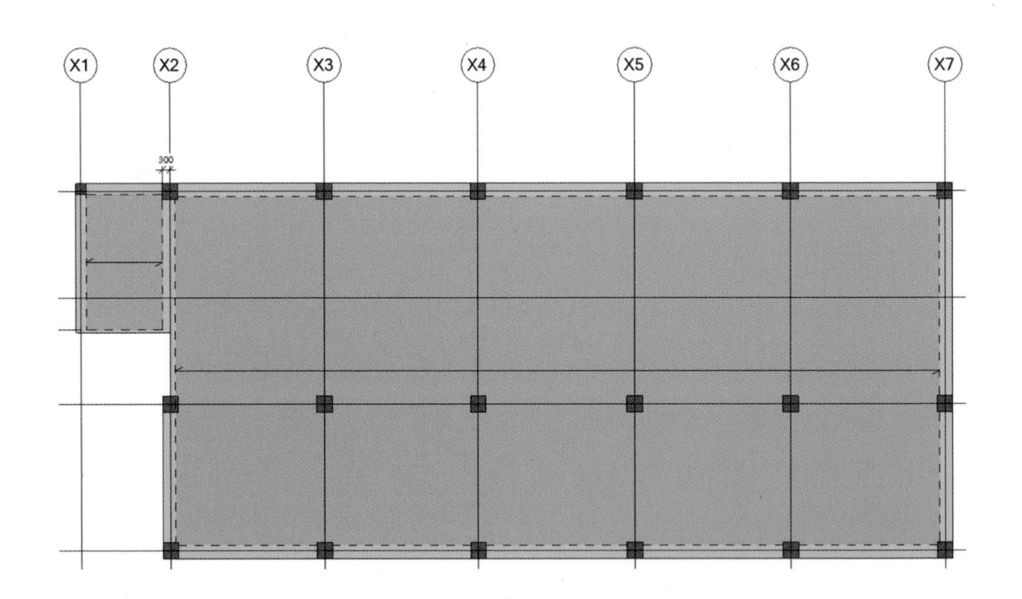

- 좌측 상단 모서리 부분

X1 X2 X3

300

- 우측 하단 모서리 부분

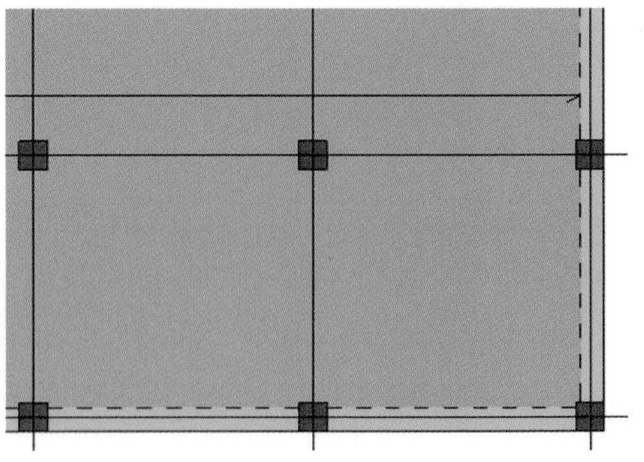

8.4.3 구조벽 작성

- 구조벽은 아래와 같이 2개의 유형을 작성합니다.

<벽 일람표>		
A	B	C
유형	구조 재료	폭
CW2	#콘크리트	300
CW2A	#콘크리트	200

- 아래의 치수와 태그를 참고하여 벽체를 작성합니다.

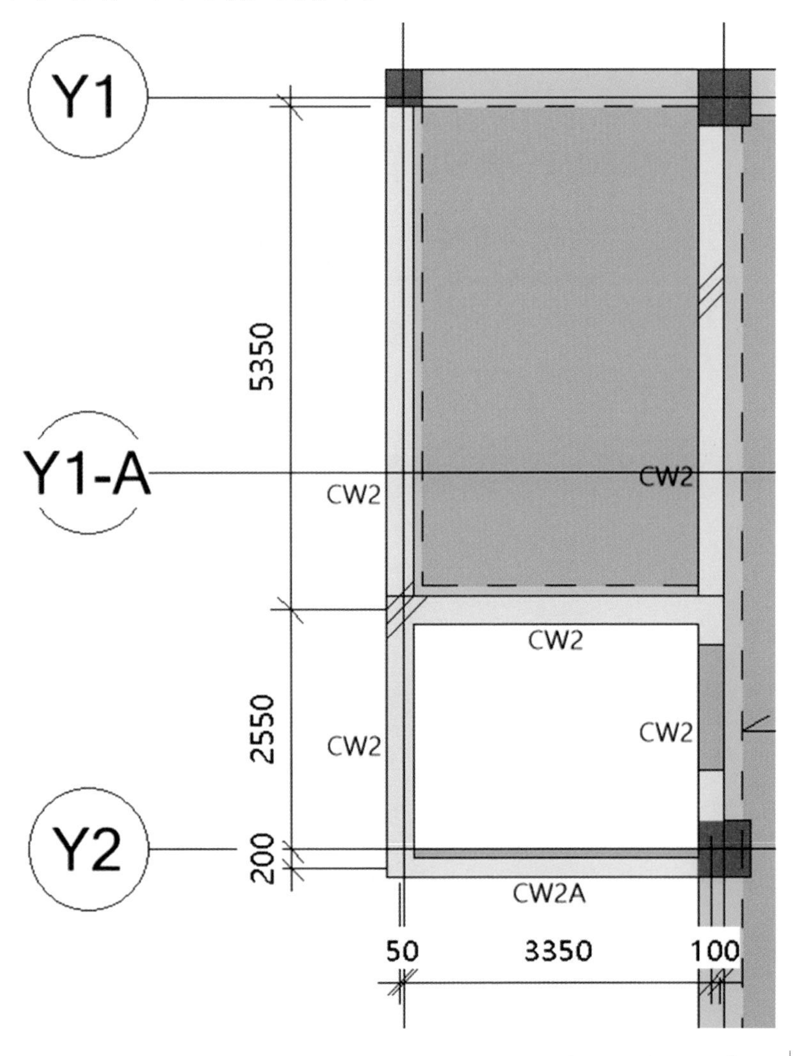

- 벽체를 선택했을 경우 베이스 레벨과 상단 레벨이 아래와 값이 같은지를 확인합니다.

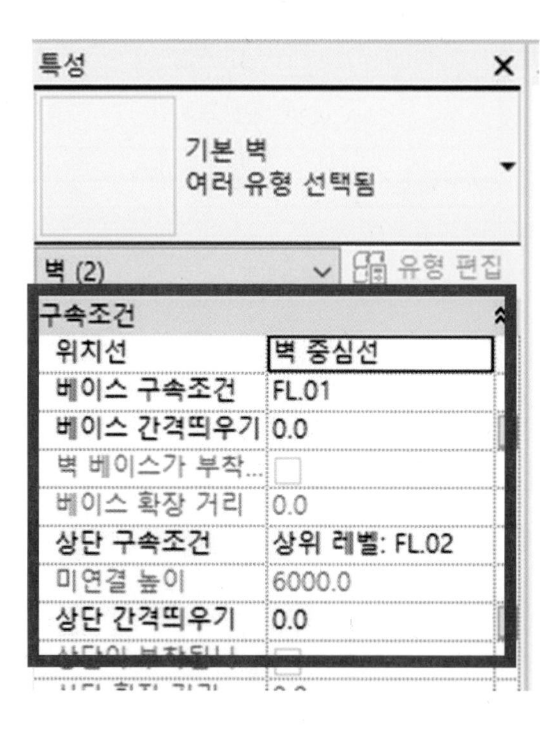

8.4.4 구조 기둥 작성

- 구조 기둥의 경우는 지하와 동일한 위치에 작업이 됩니다.
- 클립 보드에 복사, 선택한 레벨에 정렬 기능을 활용합니다.

① 지하 1층(B01)으로 이동합니다.

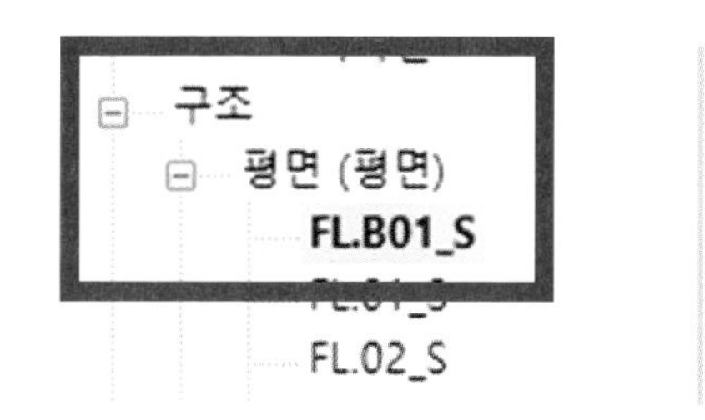

② 모든 객체를 선택합니다.

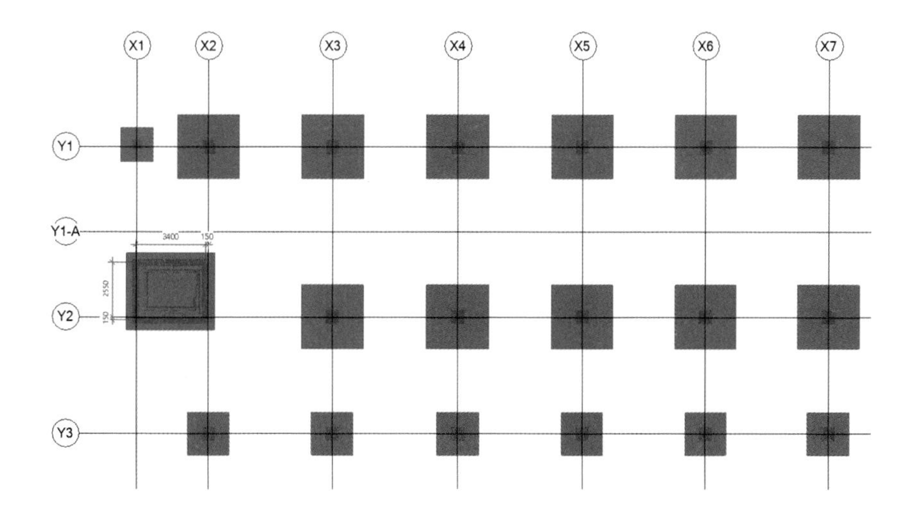

③ 구조 기둥을 선별하기 위해 메뉴 상단의 필터를 실행합니다.

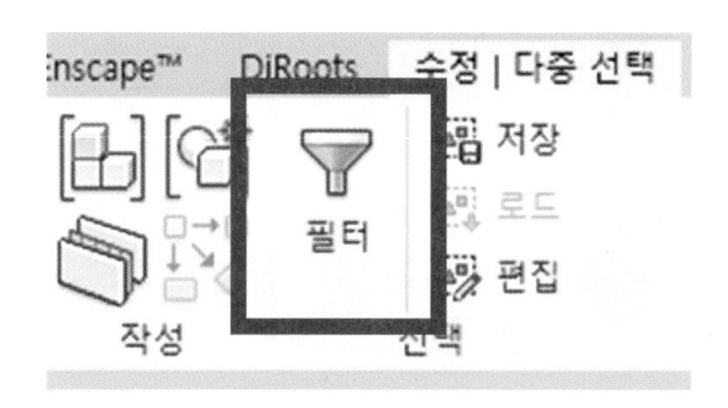

④ 구조 기둥만 선택 후 완료합니다.

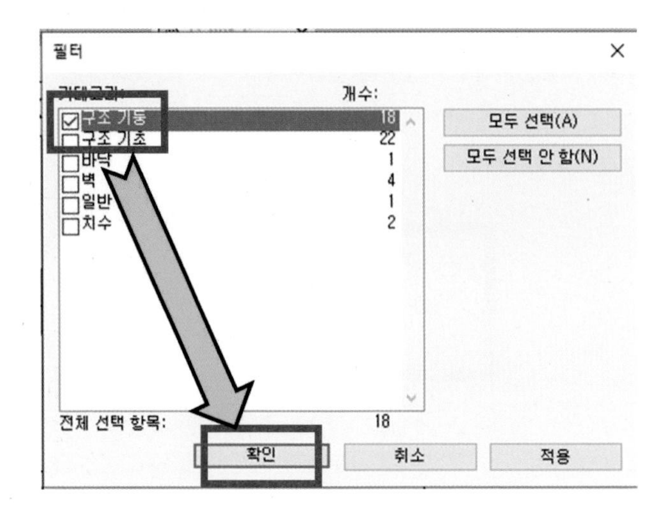

⑤ 메뉴 좌측 상단의 클립 보드로 복사하기 명령을 선택합니다.

⑥ 좌측의 붙여 넣기 하단의 풀 다운 메뉴를 눌러 선택한 레벨에 정렬을 실행합니다.

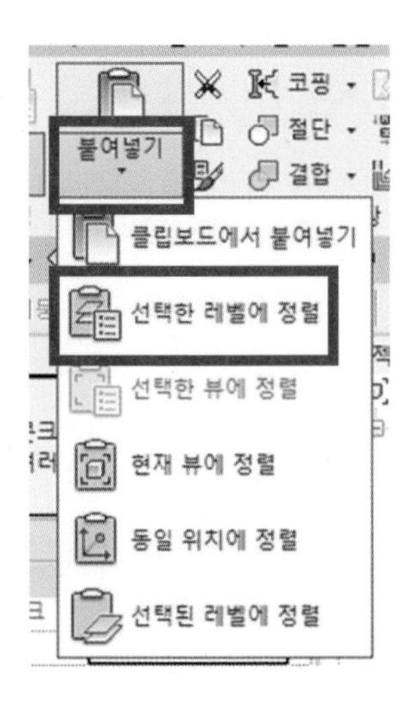

⑦ 선택 대화 창에서 FL.01만 선택한 후 완료합니다.

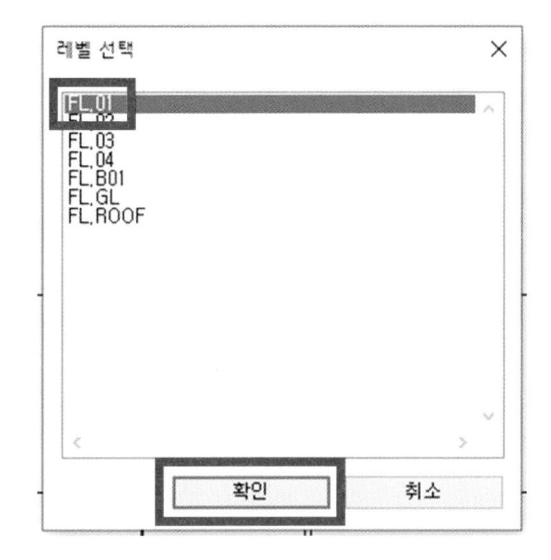

⑧ 1층으로 이동합니다.

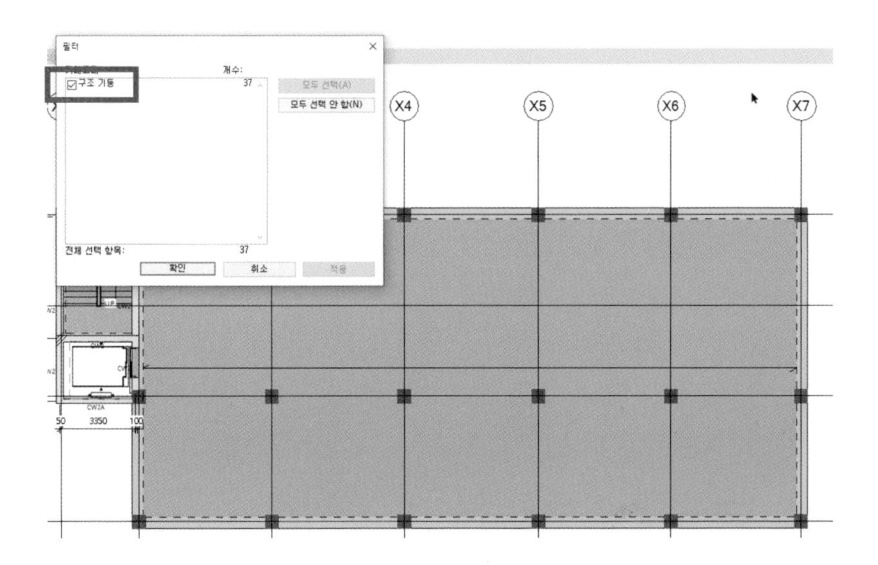

⑨ 필터를 사용해서 구조 기둥만 선택합니다.

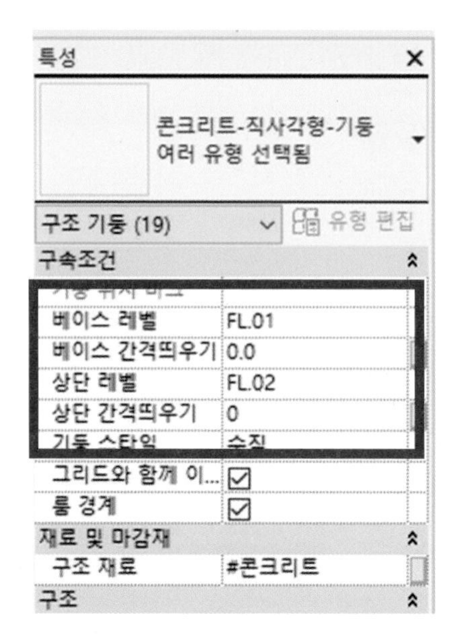

⑪ 1층까지 완성된 모델의 모습입니다. 구조 계단은 뒤에서 다루겠습니다.

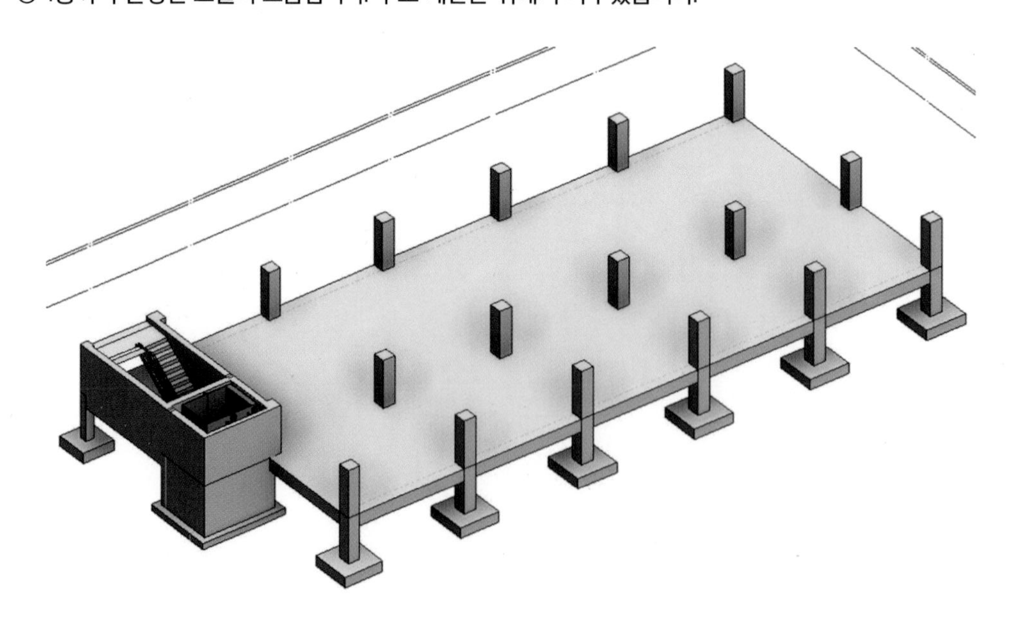

8.5 지상 2층 구조 작성하기

- 2층의 작업 순서는 구조 프레임, 바닥, 구조 기둥의 순서로 작업을 진행합니다.
- 구조 프레임의 경우 뷰 범위를 이용해서 작성합니다.

8.5.1 뷰 템플릿 적용

- 반복적인 작업은 뷰 템플릿을 적용해서 작업합니다.
- 뷰 템플릿은 뷰의 색상 적용과 작업자 지정 등의 작업을 반복 시 시간을 줄여줍니다.

① 작업이 완료된 구조 1층 평면도를 열어 줍니다.

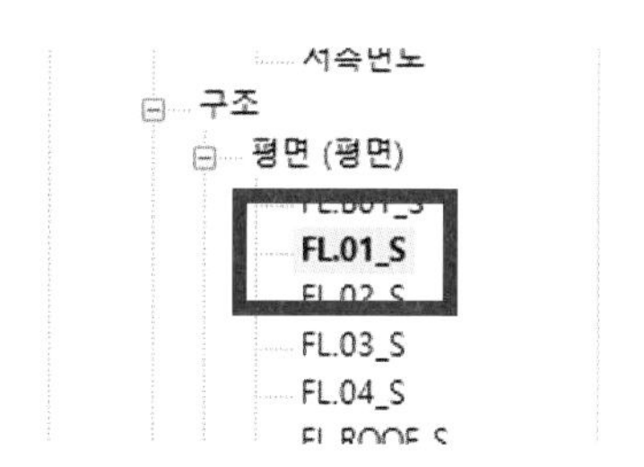

② 뷰(1) 탭의 좌측 앞에 있는 뷰 템플릿 확장 메뉴(2)를 선택합니다.
현재 뷰에서 템플릿 작성(3)을 선택합니다.

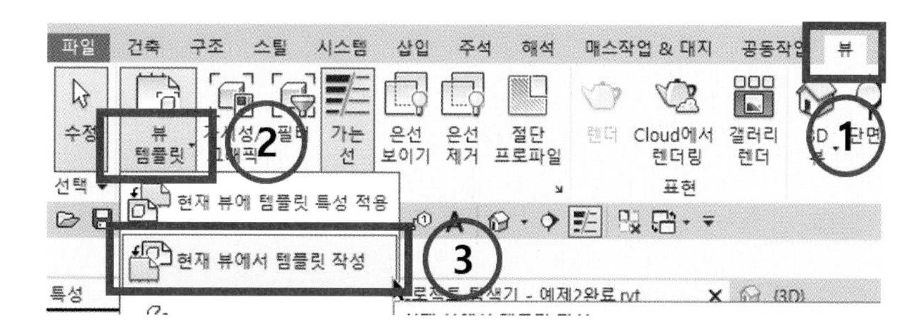

③ 적당한 이름을 지정합니다.

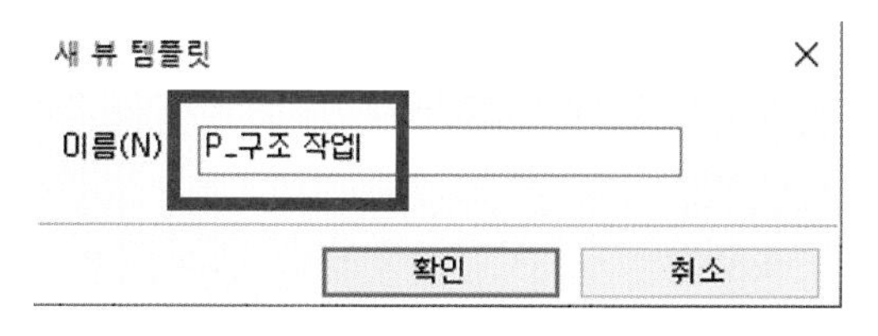

③ 아래와 같이 템플릿 설정 창이 열리면 기본 값에 대한 설명은 추후에 하겠습니다.

(1)번은 뷰 범위를 지정하는 칸입니다. 우측 끝의 체크를 해제하여 비활성화하도록 합니다.

(2)번 항목은 선택 사항으로 체크를 하여도 되고 하지 않아도 상관없습니다.

체크를 하게 되면 작업 화면에서 변경 없이 고정이 됩니다.

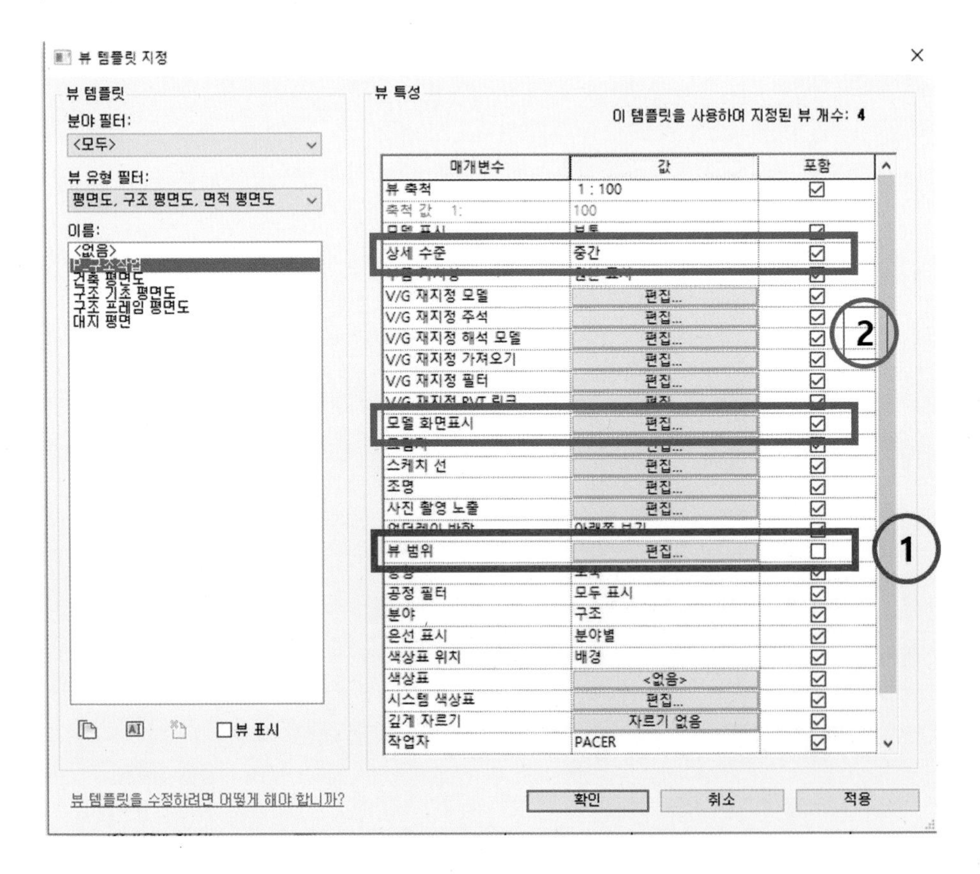

④ 설정이 완료되면 확인을 누릅니다.

⑤ 2층으로 이동 후 뷰 템플릿에서 방금 작성된 템플릿을 선택해서 적용합니다.

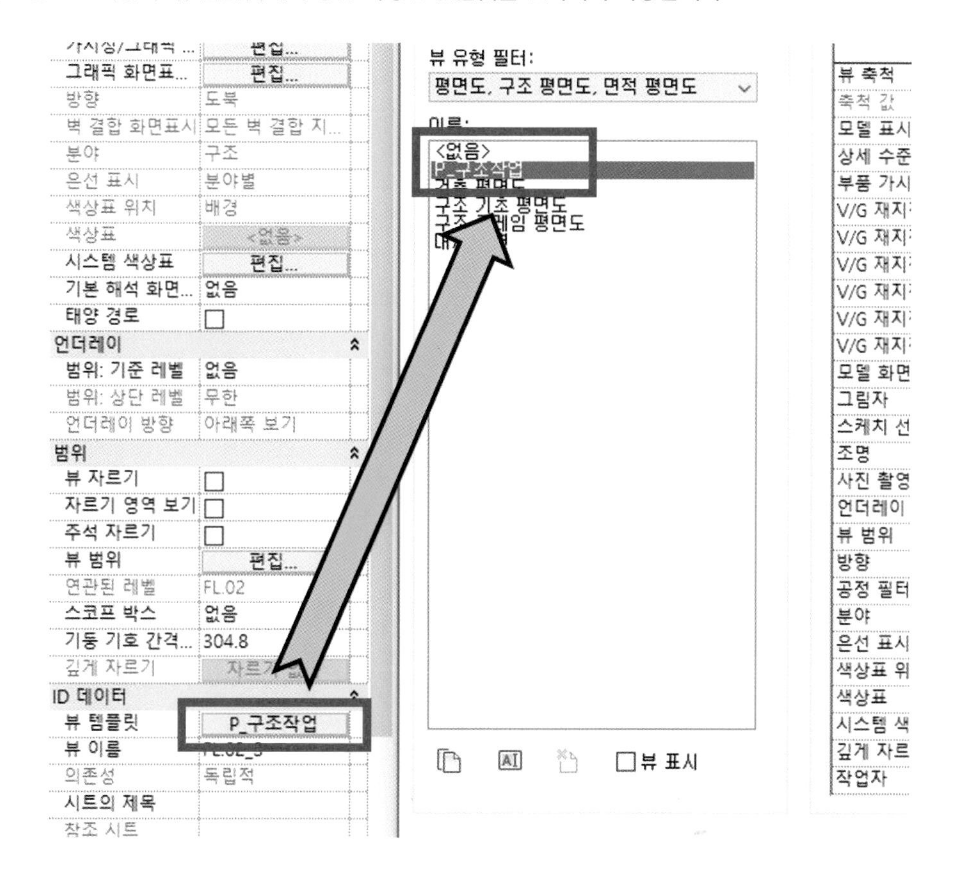

⑥ 필요 없을 경우 <없음>을 선택하면 적용이 해제됩니다.

8.5.2 구조 프레임 작성

- 구조 프레임 작성 방법은 1층과 동일합니다.
- 미리 작성된 유형을 사용하거나 없을 유형 편집을 이용해서 작성합니다.

① 아래의 평면도를 이용해서 작업합니다.

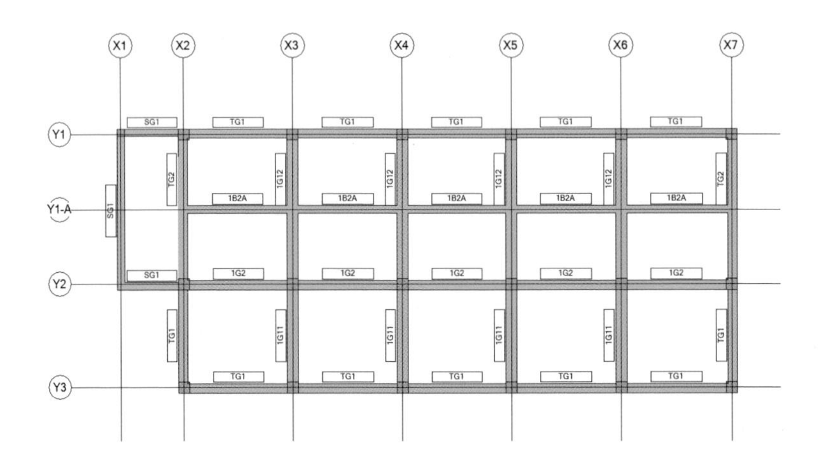

② 확대 좌측

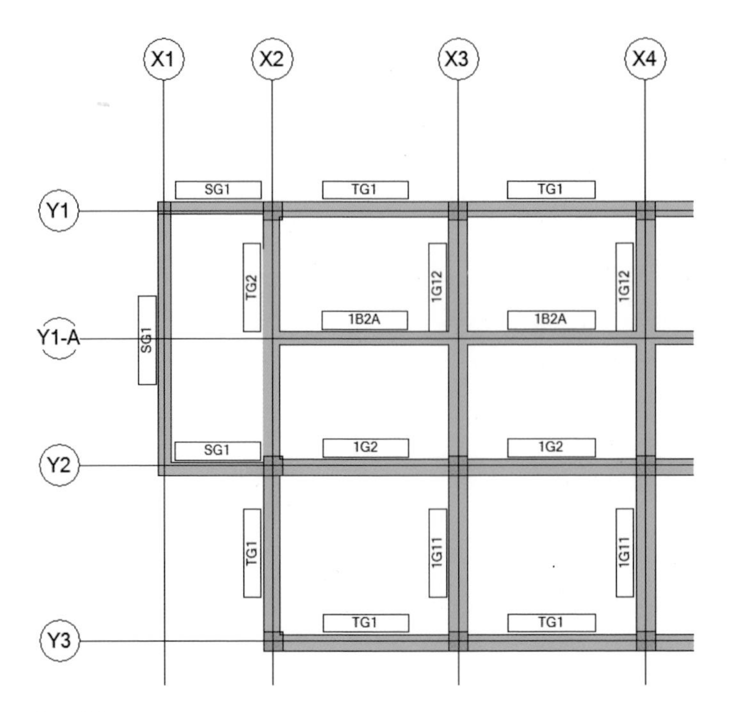

③ 확대 우측

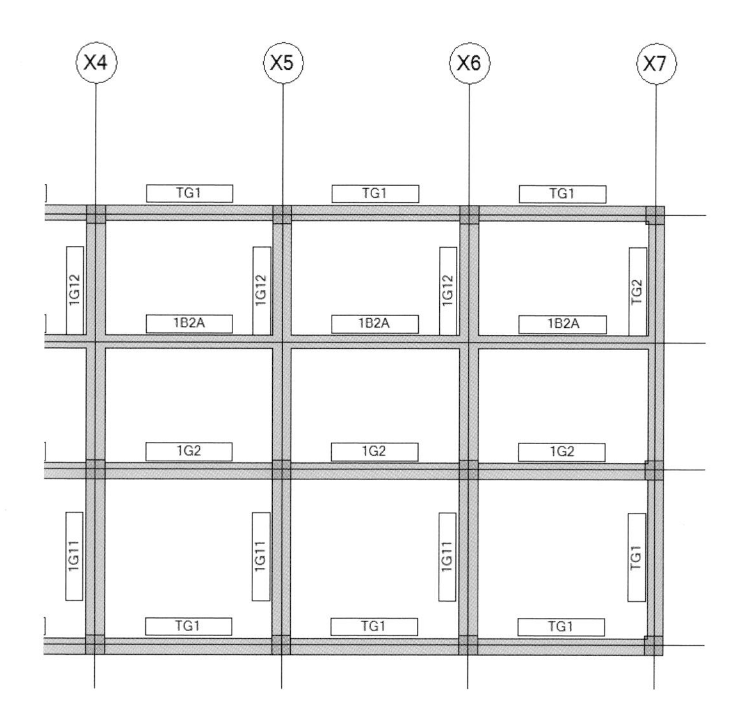

④ 바닥의 단차가 있는 모델입니다. 선택 필터를 이용해서 전면 부의 구조 프레임을 선택합니다.

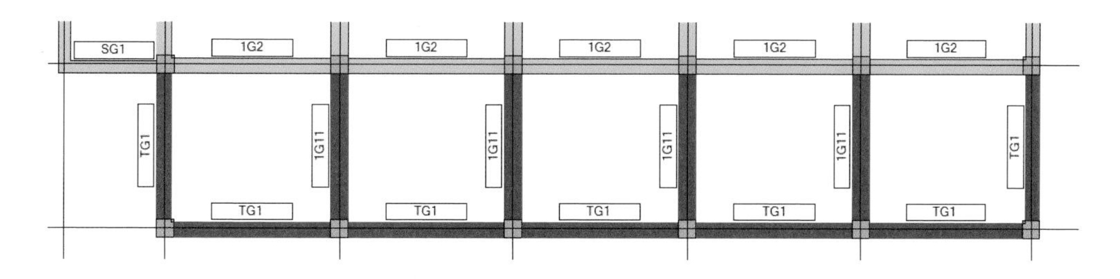

⑤ Z값을 이용해서 보의 높이를 낮춥니다.

특성

콘크리트-직사각형 보
여러 유형 선택됨

구조 프레임 (대들보) (1 ∨ 유형 편집

구속조건	
참조 레벨	FL.02
작업 기준면	레벨 : FL.02
시작 레벨 간격...	0.0
끝 레벨 간격띄...	0.0
방향	보통
횡단면 회전	0.00°
기하학적 위치	
yz 맞춤	균일
y 맞춤	원점
y 간격띄우기 값	0.0
z 맞춤	상단
z 간격띄우기 값	-400.0
재료 및 마감재	
구조 재료	#콘크리트
구조	

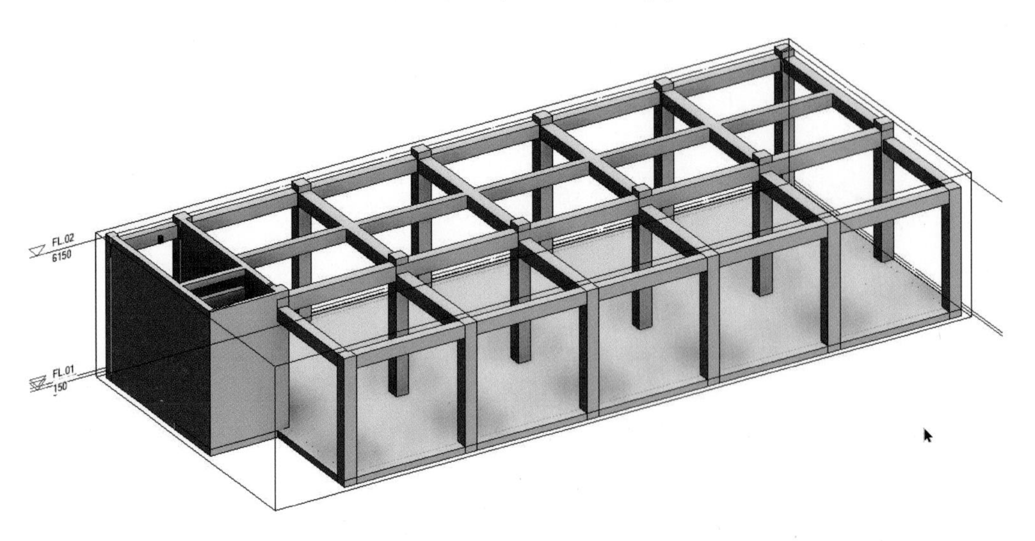

8.5.3 구조 바닥 작성

- 구조 바닥은 1층에서 작성한 유형을 사용합니다.
- S1, S2 두 개의 유형이 사용되고 전면부는 바닥 작성 후 높이를 변경합니다.
- 바닥 작성 시에는 일괄적으로 한꺼번에 작성하지 말고 구조 프레임 영역에 각각의 바닥을 작성해줍니다.

① 구조 바닥 명령을 실행합니다.

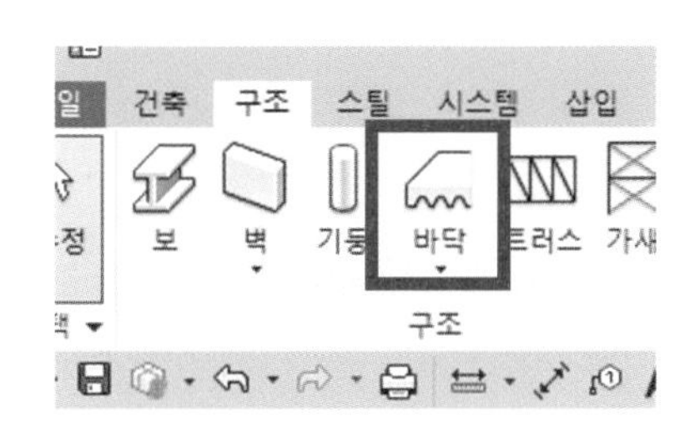

② 유형을 선택합니다.

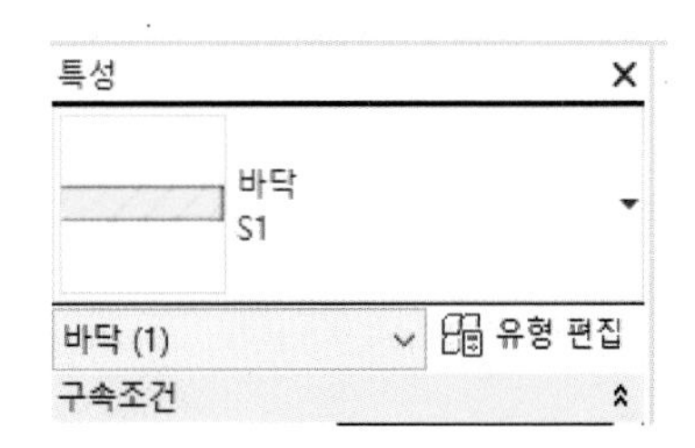

③ 스케치의 직사각형 명령을 이용해서 바닥을 작성합니다.

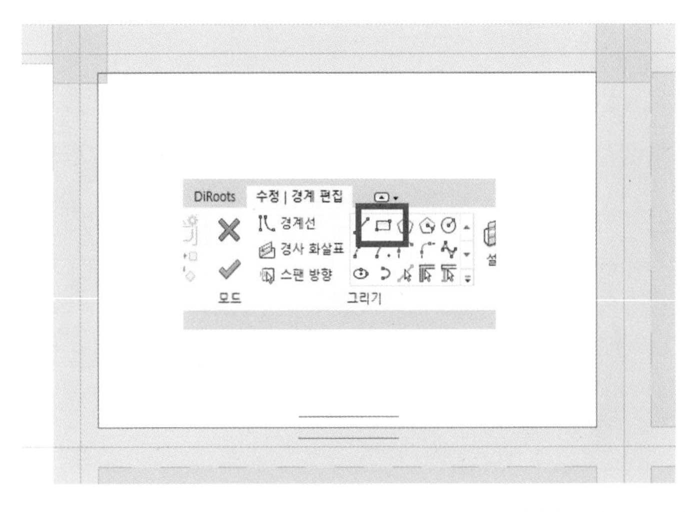

④ 완료를 선택합니다.

⑤ 위와 같은 방법을 이용해서 각 영역별로 작업을 진행합니다.

⑥ 작성이 완료되면 전면의 바닥을 선택합니다.

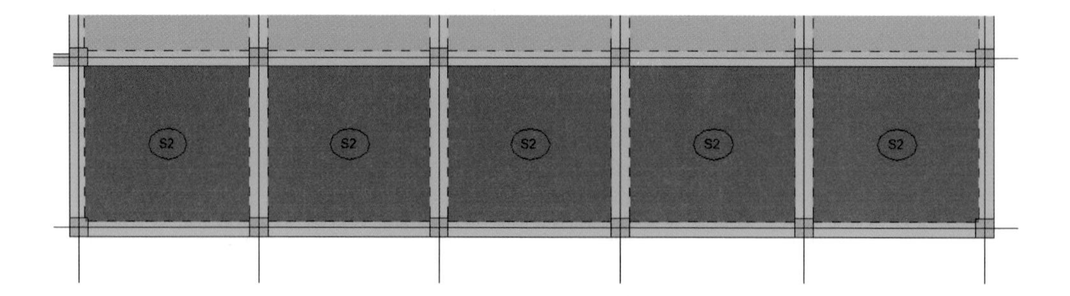

⑦ 레벨로부터의 높이값 (-400)을 적용해서 보와 높이를 맞춥니다.

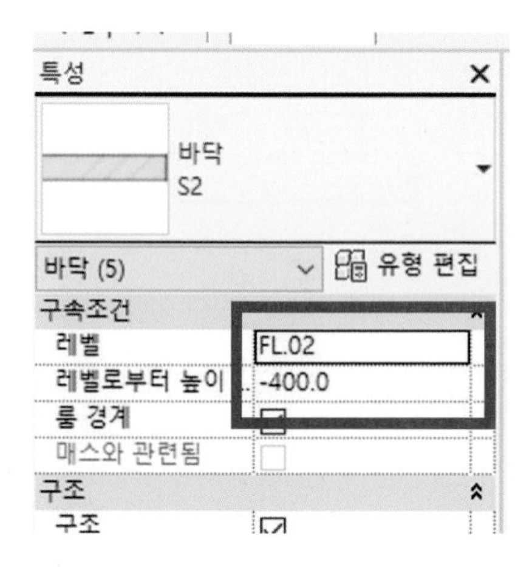

⑧ 완성된 모습입니다.

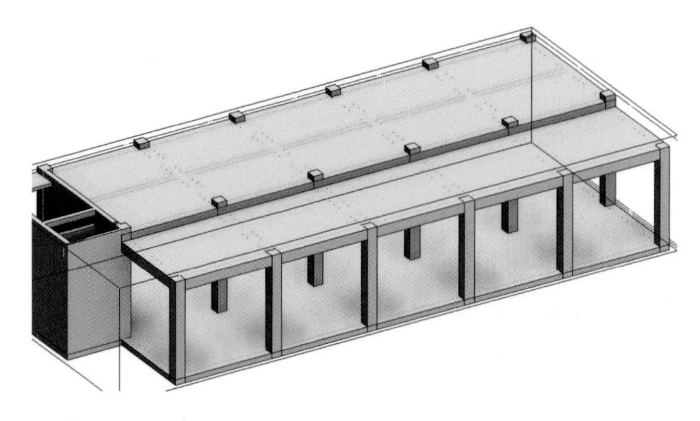

⑨ 전면의 난간이 들어갈 부분은 폭 200으로 바닥을 작성합니다.

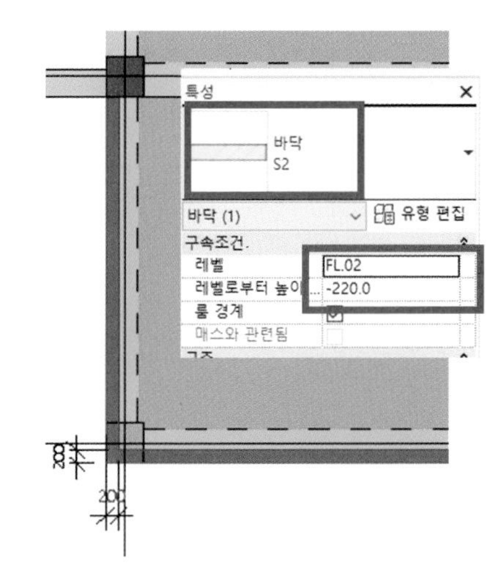

⑩ 완성된 모습입니다.

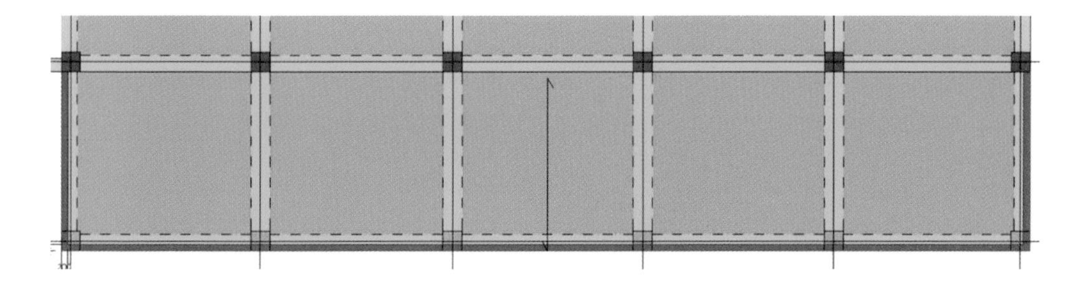

8.5.4 구조 기둥 작성

① 아래의 기둥 태그를 참고로 기둥을 작성합니다.

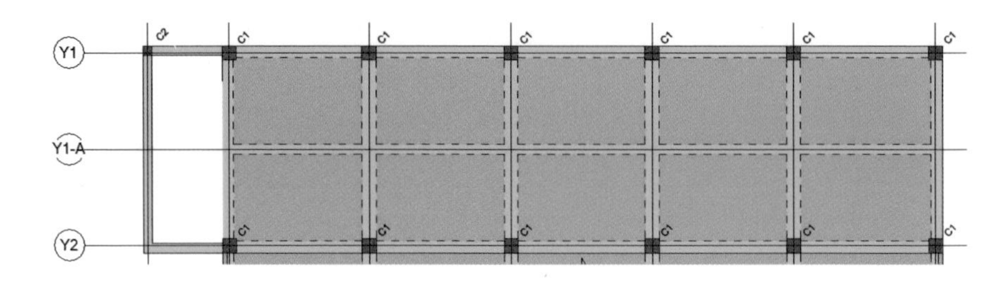

② 좌측 확대

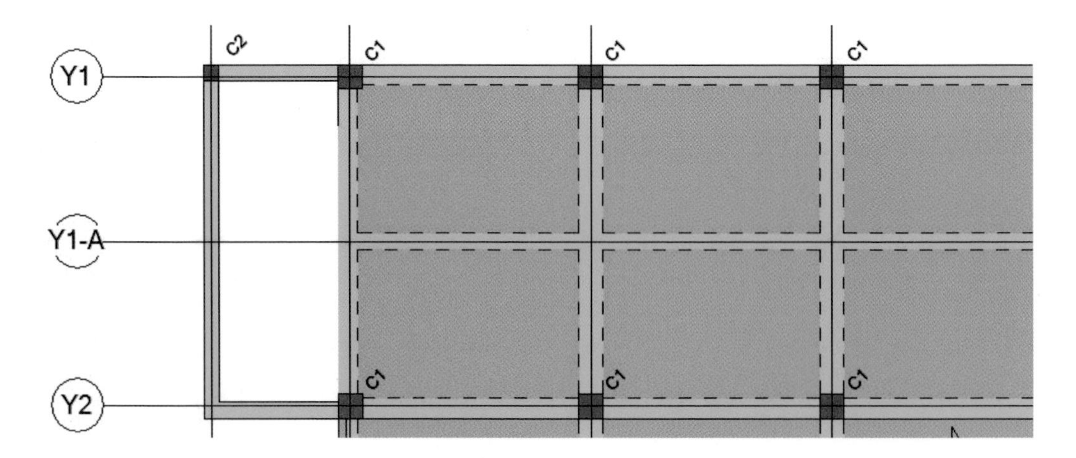

③ 우측 확대

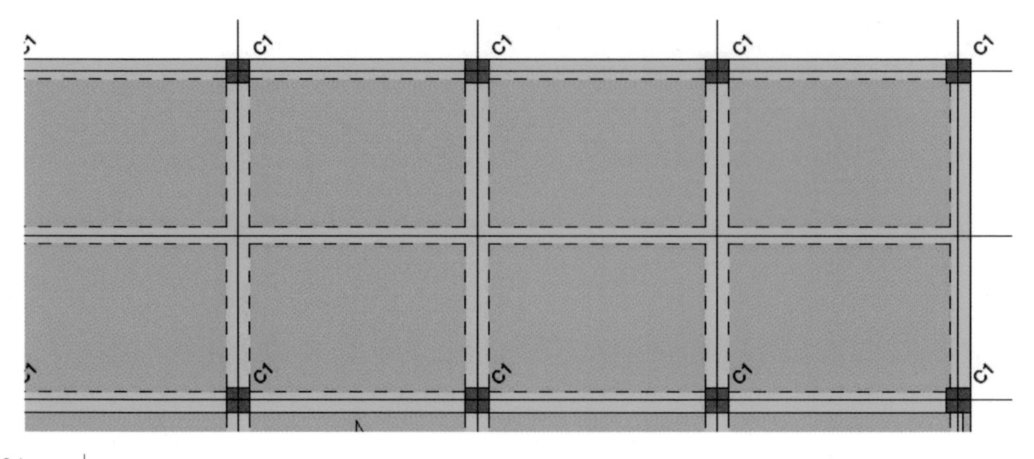

④ 1층 기둥을 복제해서 사용해도 좋습니다.

⑤ 전면의 기둥은 선택 후 상단 높이에 -400을 적용합니다.

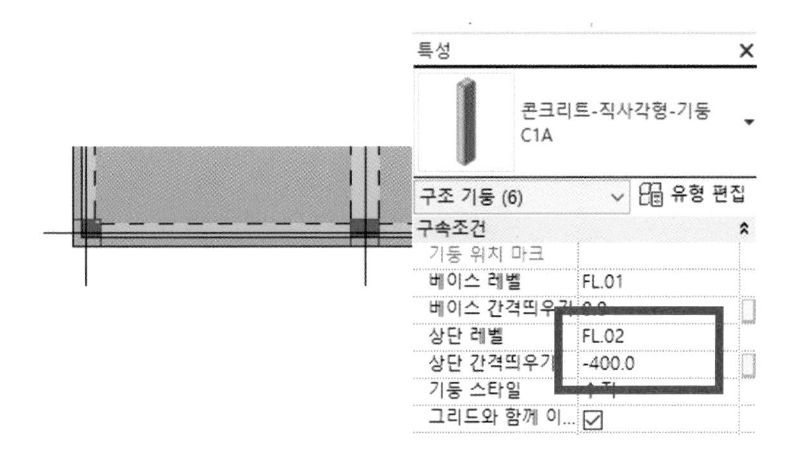

⑥ 모델이 완성된 모습입니다.

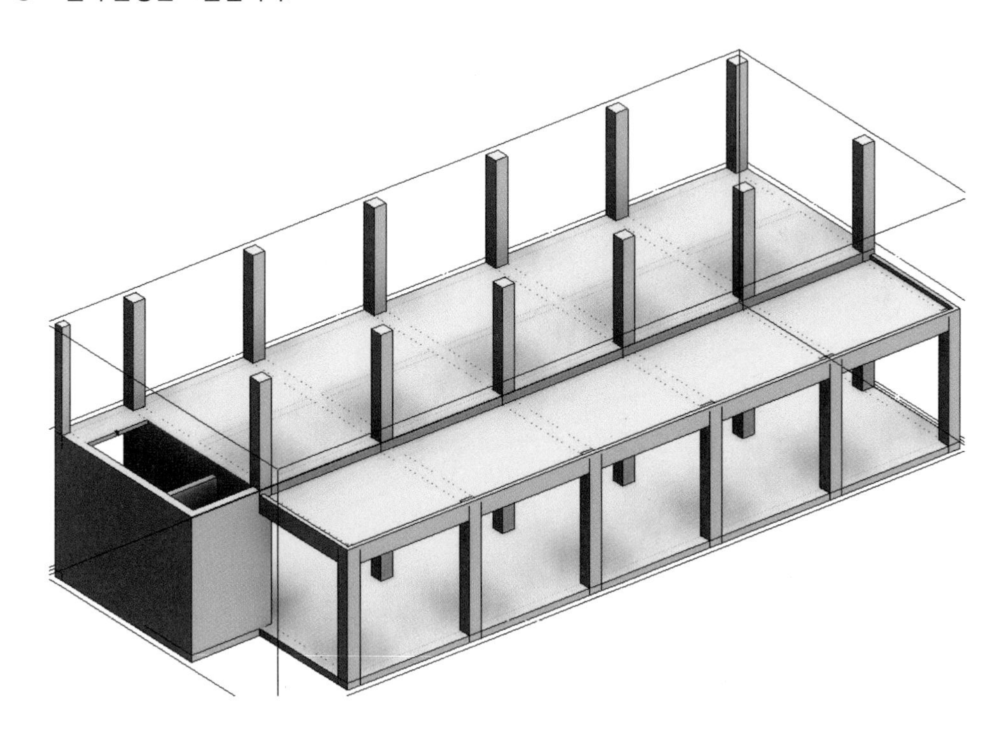

8.5.5 구조 벽체 작성

- 계단실과 엘리베이터 부분만 구조벽이 작성됩니다.
- 아래의 태그를 참고하여 벽체를 작성합니다.

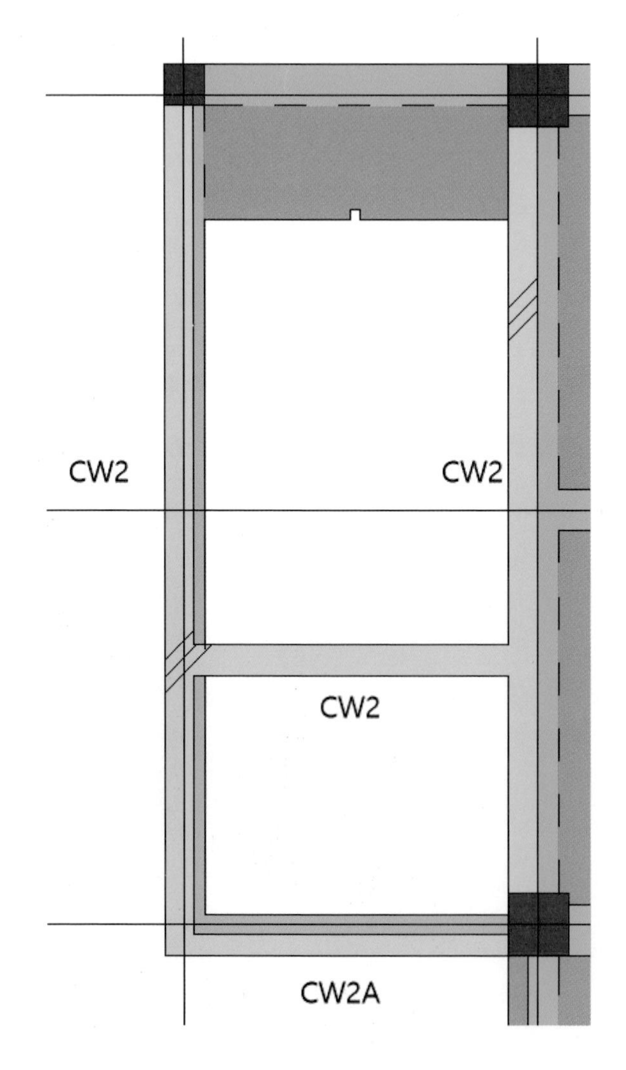

- 구조 벽체의 경우 구조 프레임과 자동 결합이 됩니다.

8.5.6 경사 바닥 작성

[바닥을 사용한 경사 만들기]

① 아래의 치수를 참고해서 경사 바닥을 작성합니다.

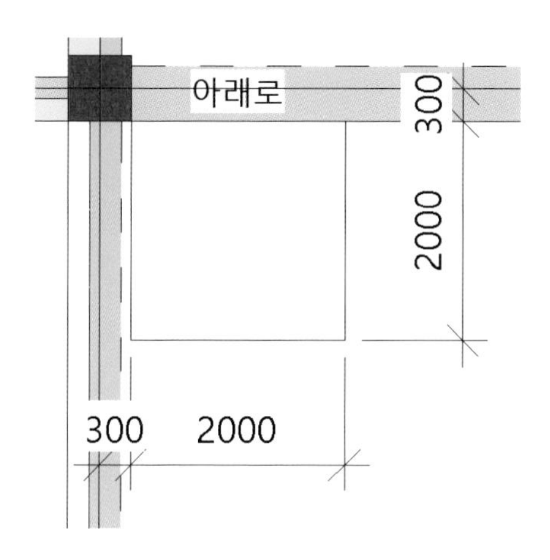

② 구조의 바닥을 선택합니다.

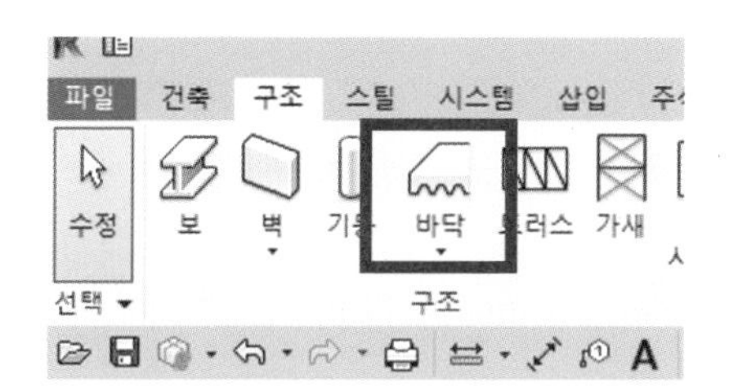

③ 유형은 S1으로 선택한 후 레벨로부터의 높이 값이 (0)으로 되어 있는지 확인합니다.

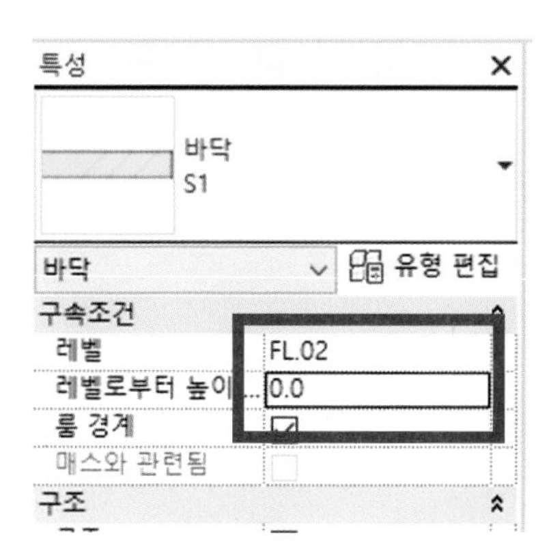

④ 직사각형 명령을 선택합니다.

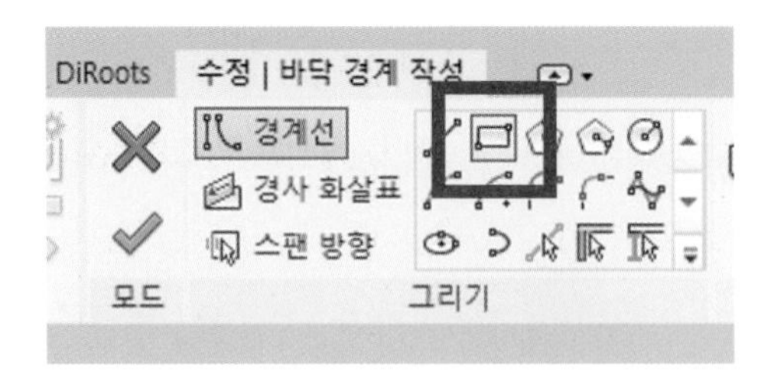

⑤ 치수를 참고하여 아래와 같이 스케치를 한 후 완료를 선택합니다.

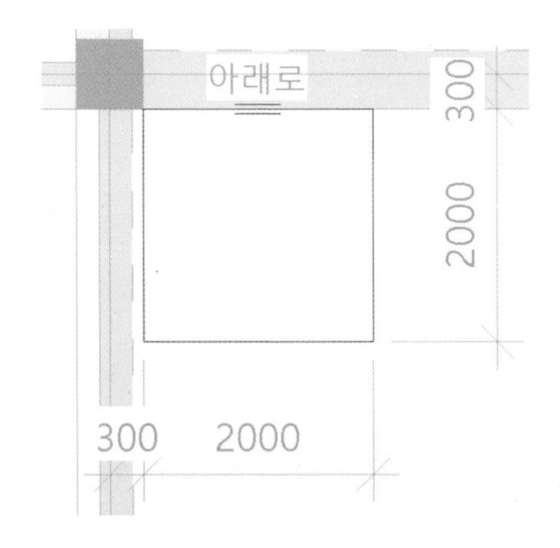

⑥ 3D 뷰로 이동합니다. (1) 바닥을 선택한 후 (2) 하위 요소 수정을 통해서 바닥의 높낮이를 조정할 수 있습니다. (3) 모양 재설정은 초기화 명령입니다.

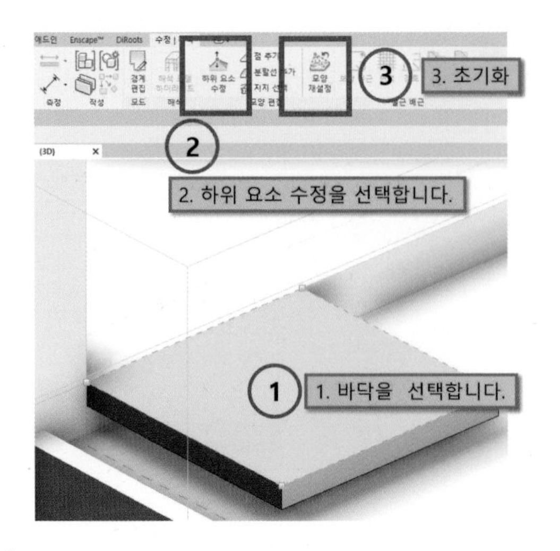

⑦ 높이를 변경할 접선 (1)을 선택합니다. 핸들 우측에 있는 (2) 0을 선택해서 숫자 -400을 입력합니다. 완료 시 경고 메시지가 나올 수 있지만 무시합니다.

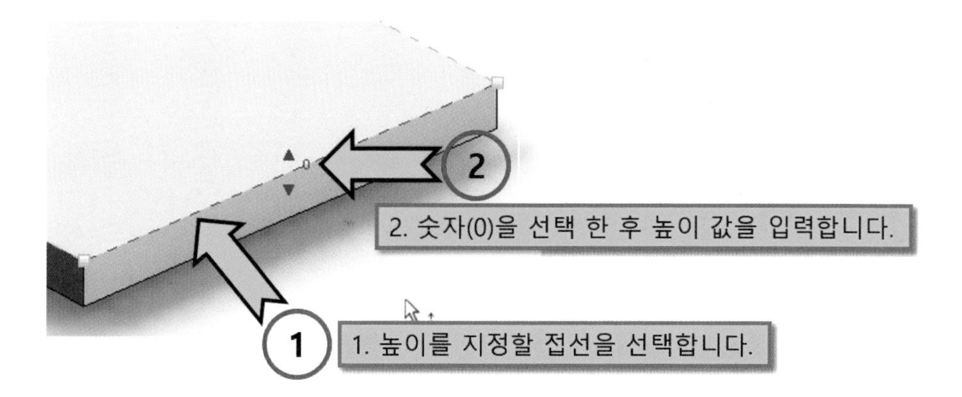

⑧ 완성된 모습입니다.

[경사 명령을 사용한 경사 만들기]

경사로를 사용할 경우는 계단 작성과 유사한 방법을 사용합니다.

① 건축 탭에 있는 경사로 명령을 선택합니다.

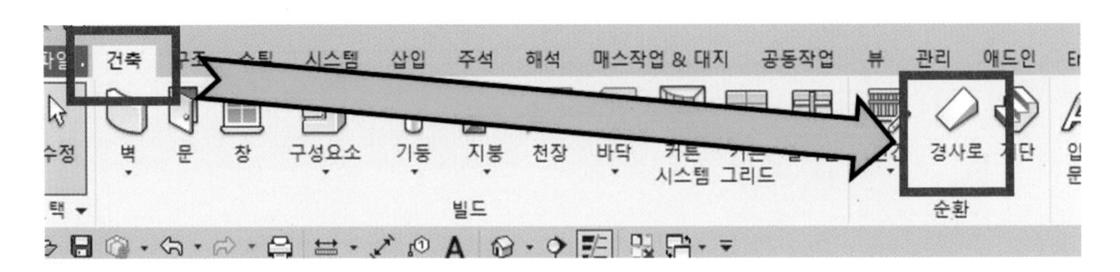

② (1) 유형 편집을 선택해서 새로운 유형을 작성합니다. (2) 복제를 선택합니다.

(3) 새로운 유형 명을 선택합니다.

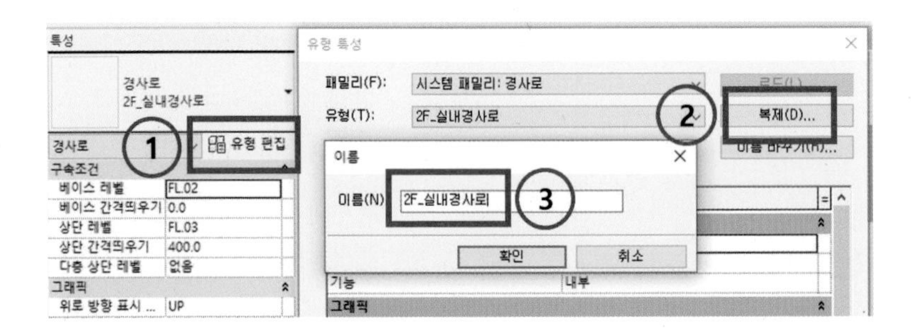

③ 경사 재질을 작성한 콘크리트 재질로 변경합니다.

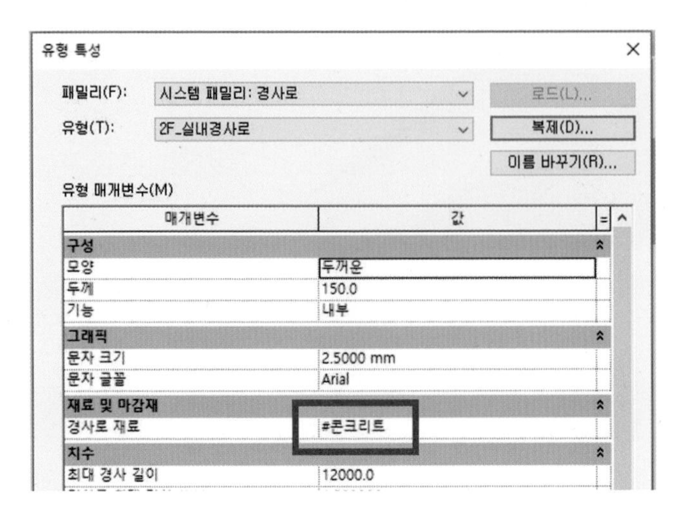

④ 경사로는 경계와 시작 선과 끝 선인 챌판으로 구분됩니다. (1) 선을 이용한 경계를 먼저 작성합니다.
(2) 경사로의 옆면을 스케치합니다. 남은 면은 챌판의 선을 사용해서 닫아줍니다.

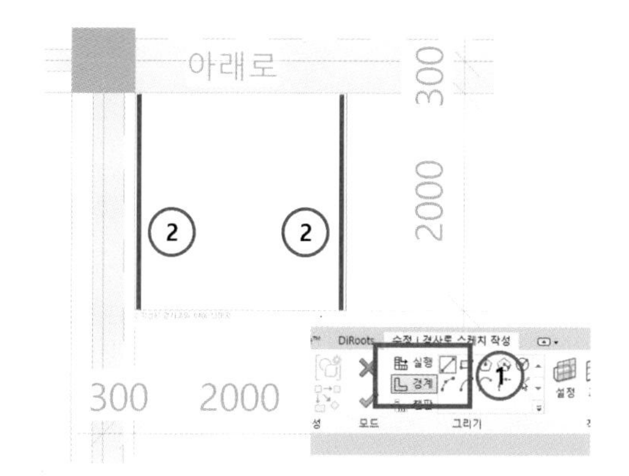

⑤ 특성 탭에서 높이값을 지정합니다.

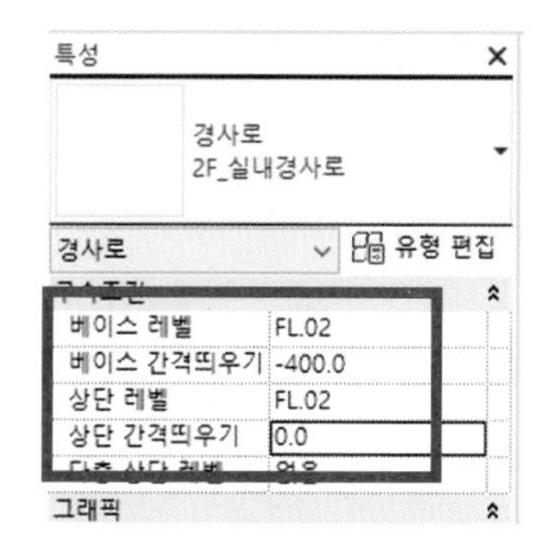

⑥ 완료 후 아래의 방향을 나타내는 화살표 아이콘을 선택하면 UP/DN의 방향을 변경할 수 있습니다.

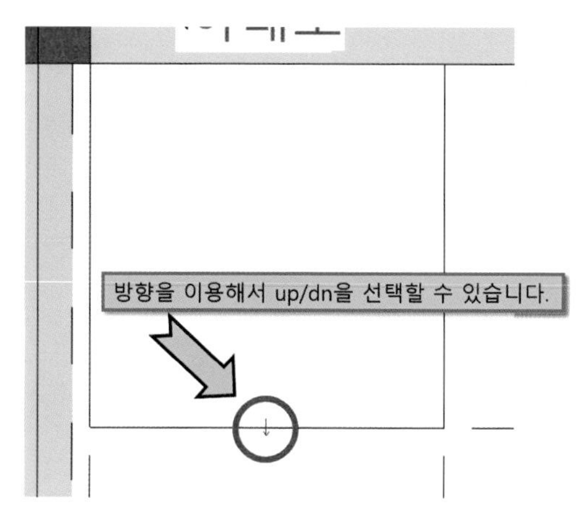

⑦ 완료 후 경사가 맞지 않을 경우에는 아래 그림과 같이 경사로 최대 경사를 1로 지정합니다.

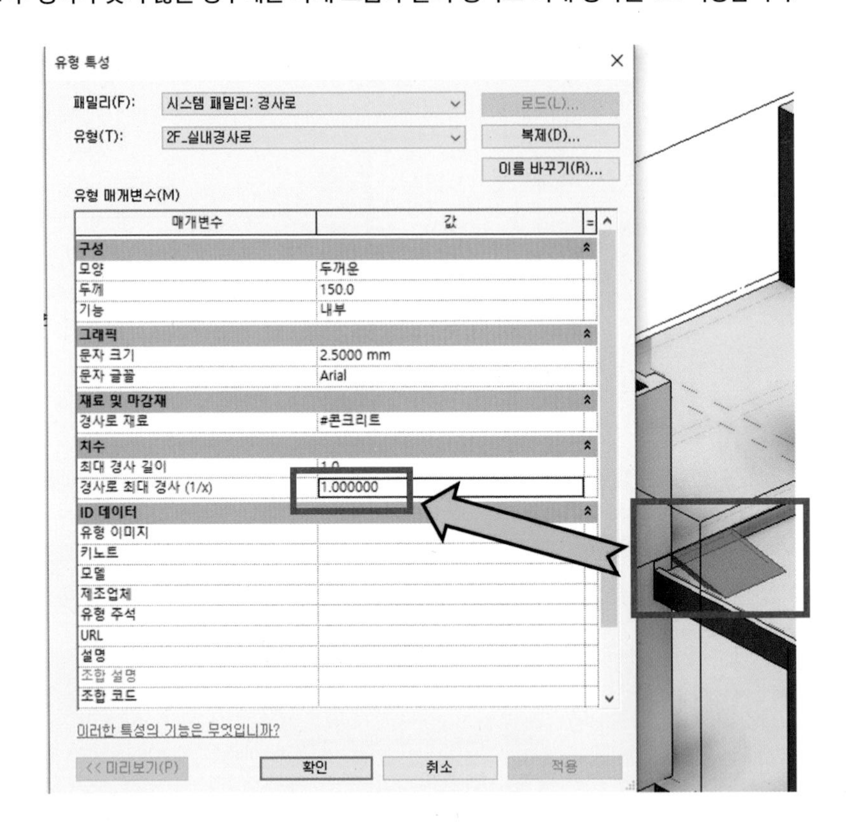

8.6 지상 3층 구조 작성하기

8.6.1 구조부 작성

① 구조 프레임과 바닥을 작성하기 위해서 뷰 범위를 조정합니다.

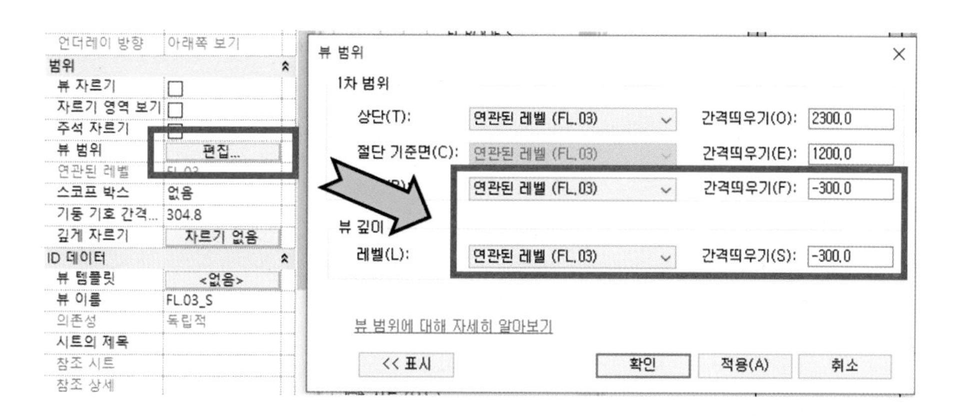

② 아래의 태그를 보고 구조 프레임과 바닥을 작성합니다.

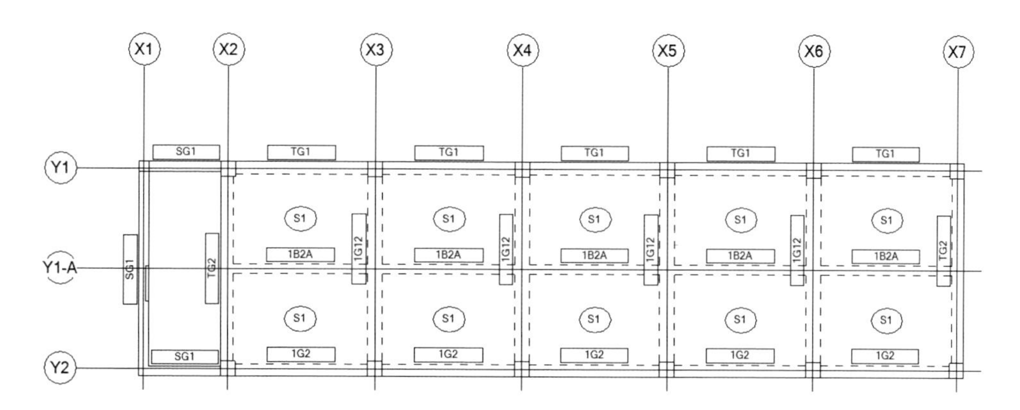

③ 좌측 확대 부분

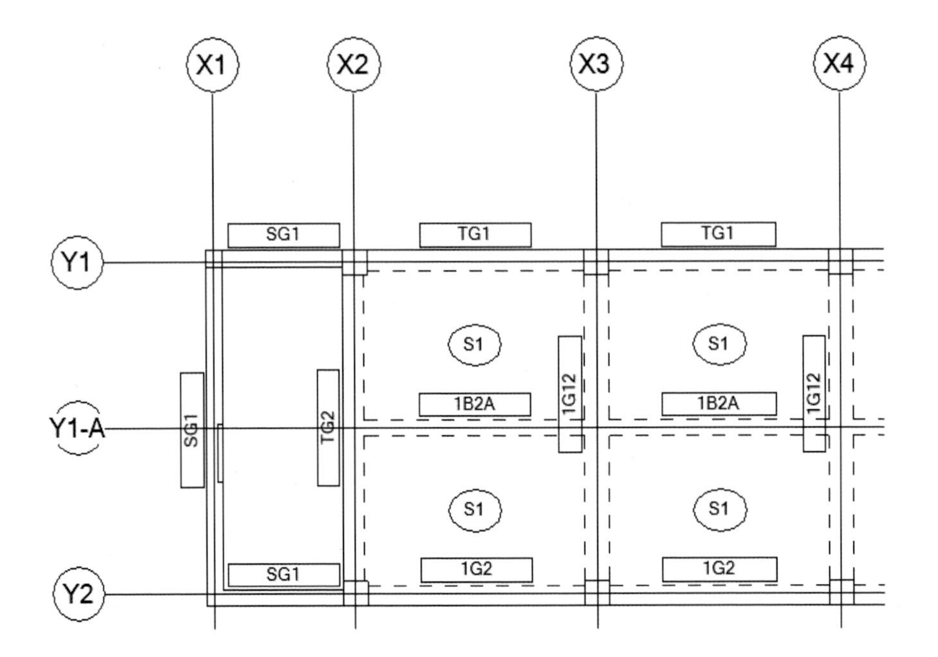

④ 우측 확대 부분

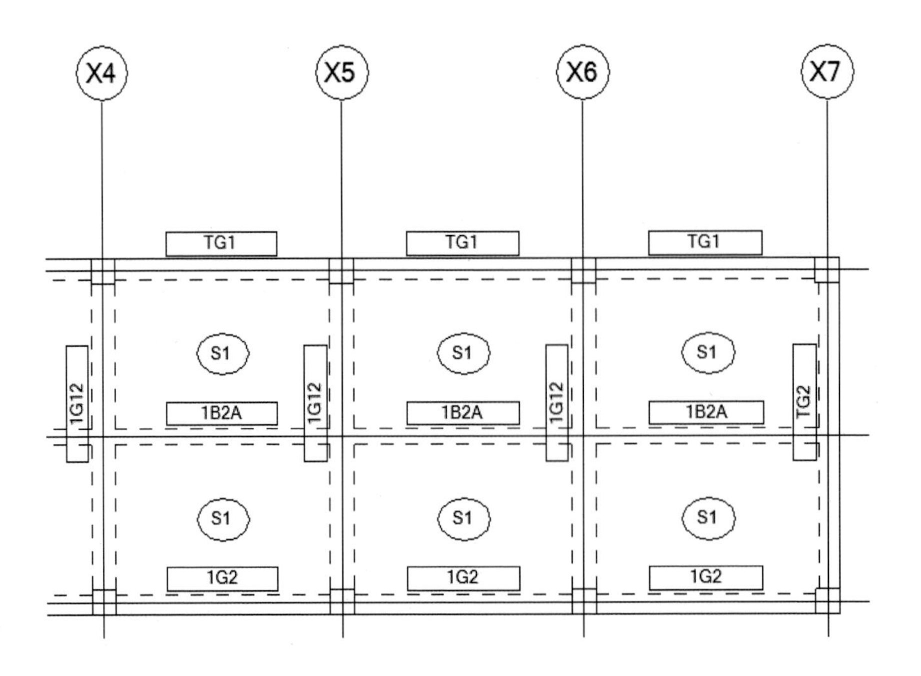

8.6.2 구조 계단 작성

- 계단은 구조와 건축(마감)으로 나눕니다. 이 교재에서는 구조 부분에 대한 내용만 기술하겠습니다.
- 건축 계단에 대한 내용은 다음 권에서 기술됩니다.

[작성 전 작업]

① 1층으로 이동합니다.

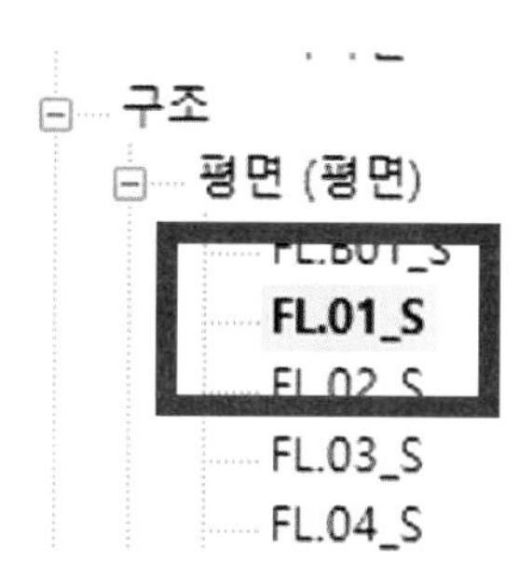

② 계단을 만들기 전에 단면도를 이용해서 계단이 들어갈 부분에 단면을 형성합니다.
계단의 높이와 단수 등을 확인할 수 있습니다.

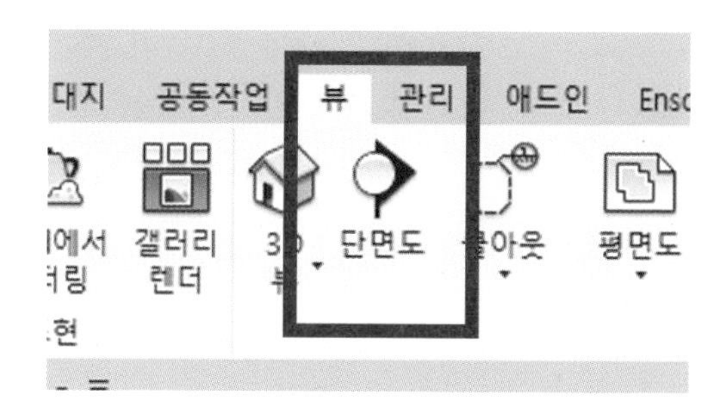

③ 단면도를 작성할 경우 (1)번 지점에서 시작점을 선택합니다. (2) 지점까지 수직으로 만들어줍니다. (3) 핸들을 이용해서 단면도에서 보이는 범위를 조정합니다.

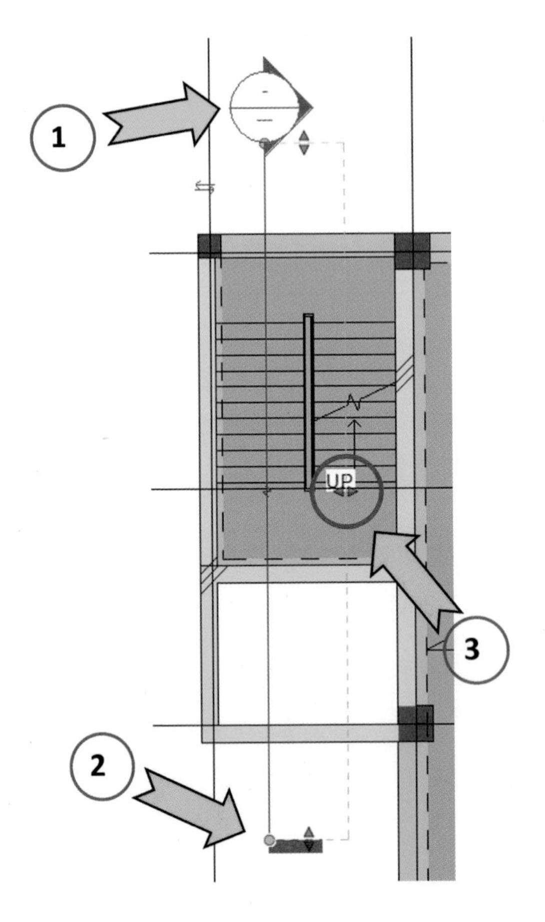

④ 단면 뷰가 완료되면 상세 수준과 음영 처리가 활성화되어 있는지 확인합니다.

[계단 유형 작성]

① 계단 명령을 실행합니다. 건축 탭에서 실행합니다.

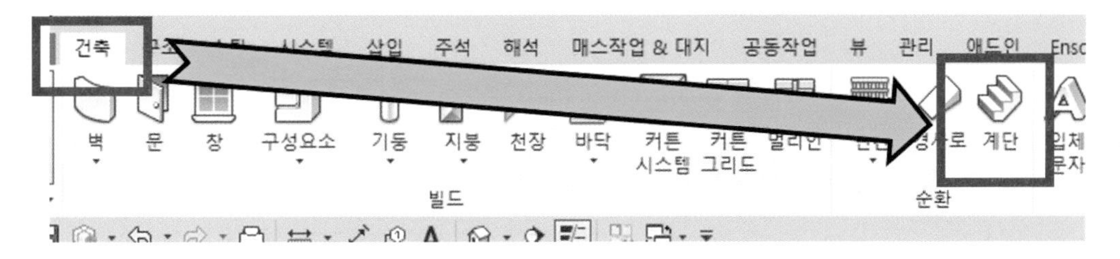

② 유형을 콘크리트를 선택한 후 아래에 위치한 유형 편집을 선택합니다.

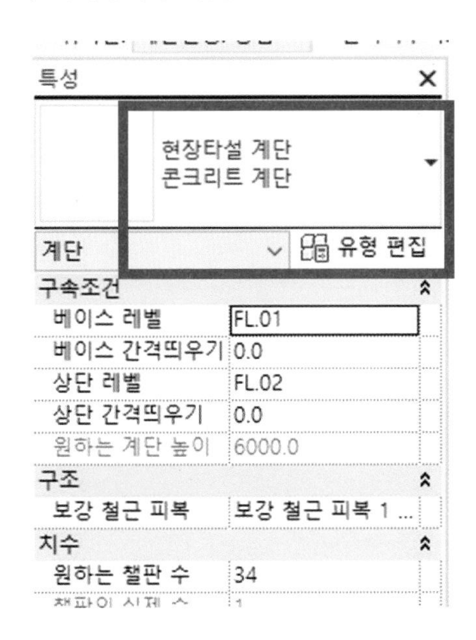

③ 복제를 이용해서 L-외부구조계단으로 유형 명을 만들어줍니다.

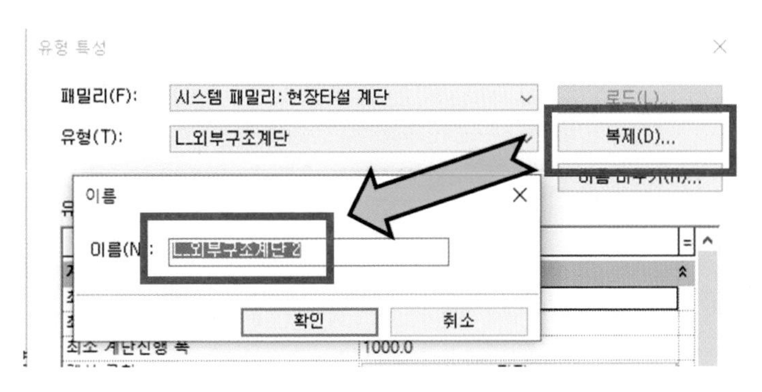

④ 계단 설정은 아래와 같이 진행합니다. 구성에서 계단 진행 유형 끝(1) 지점을 선택합니다.

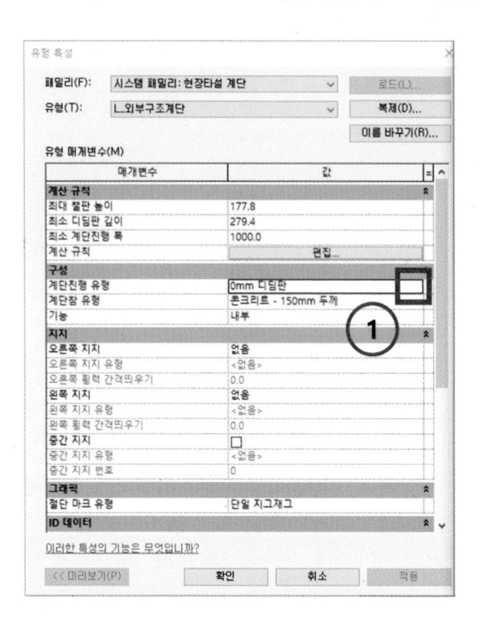

⑤ 디딤판에 대한 별도의 창이 나타나면 복제(이름은 임의 지정)를 한 후 아래와 같이 계단의 두께와 재질(2)을 지정합니다. 디딤판은 별도의 마감이 없기 때문에 체크를 해제합니다(3). 수정이 끝나면 확인를 누릅니다.

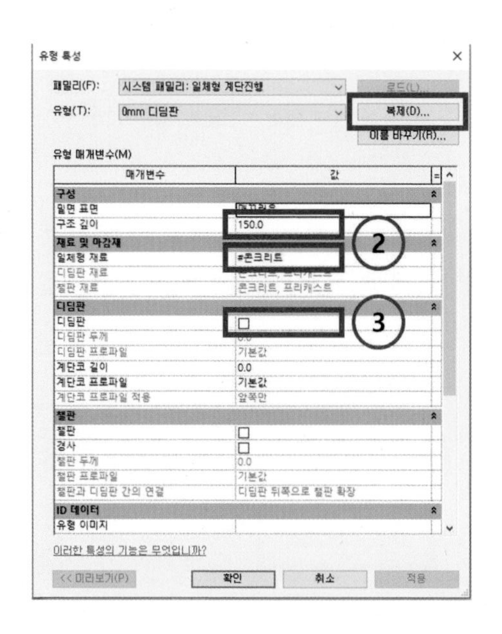

⑥ 계단참에 대한 옵션도 변경합니다. (1) 지점을 선택합니다.

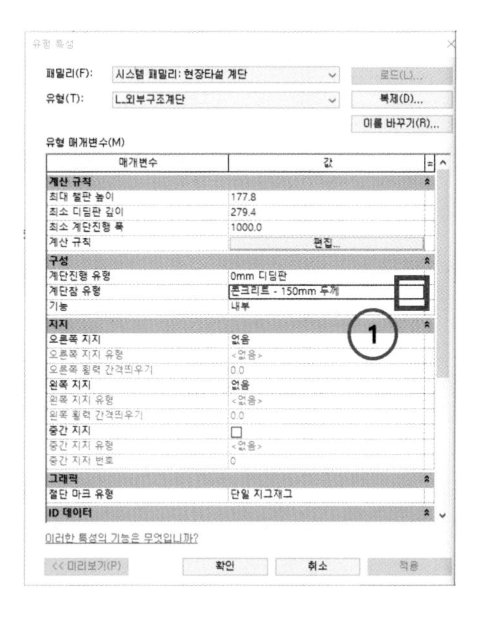

⑦ 복제를 이용해서 이름을 임의 지정한 후 (2) 두께와 재질을 선택합니다. 완료 후 확인을 누릅니다.

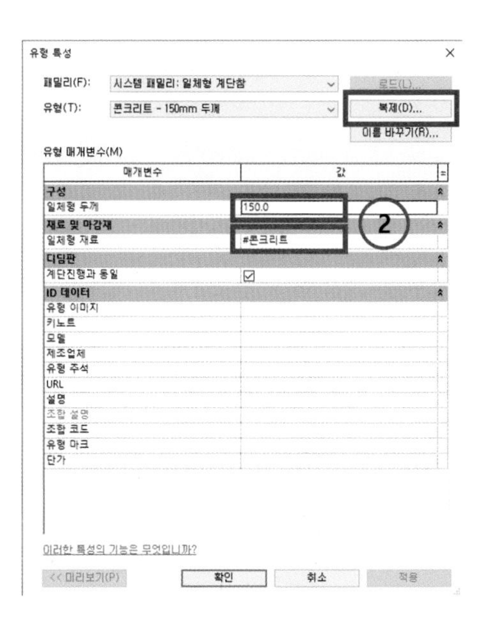

[계단 작성]

① 계단 작성 전 디딤판의 깊이를 반드시 확인합니다.

매우 중요한 작업으로 디딤판의 깊이가 맞지 않는다면 계단의 높이도 맞지 않는 경우가 많습니다.

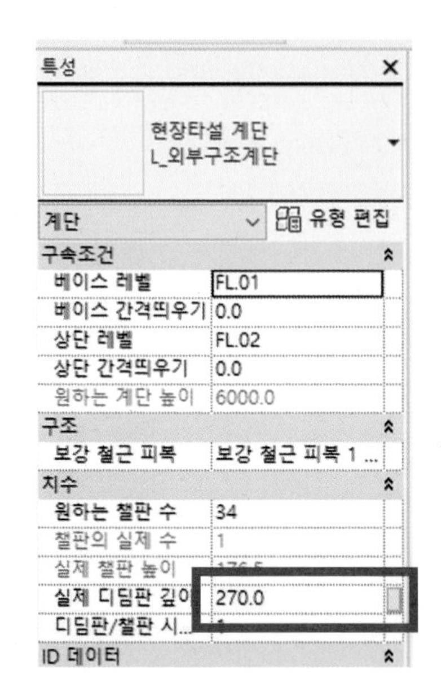

② 실행 명령을 선택합니다.

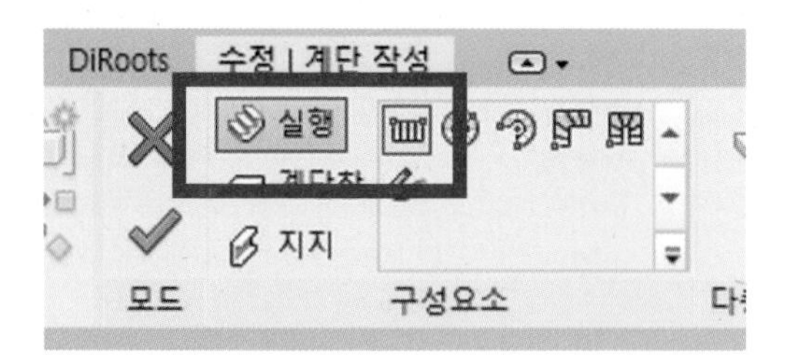

③ 출입문 옆에 위치한 (1) 지점에서 시작점을 선택합니다. (2) 지점을 수직으로 연결합니다.

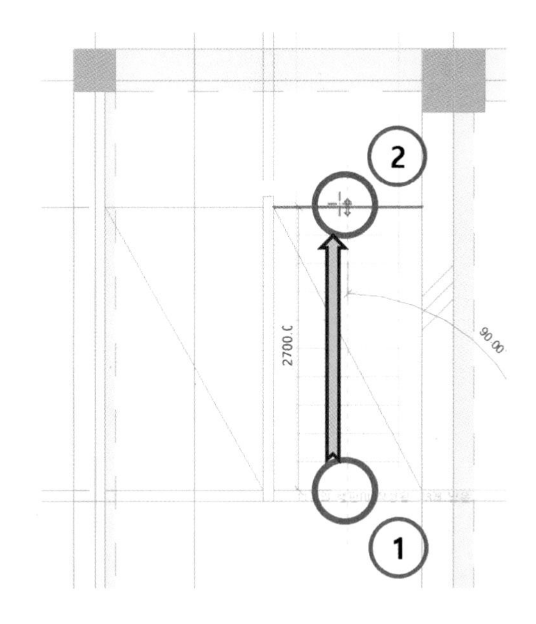

④ (2) 지점 완료 후 (3) 지점을 선택합니다. 중간에 계단 참이 생성되는 것을 확인할 수 있습니다.
(4) 지점까지 수직으로 작성합니다.

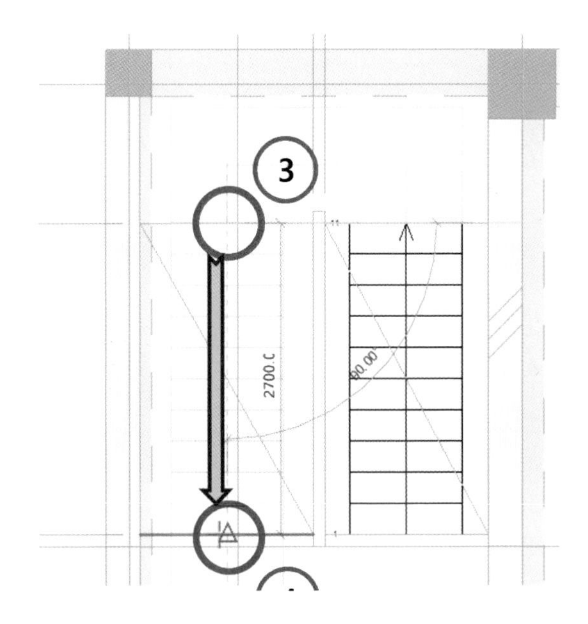

⑤ 높은 층고로 인해서 한 번 더 계단을 작성해야 합니다.
(5) 지점을 선택한 후 (6) 지점까지 수직으로 연결합니다.

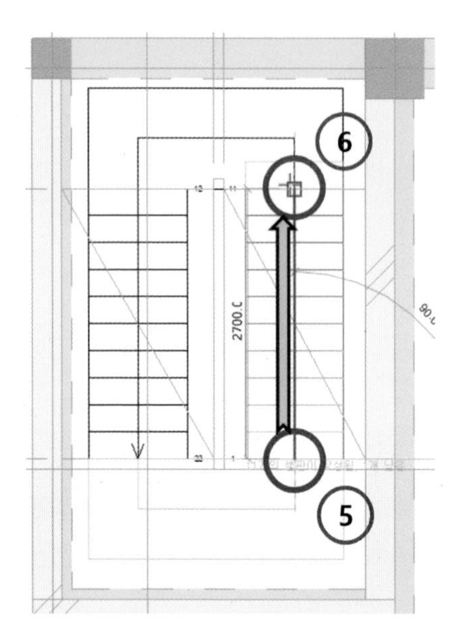

⑥ 완료 후 미리 작성한 계단 단면도로 이동합니다. 2층 레벨까지 못 온 경우 아래의 원하는 챌판 수를 조정합니다. 2층을 넘어갈 경우 값을 올리고 모자랄 경우에는 값을 낮춥니다.

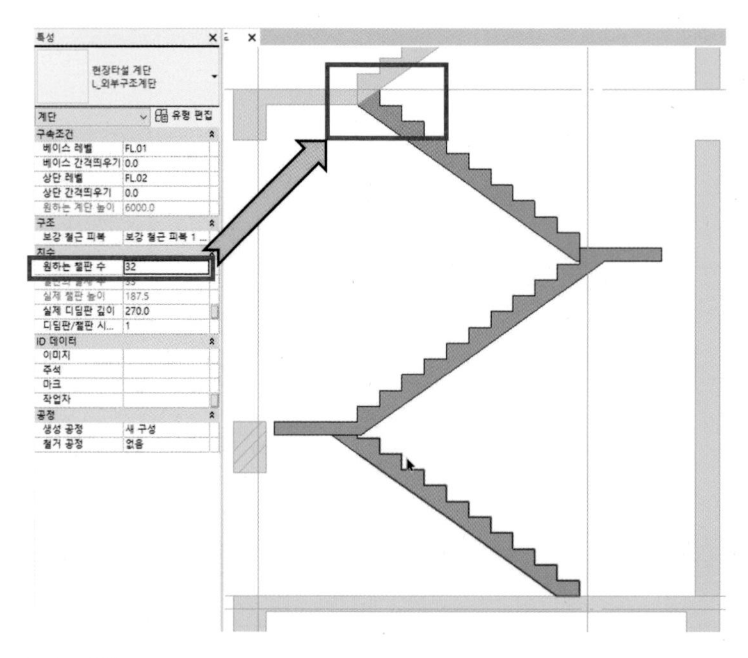

⑦ 단축키 WT를 입력합니다. 화면을 아래와 같이 평면과 단면으로 2분할 합니다.
우측의 계단 단면도에서 하단에 위치한 계단을 선택한 후 좌측 평면도를 선택합니다.
계단 중간의 양 끝에 삼각형 핸들이 나타나는 것을 확인할 수 있습니다.

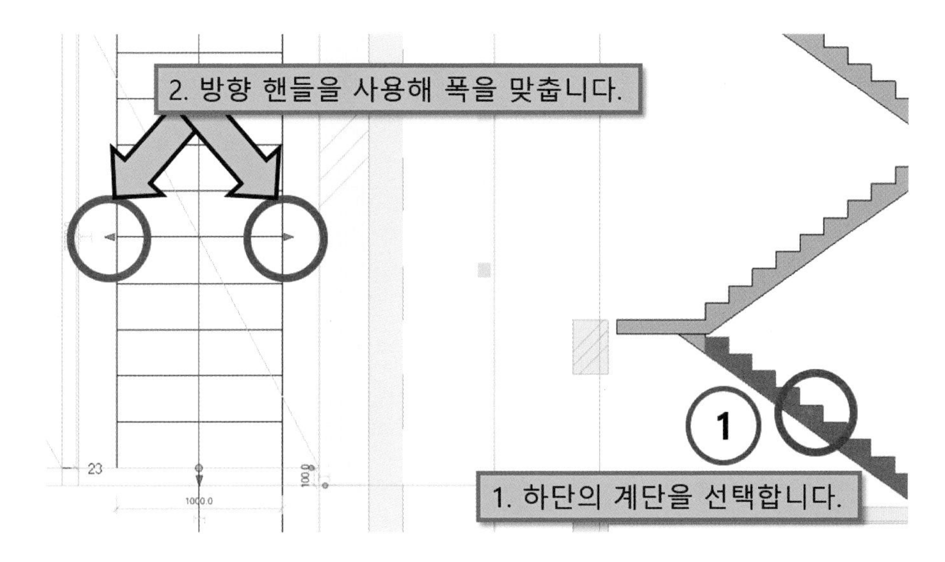

⑧ 핸들을 이용해서 가로 폭을 맞춥니다. ALIGN(AL) 적용이 되지 않습니다.

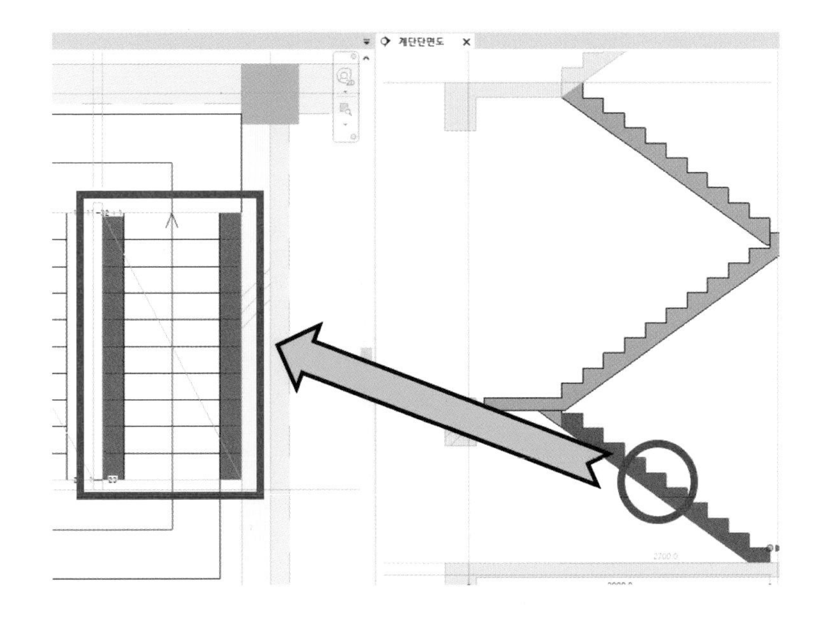

⑨ 모든 계단의 폭을 맞춘 후 계단 참도 같은 방법으로 평면에서 맞춰줍니다.
작성이 끝나면 완료를 누릅니다.

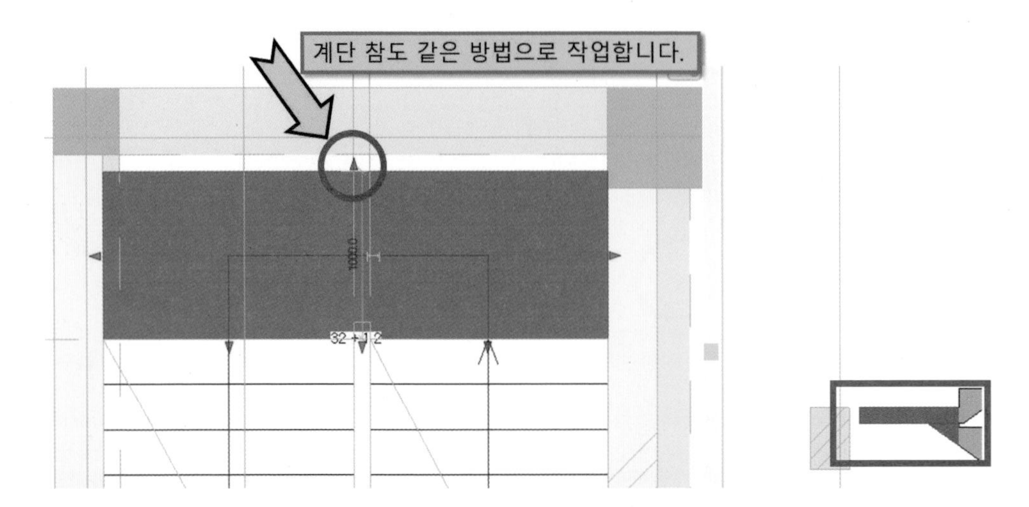

⑩ 돌림 계단이 완성된 모습입니다.

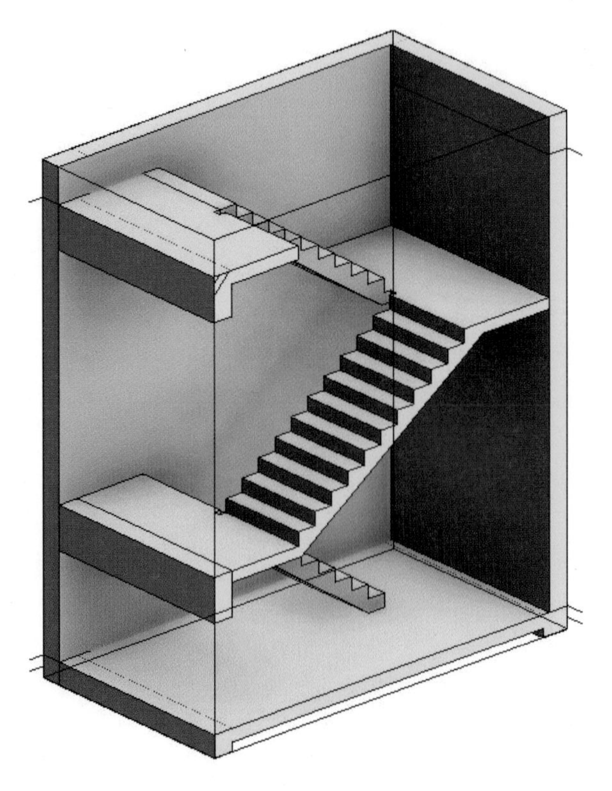

⑪ 바닥 명령을 사용해서 아래와 같이 작성하도록 합니다.

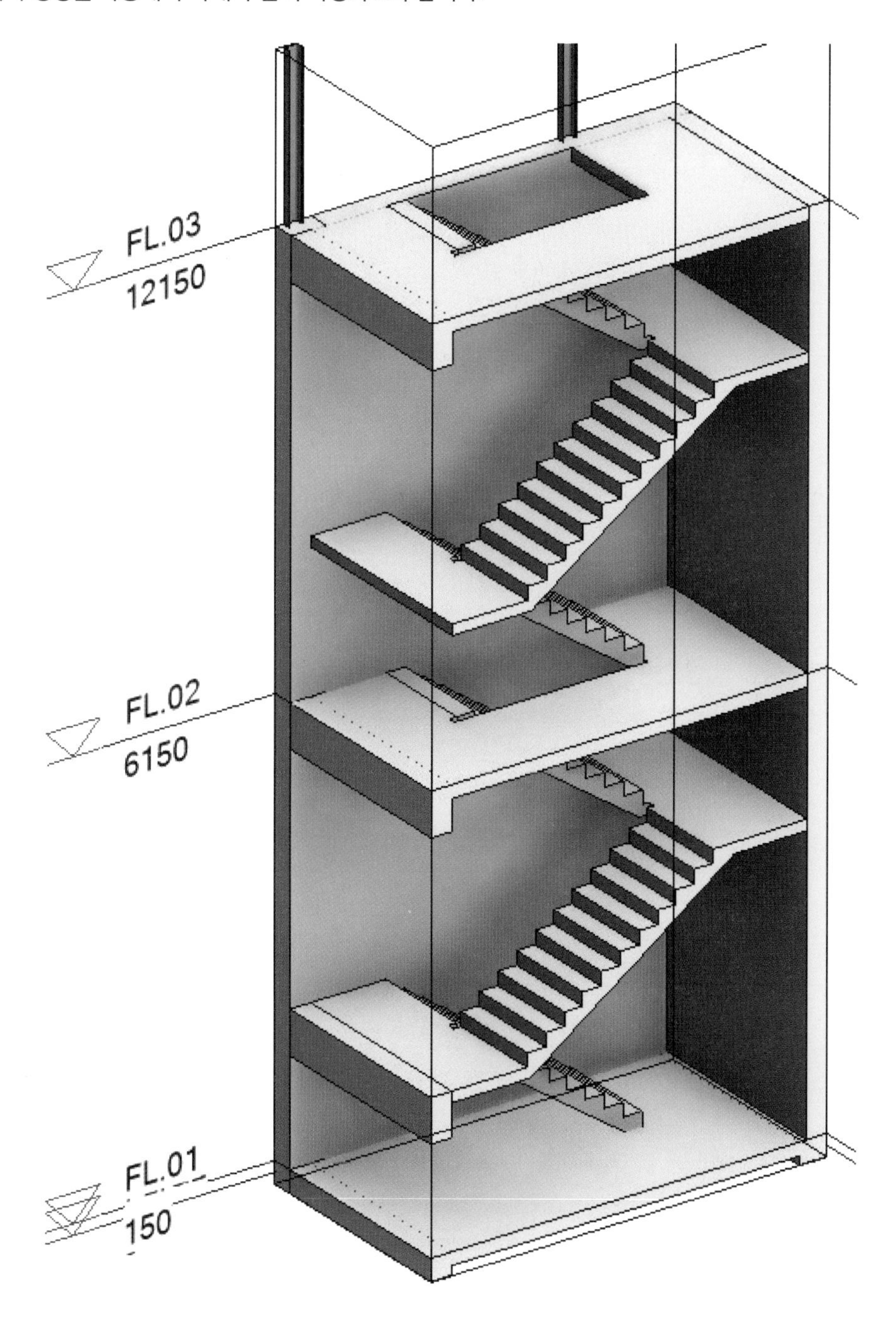

09 ST Practice example

- RC 구조와 ST 구조는 작성 방법이 거의 비슷합니다.
- 다른 점은 부재의 사이즈를 보는 방법과 경사, 모서리 등의 처리 방법에 있다고 할 수 있습니다.
- 이번 장에서는 간단한 철골 구조 모델링을 통해서 ST 구조 모델의 작성 방법을 학습하도록 하겠습니다.

9.1 철골 모델 패밀리 로드

① 구조 기둥과 구조 프레임에서 가져옵니다.

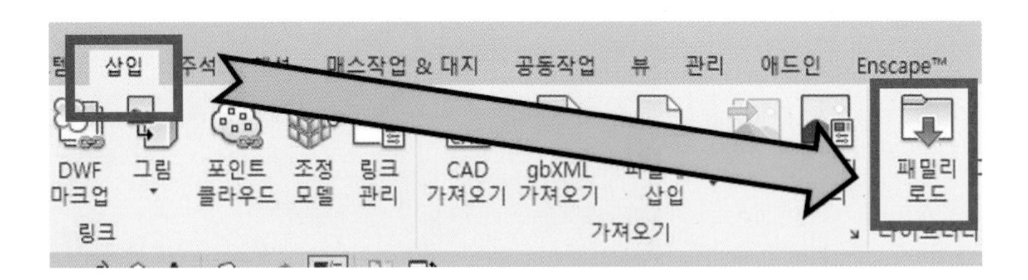

② 구조 기둥은 Korea 라이브러리 안, 구조 기둥 → 스틸 폴더에 위치합니다.

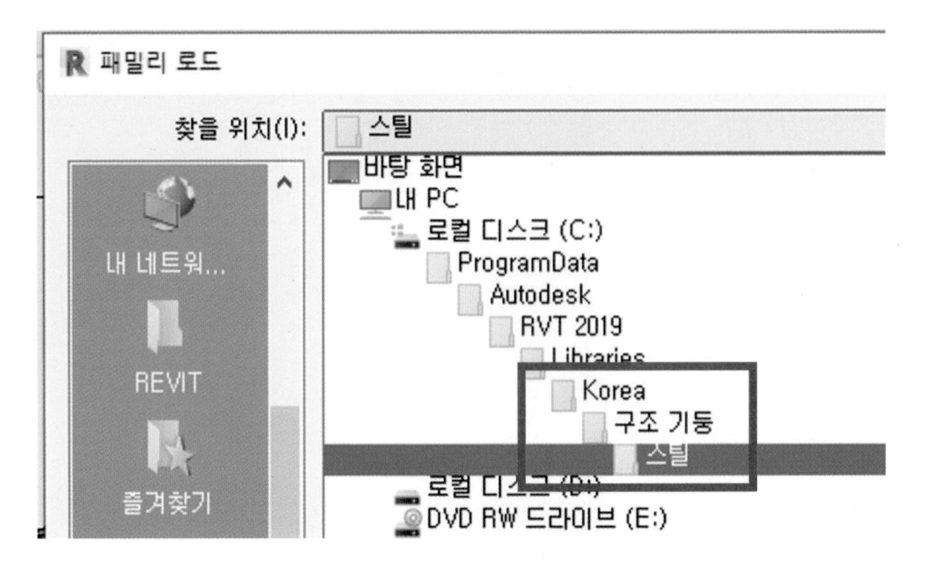

③ 파일 중 각파이프는 [HSS-속 빈 구조 구획-기둥.rfa]을 사용합니다. 구조 기둥으로 사용되는 H-Beam은 [W-와이드 플랜지-기둥.rfa] 패밀리를 사용합니다. 두 개의 파일을 선택한 후 로드합니다.

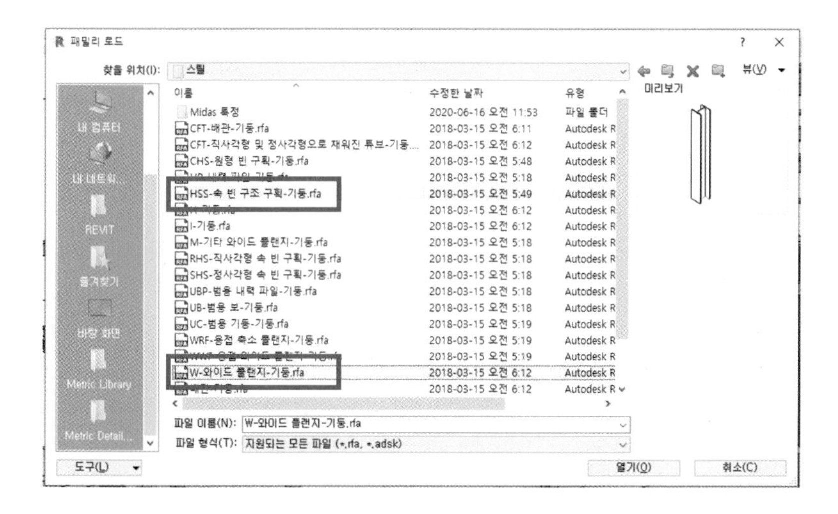

④ 구조 프레임의 위치는 아래와 같습니다. Korea 라이브러리 안, 구조 프레임 → 스틸 폴더에 있습니다.

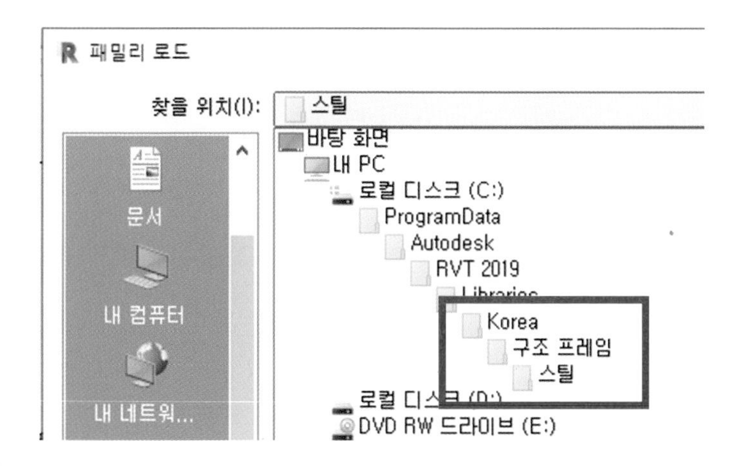

⑤ 각재로 사용되는 패밀리는 [HSS-속 빈 구조 구획.rfa]을 사용합니다. 구조로 사용되는 H-Beam은 [W-와이드 플랜지 보.rfa] 패밀리를 사용합니다.

9.2 사이즈의 적용 방법

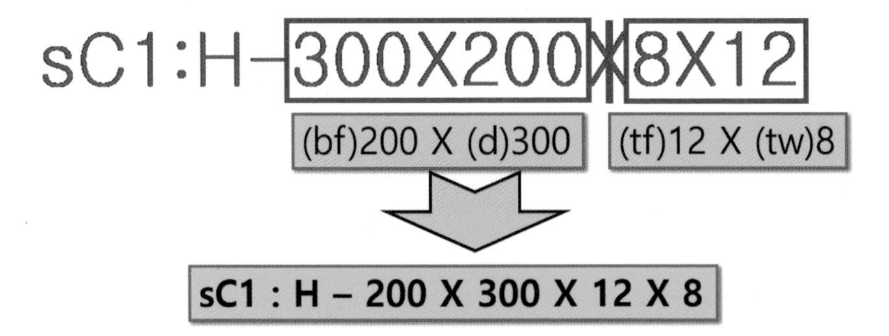

① H-Beam의 표기 방법은 위와 같지만 Revit에서 사용하기 위해서는 아래와 같이 값을 바꿔야 합니다.

② 300 x 200 = 200 x 300으로 8 x 12 = 12 x 8 로 변경해서 사용합니다.

③ 아래와 같이 sC1 기둥을 작성할 경우 두 자리씩 끊어서 기입을 합니다.

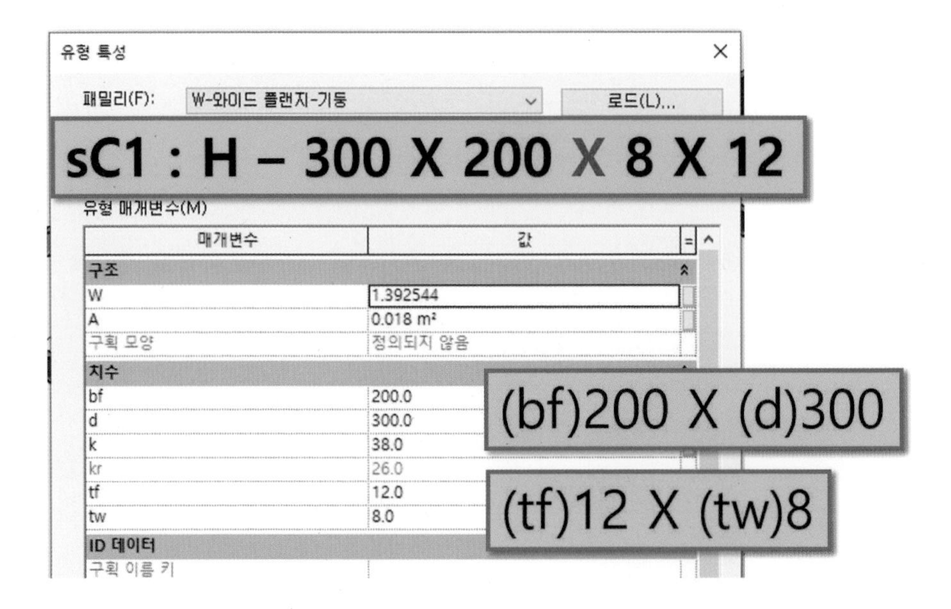

9.2.1 유형 작성

① 구조 기둥의 유형 정보는 아래 표를 참고해서 작성합니다.

<구조 기둥 일람표>

A	B
유형	모델
C1	600 x 600
C1A	600 x 600
C2	400 x 400
sC1	300 X 200 X 8 X 12
sC2	200 X 200 X 8 X 12

② 구조 기둥을 선택합니다.

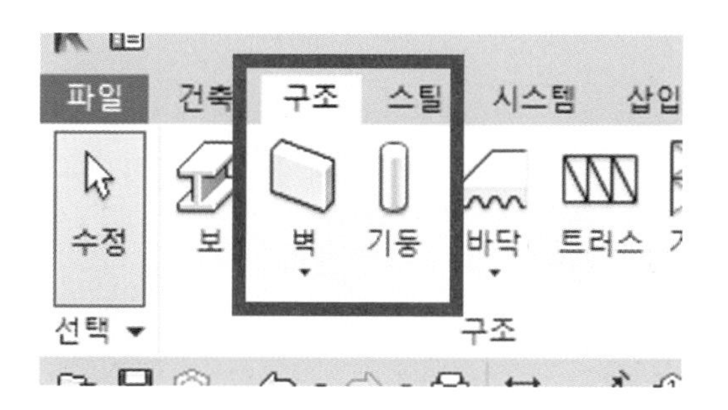

③ 유형을 선택 후 유형 편집을 선택합니다.

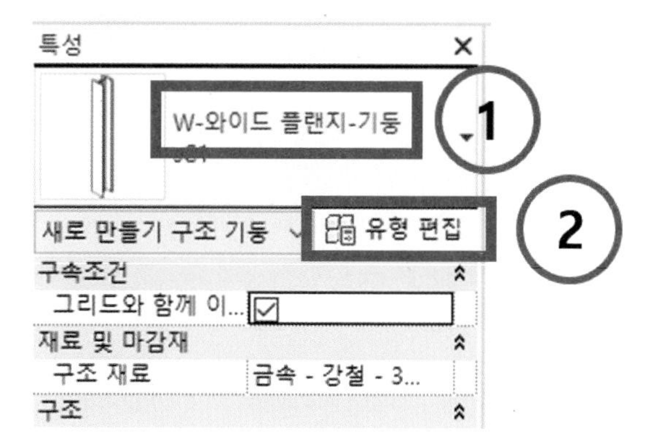

④ 복제를 이용해서 유형 명 [sC1]을 입력합니다.

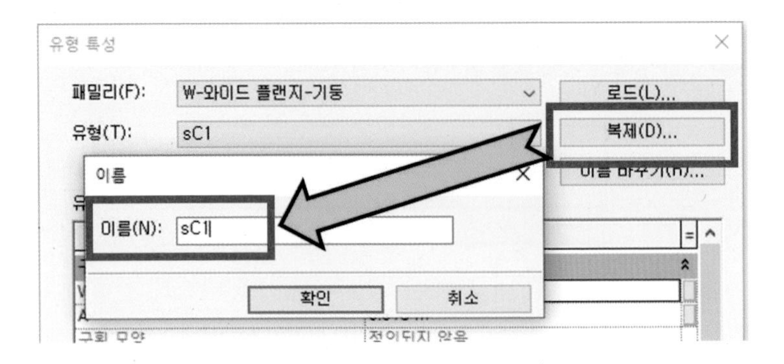

⑤ 치수를 참고해서 각 부분의 치수를 수정 후 완료합니다.

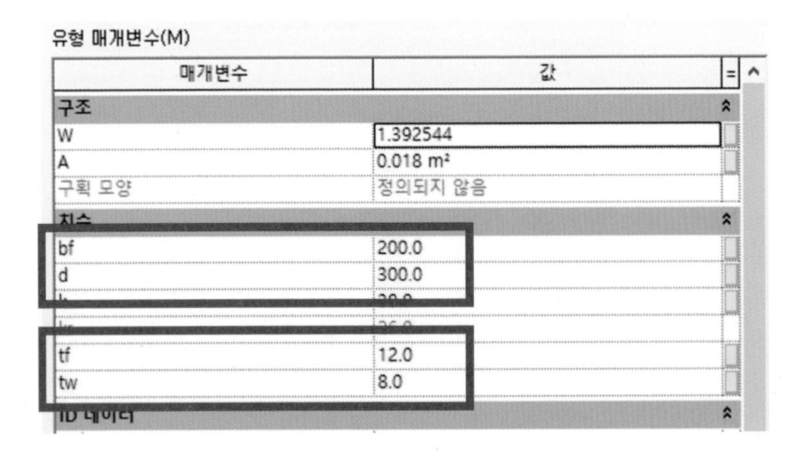

⑥ 작성 전 상단 구속 조건이 되었는지 확인합니다.

⑦ 위와 같은 방법을 이용해서 [sC2] 기둥을 작성하고 아래의 일람표를 참고하여 구조 프레임도 작성합니다.

<구조 프레임 일람표>

A	B	C
유형	모델	구조 재료
G1	350 x 175 x 7 x 1	#STEEL_345MPa
G2	244 x 125 x 7 x 1	#STEEL_345MPa
HSS100x50x3.2t		#STEEL_345MPa
1B2A	400x600	#콘크리트
1G2	500x700	#콘크리트

9.3 구조 기둥 작성

① 구조 3층 평면도로 이동합니다.

② 아래의 평면도의 태그 기호를 이용해서 구조 기둥을 작성합니다.
상단 구속 조건은 FL.04로 지정합니다.

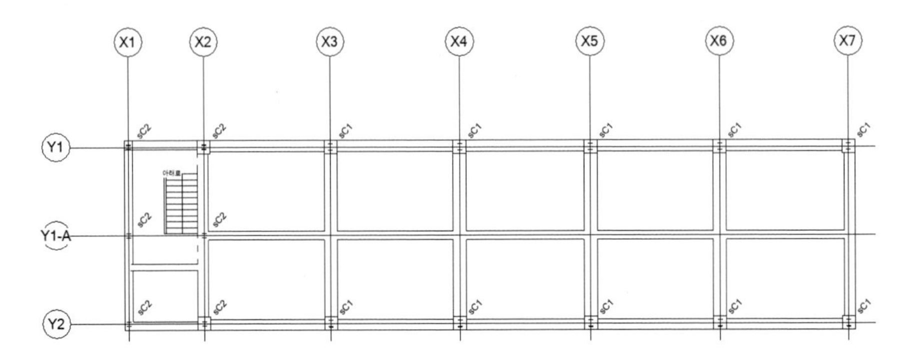

③ 좌측 확대 도면입니다.

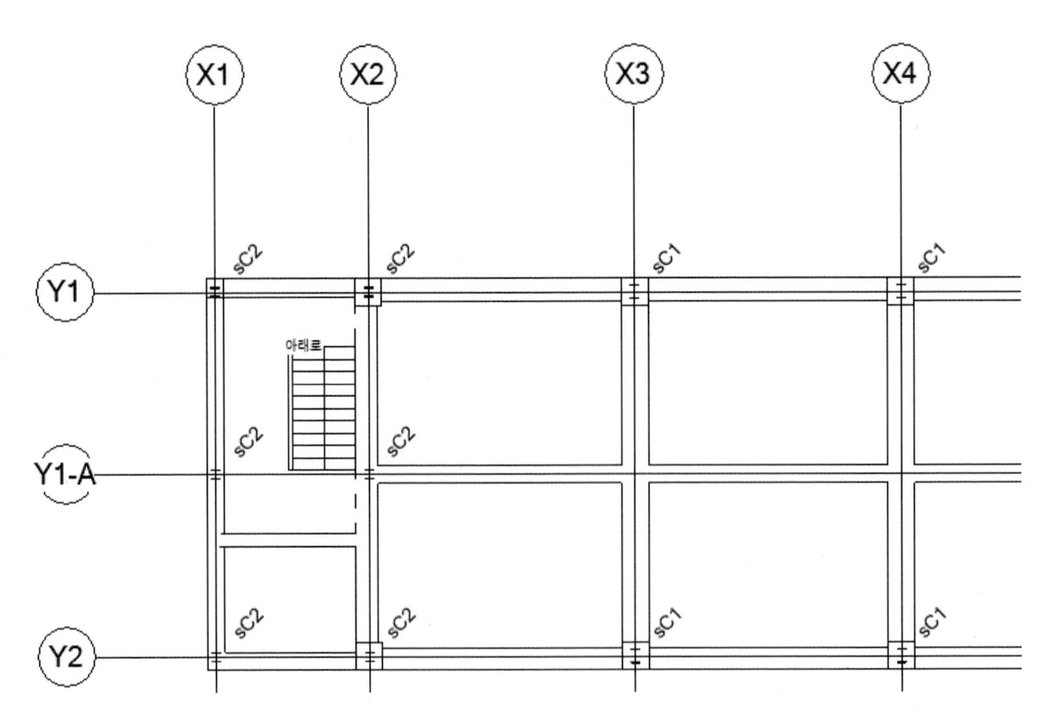

④ 우측 확대 도면입니다.

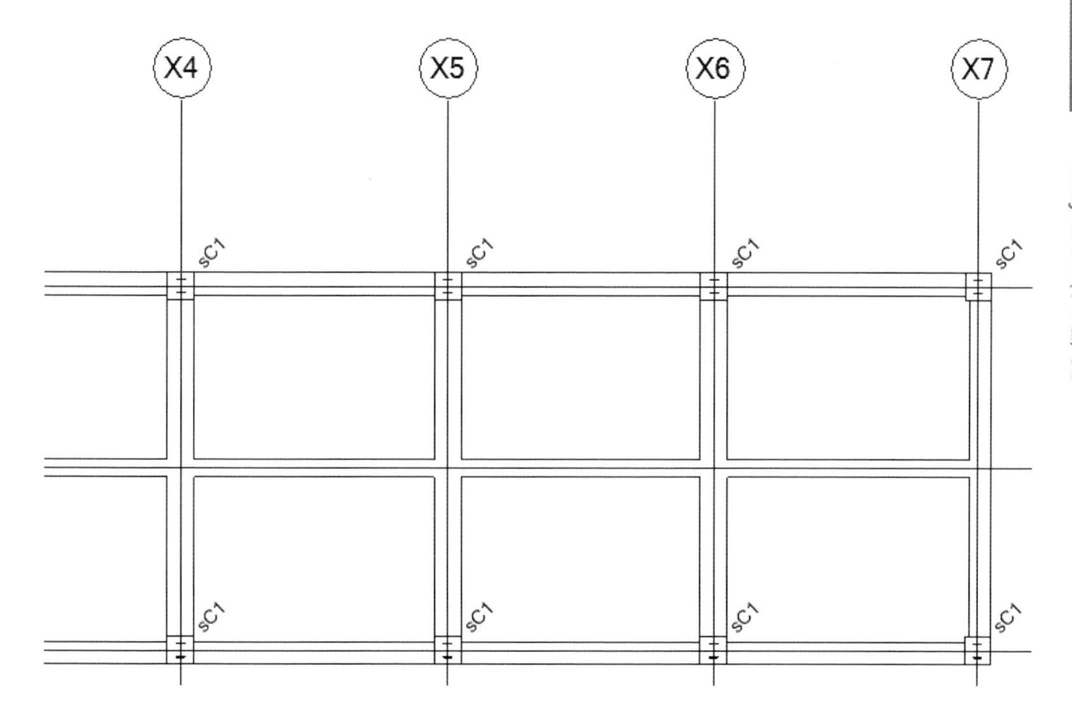

⑤ 완성된 이미지입니다.

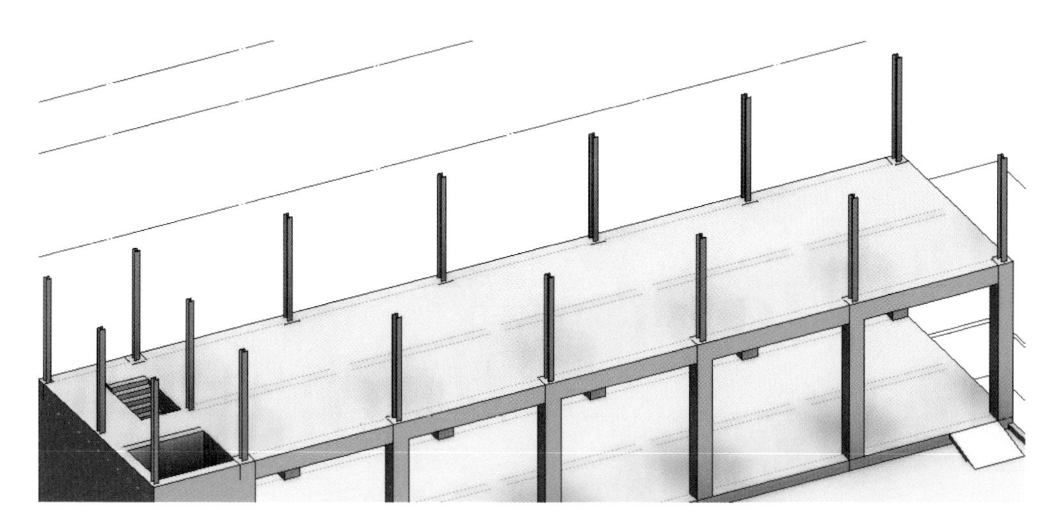

9.4 계단실 구조 프레임 작성

- 좌측에 위치한 E/V, 계단실 부분에 구조 프레임을 사용해서 모델링을 완성합니다.
  경사를 적용하는 방법과 참조 평면을 사용하는 방법에 대해서 알아보겠습니다.

① 구조 4층 평면도로 이동합니다.

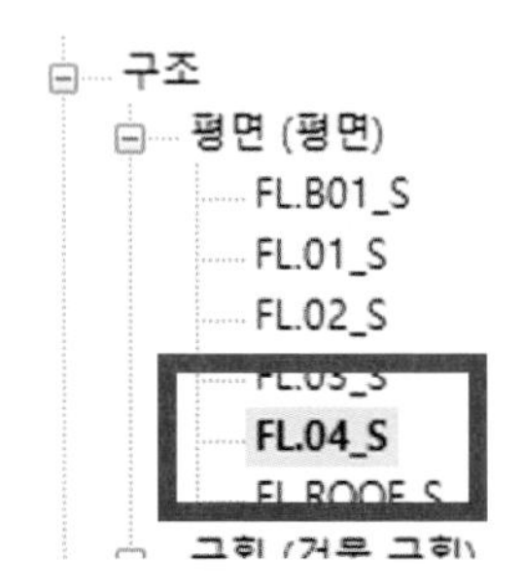

② 구조 프레임 작성을 위해서 뷰 범위를 변경합니다.

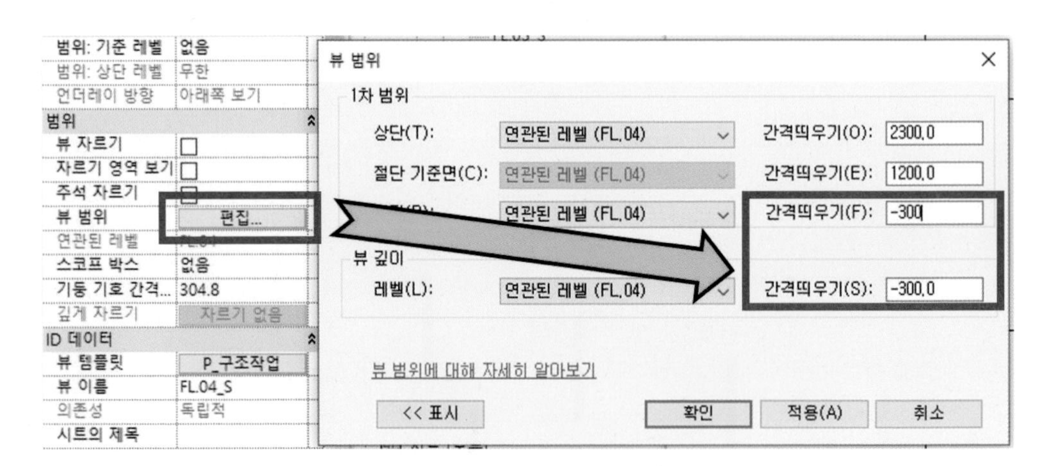

9.4.1 수평 방향 구조 프레임 편집

① 구조 탭에 있는 보 명령을 선택합니다.

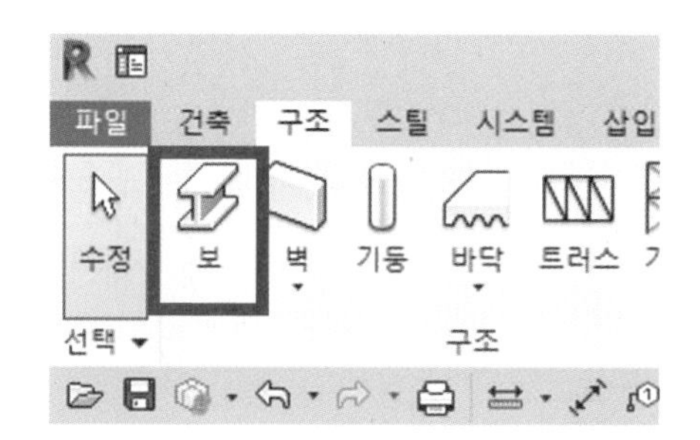

② 보의 유형은 G2를 선택합니다.

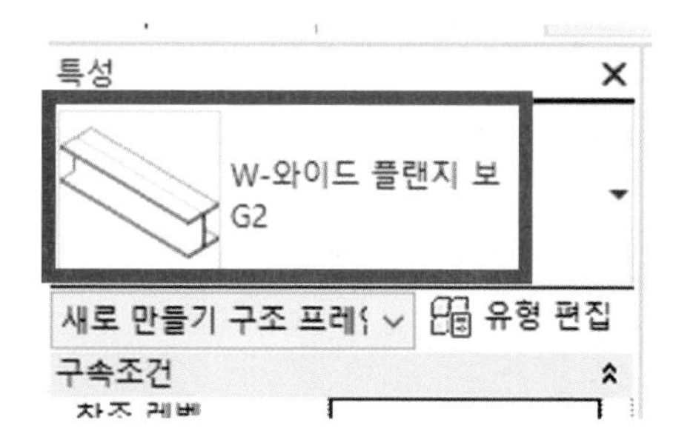

③ 아래와 같이 가로와 세로 방향으로 작성합니다.

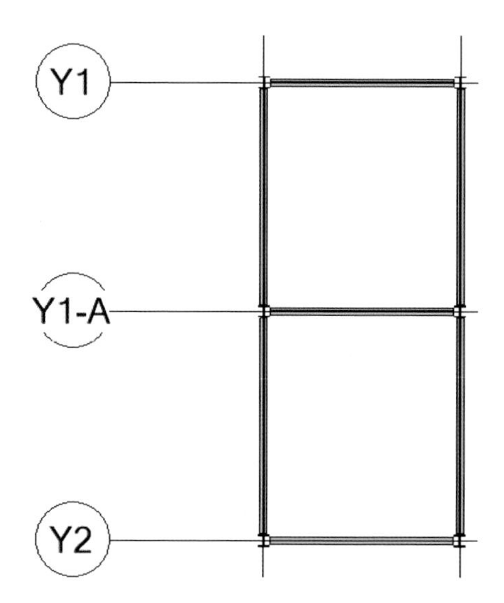

④ 계단실 지붕의 각도를 적용하기 위해서 단면도를 아래와 같이 작성합니다.

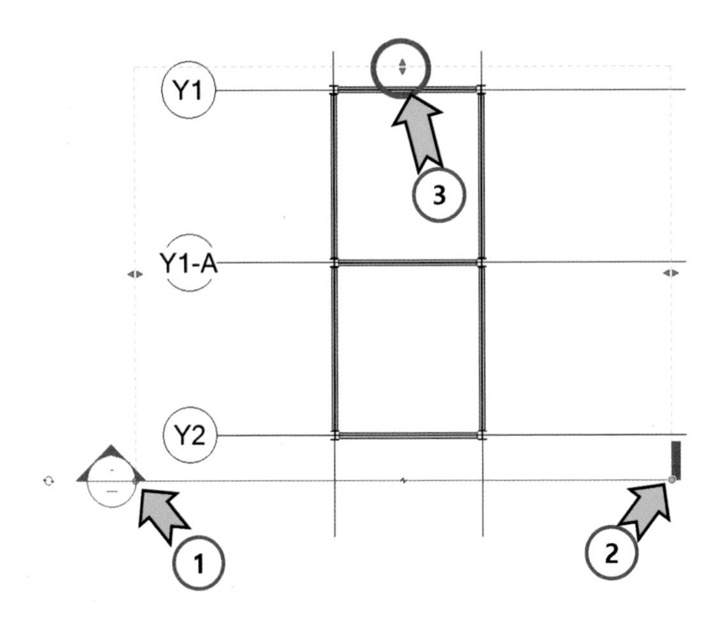

⑤ 단면도로 이동합니다. 상세 수준과 비주얼 스타일을 변경합니다.

⑥ 참조 평면을 선택합니다. 구조와 건축 탭의 우측 끝에 있습니다.

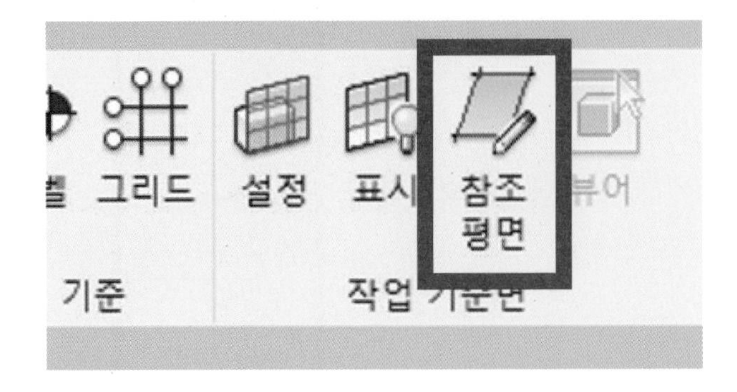

⑦ 참조 평면을 이용해서 원하는 각도로 선을 스케치합니다.

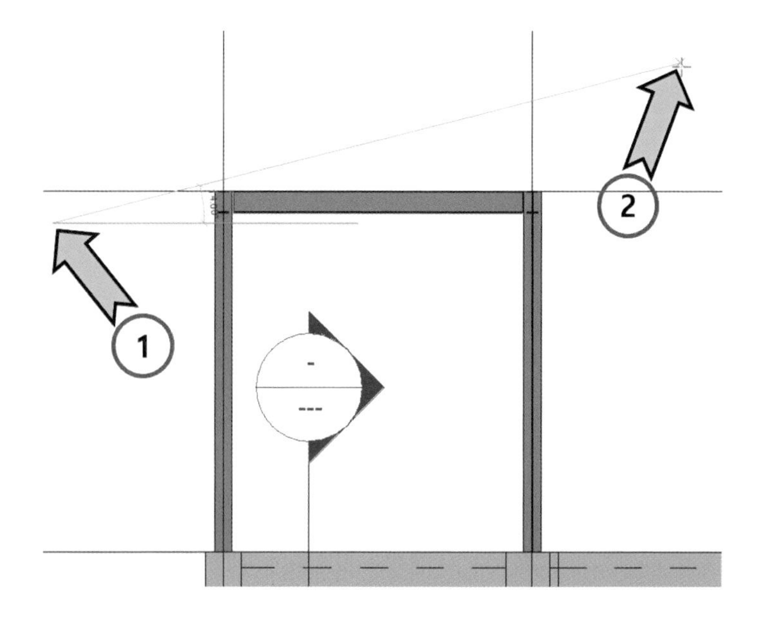

⑧ 단면도에서 필터를 사용해서 보를 선택합니다.

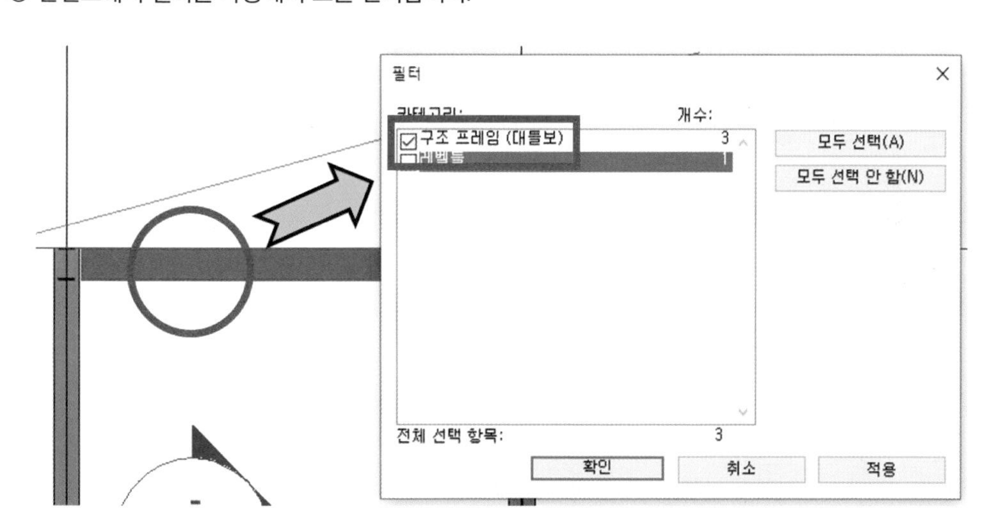

⑨ 구조 단면도에서 수평 방향으로 보이는 보를 선택한 후 시작점과 끝점에 각각 숫자 1을 입력합니다. (평면에 걸린 구속을 풀어주기 위해서입니다.)

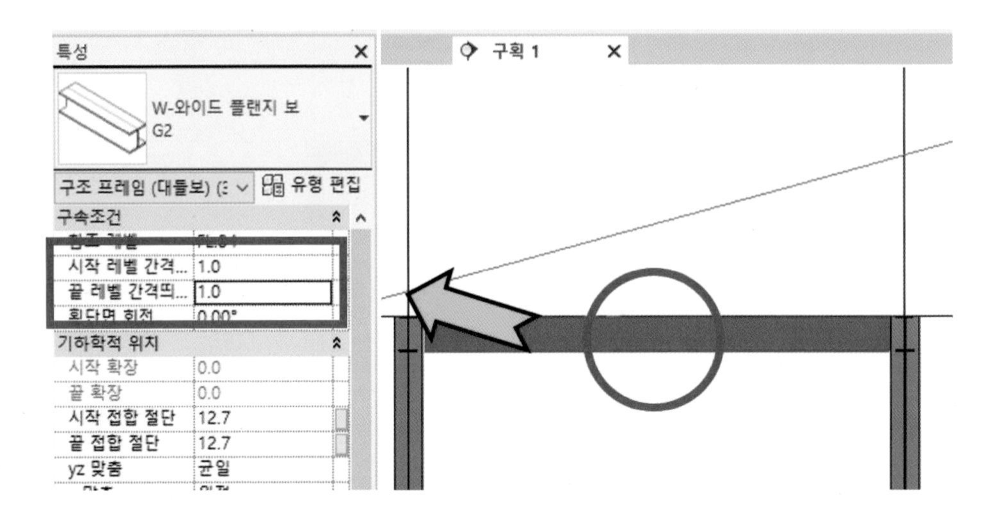

⑩ AL 명령을 이용해서 보를 참조 평면에 맞춰줍니다.

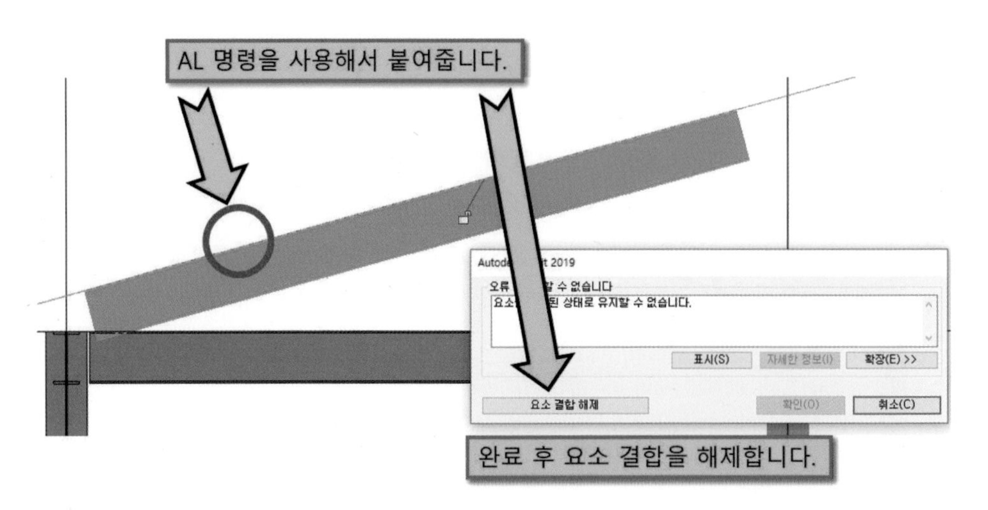

⑪ 완성된 모습입니다. 수평 방향이 편집이 완료되면 수직 방향의 보를 수정합니다.

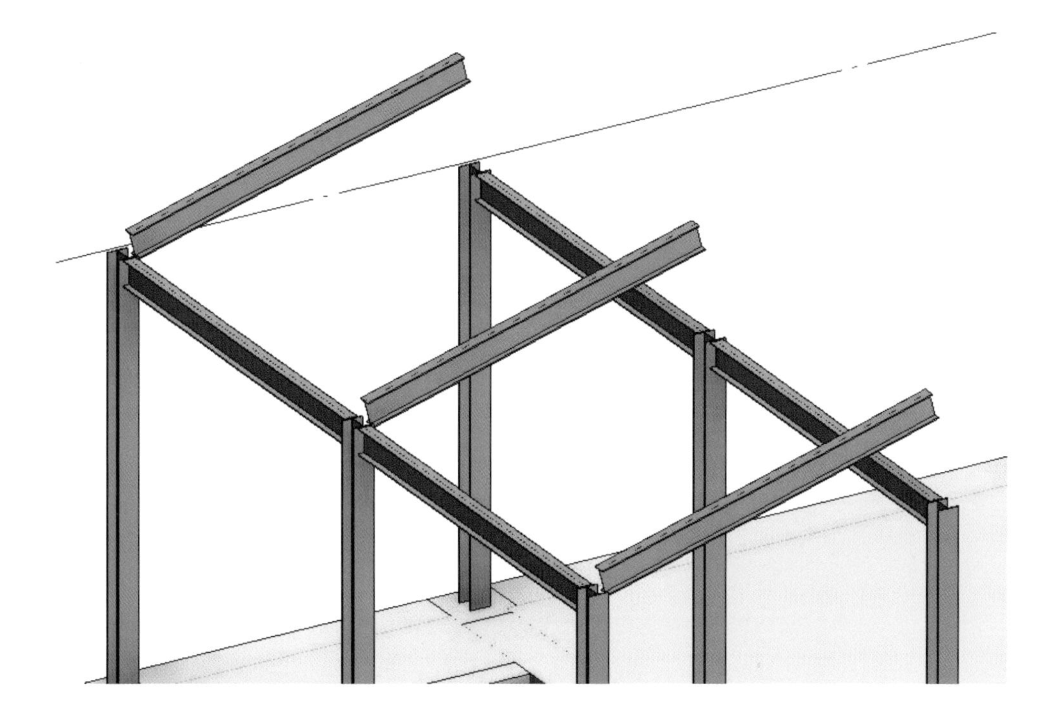

9.4.2 수직 방향 구조 프레임 편집

① 참조 평면을 실행합니다.

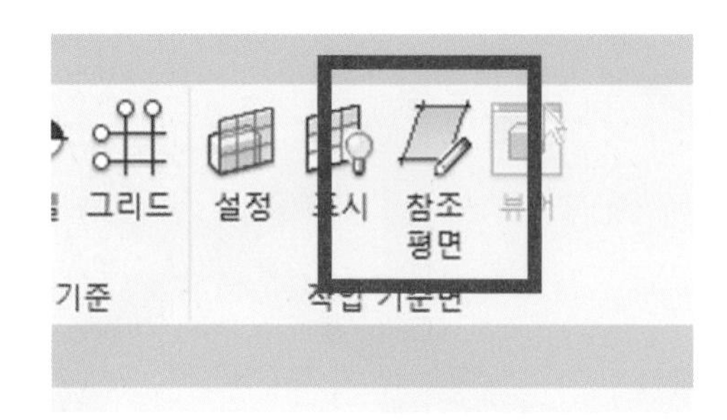

② 아래 이미지와 같이 단면도 기둥의 안쪽 면에 참조 평면을 작성합니다.

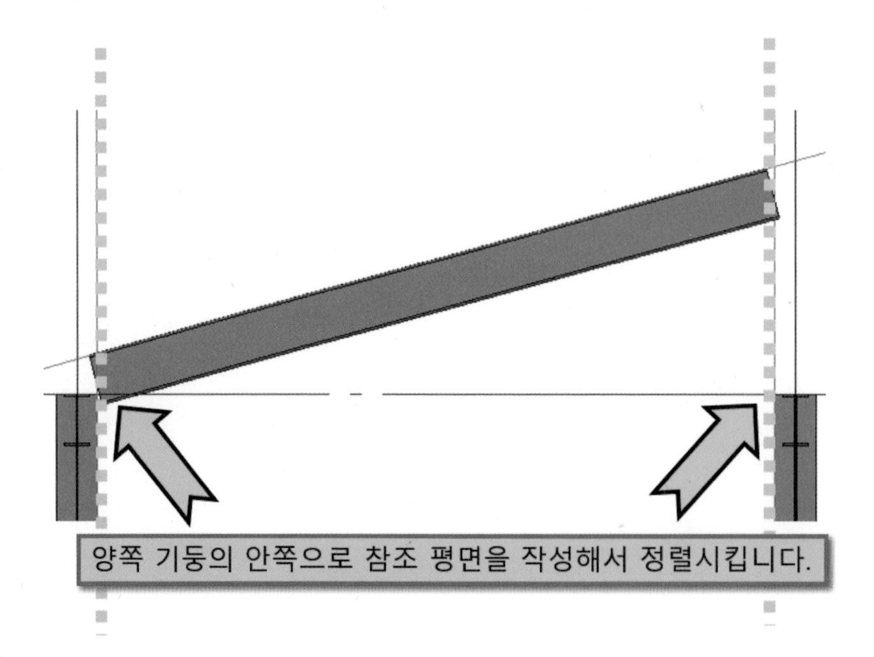

③ 구조 프레임을 선택한 후 절단을 위해서 길이를 늘여주는 작업이 필요합니다.
삼각형의 핸들을 드래그해서 길이를 늘여줍니다.

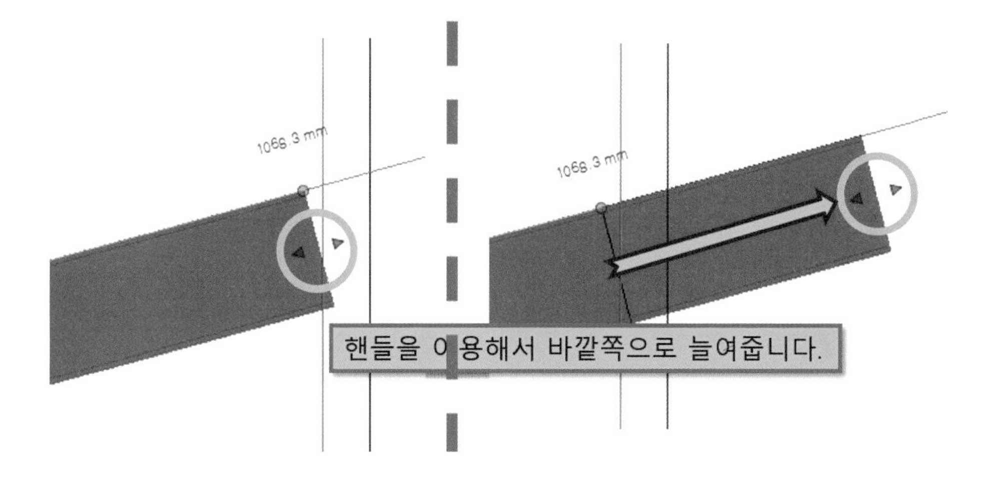

④ 수정 탭에 있는 형상 절단 명령을 실행합니다.

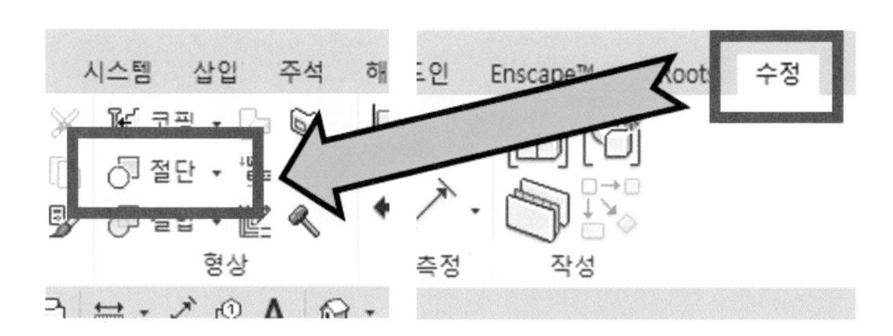

⑤ 구조 프레임을 먼저 선택한 후 수직인 참조 평면을 선택합니다. 다른 부분의 구조 프레임도 같은 방법을 이용해서 편집합니다. 구조 프레임이 겹쳐서 선택이 되지 않을 경우 객체를 선택한 후 임시 숨기기(HH), 숨기기 취소(HR)를 이용해서 편집을 완료합니다.

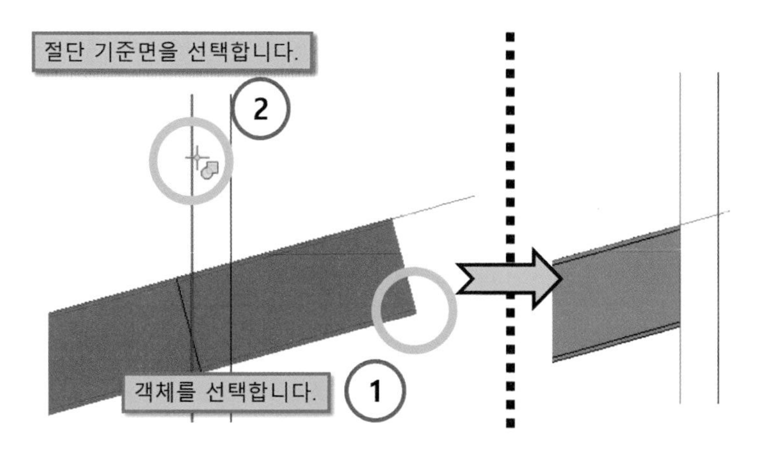

⑥ 아래와 같이 완료된 모습을 확인할 수 있습니다.

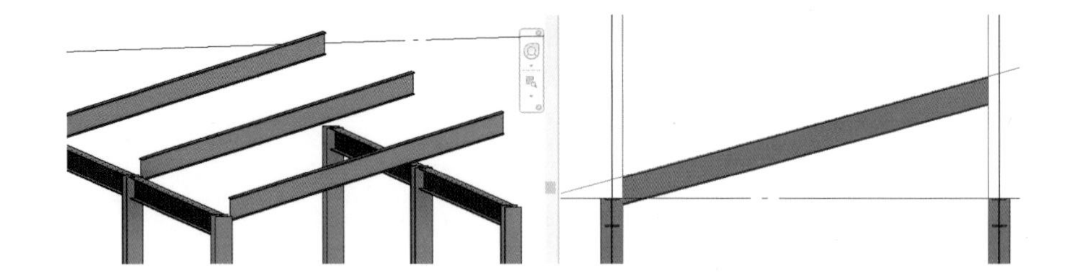

9.4.3 ST 기둥 편집

① 단면도에서 구조 기둥을 선택합니다. 필터를 활용하면 수월하게 선택할 수 있습니다.

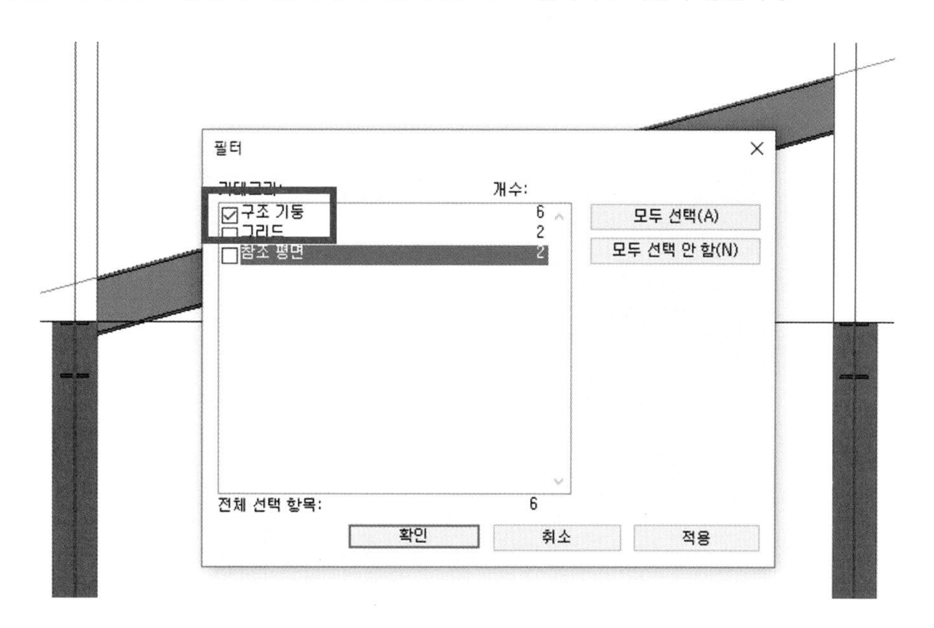

② 상단 베이스 부착을 선택합니다. 구조 기둥과 벽 등을 선택했을 경우에만 메뉴에 나타납니다.

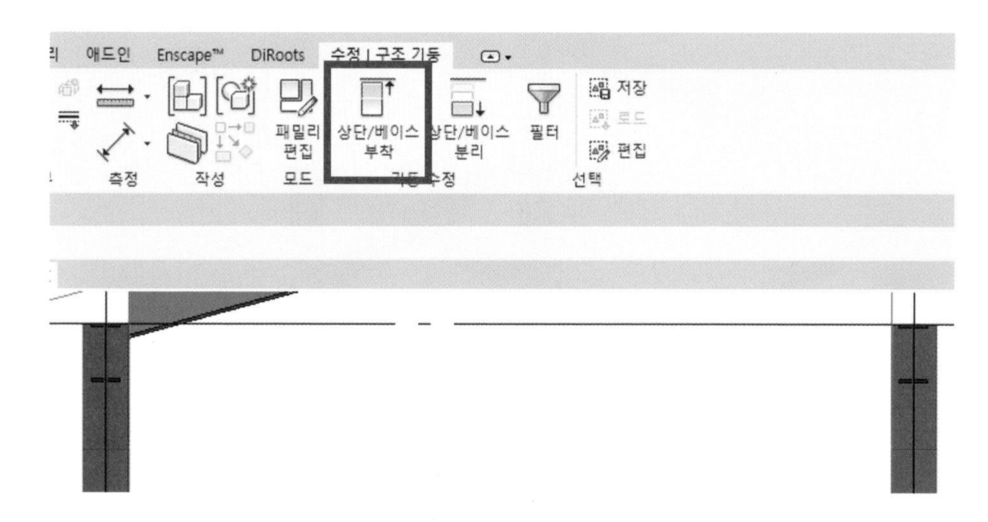

③ 최대 교차로 변경합니다.

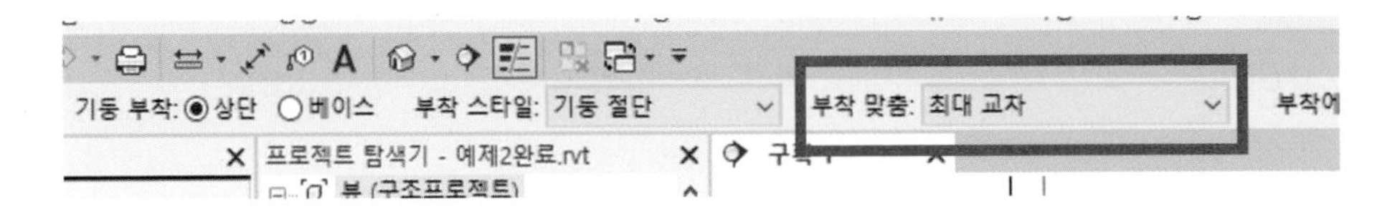

④ 참조 평면을 선택합니다. 가끔 비구조에 결합이라는 메시지가 나타납니다. 무시하셔도 무방합니다.

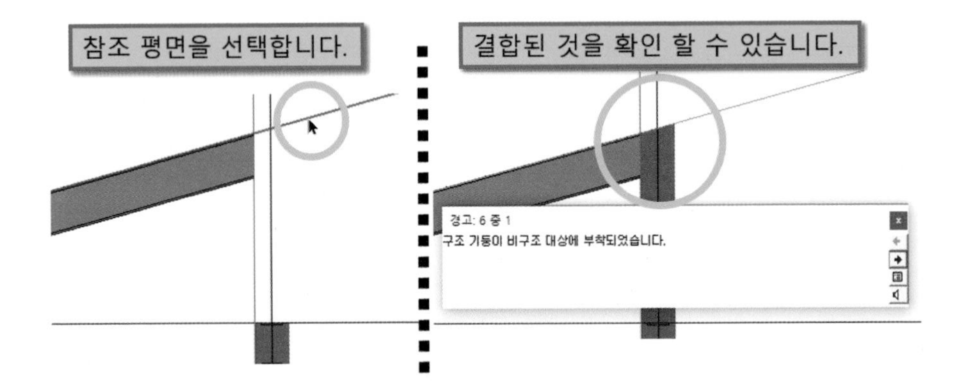

⑤ 완성된 형태입니다.

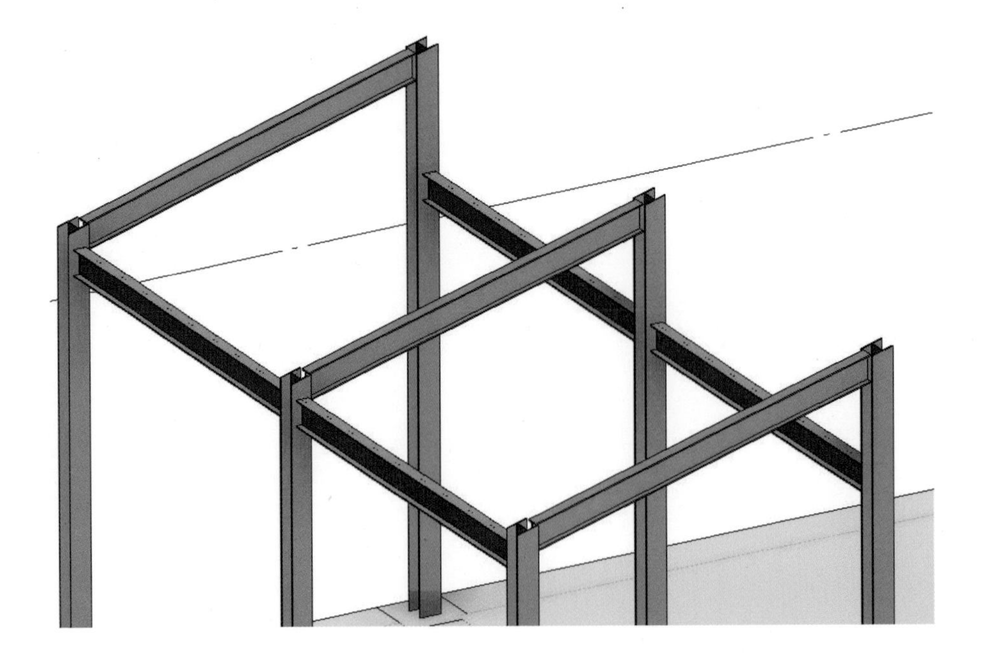

⑥ 아래의 구조 프레임은 Z값을 이용해서 높이를 지정합니다.

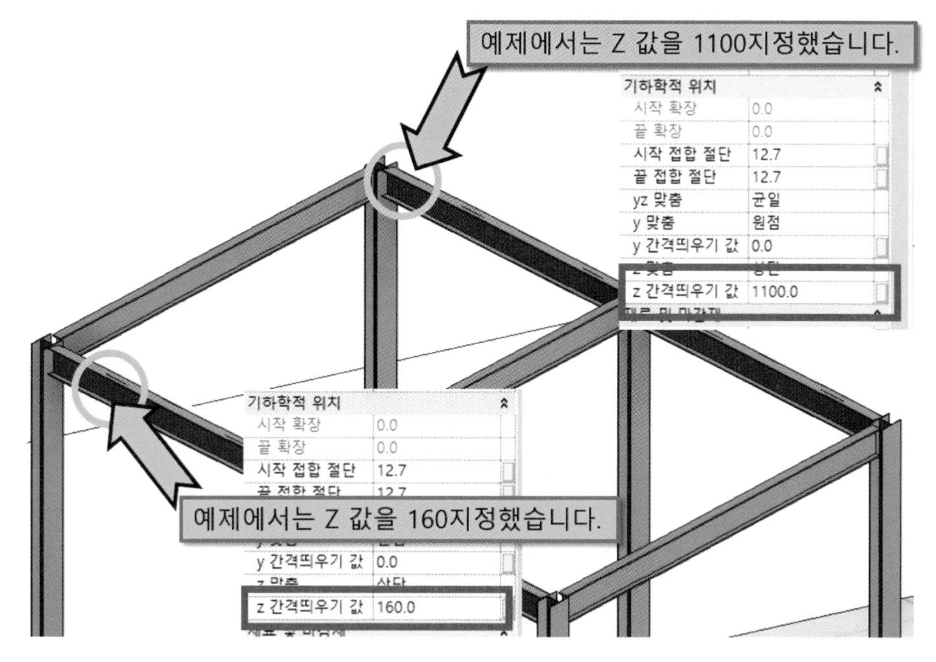

⑦ 좌측 구조 프레임 완성 모습입니다.

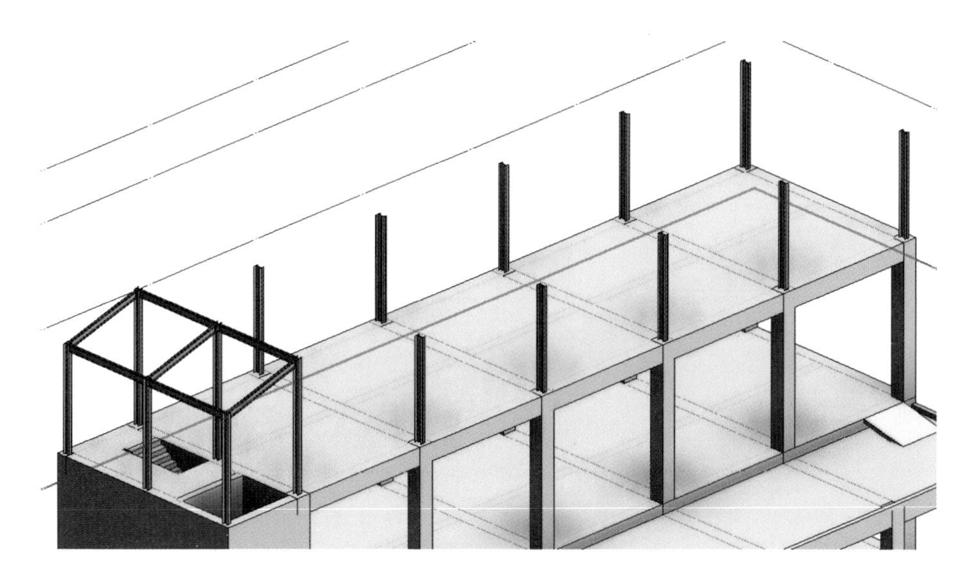

9.5 옥탑 창고 모델 작성

- 옥탑 창고의 모델링 순서는 구조 프레임 작성 후 원형 막대를 사용한 가새(브래이스), 퍼른의 순서로 작성합니다.
- 작업 기준면의 사용 방법에 대한 부분이 키포인트입니다.

9.5.1 지붕 구조 프레임 작성 및 편집

[지붕 구조 프레임 작성 방법]

- 구조 프레임을 작성하기 위해서 구조 4층으로 이동합니다.

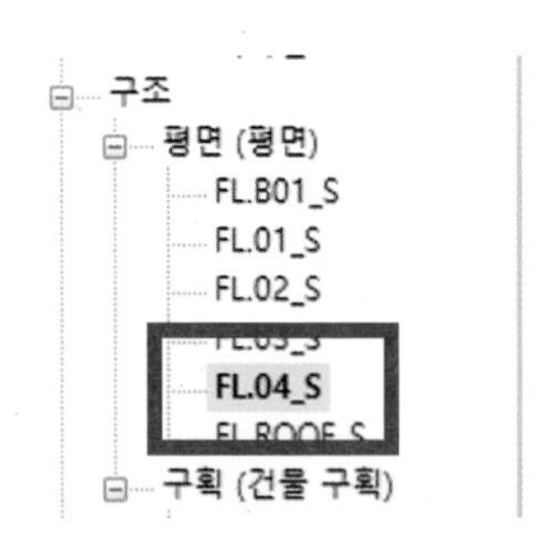

- 아래 이미지의 순서를 이용해서 뷰 탭에 있는 구획 명령을 사용해서 단면을 작성합니다. 단면의 범위는 구조 프레임을 벗어나지 않게 합니다. (뷰 범위가 클 경우 뒤에 작성된 모델에 의해서 간섭이 발생합니다.)

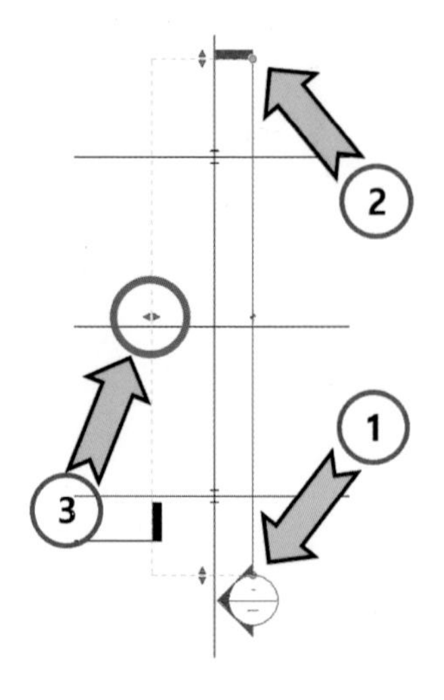

- 새로 작성되는 뷰는 아래와 같이 뷰 옵션을 변경합니다.
  (구조 프레임 모델 중 스틸의 경우 상세 수준을 올리지 않을 경우 선으로 표기됩니다.)

- 뷰 옵션의 변경이 끝나면 구조 4층 도면으로 이동 후 구조 탭에 있는 보 명령을 선택합니다.

- 미리 작성 된 G1 유형을 선택합니다.

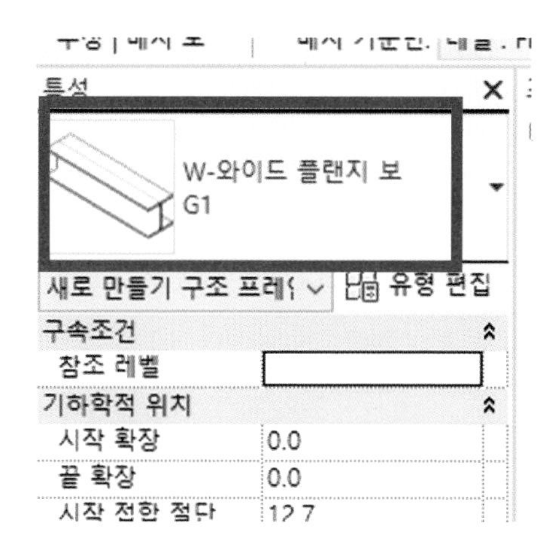

- 아래의 이미지를 참고해서 순서대로 작성합니다.
  구조 프레임의 경우 작성 시 중심점을 확인 후 선택합니다.

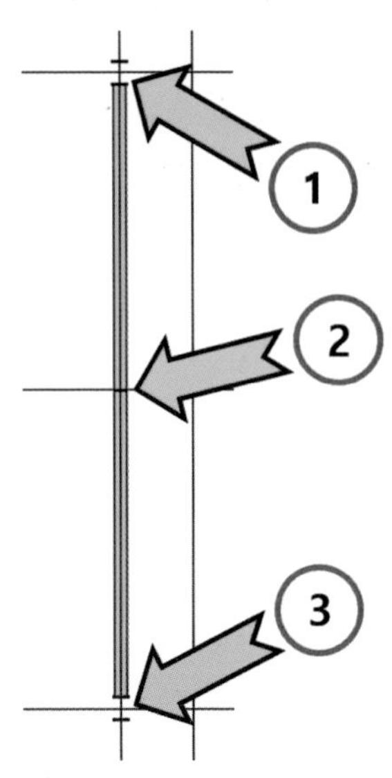

- 작성이 완료되면 단면도로 이동합니다. 작성된 두 개의 G1 프레임을 선택한 후 특성 창에 있는 시작점과 끝점의 높이에 각각 숫자 1을 입력합니다. (여기에 적용되는 숫자 1은 축 구속을 풀기 위해서 입력하는 값입니다.)

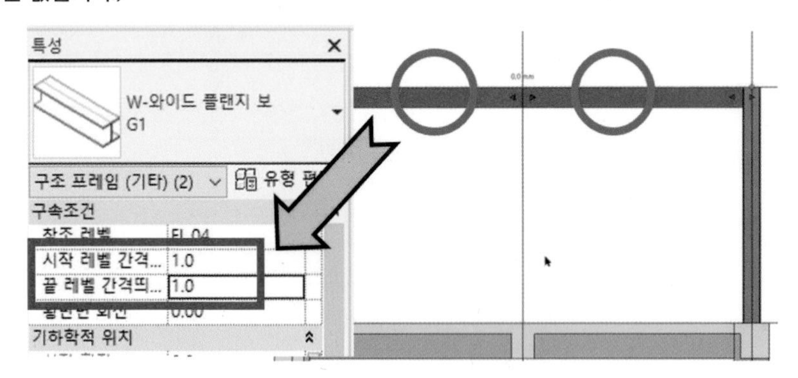

- 아래 그림과 같이 참조 평면을 이용해서 경사를 작성합니다.
  각도는 임의로 지정합니다. 참조 평면은 충분히 길게 작성합니다.

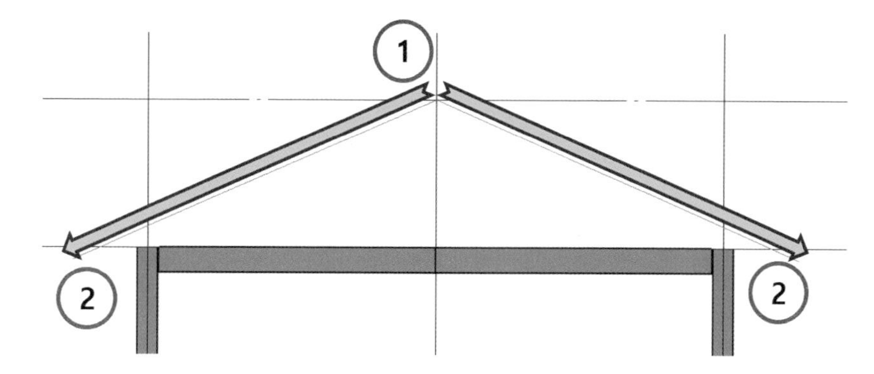

- 참조 평면이 완료되면 정렬(AL) 명령을 이용해서 참조 평면에 구조 프레임 상단 면을 정렬시켜줍니다.

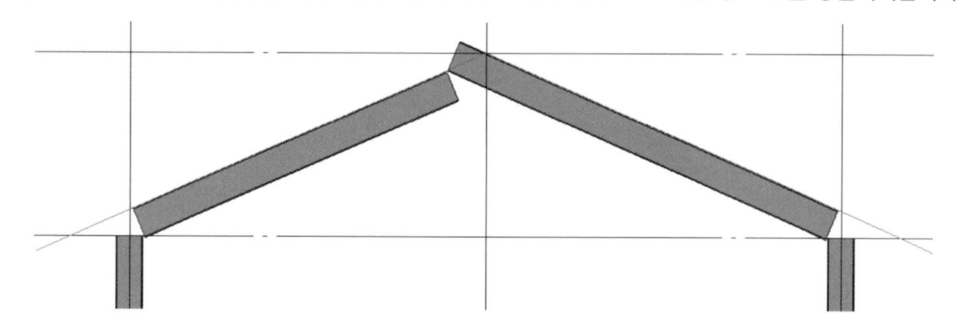

- 구조 프레임은 선택한 후 삼각형의 핸들을 사용해서 길이를 늘여줍니다.

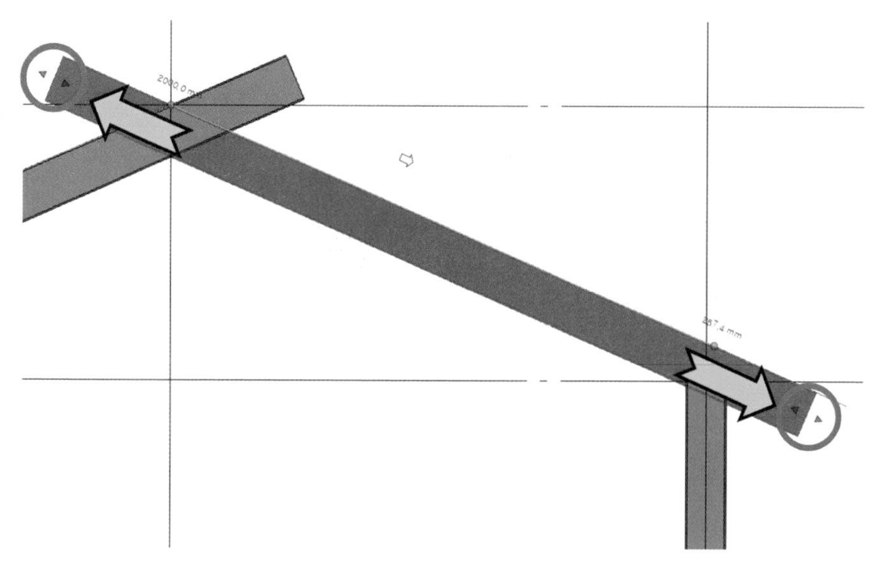

- 기둥의 안쪽 면에 절단에 사용할 참조 평면을 작성해줍니다.

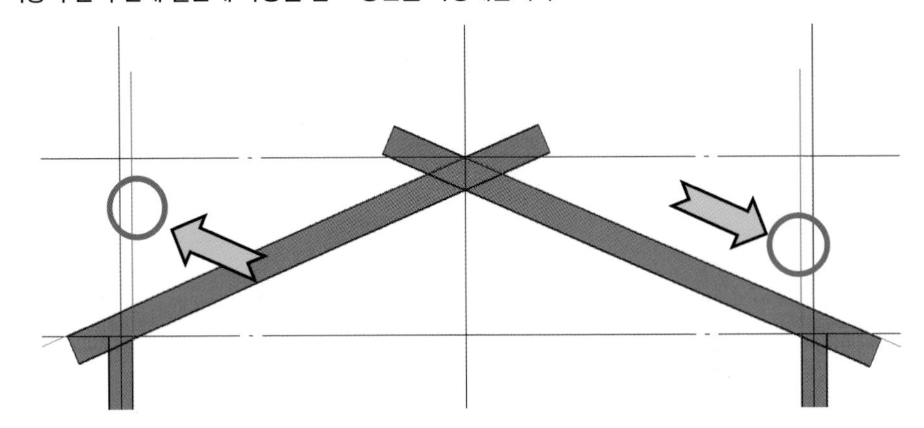

- 수정 탭에 있는 절단을 선택합니다.

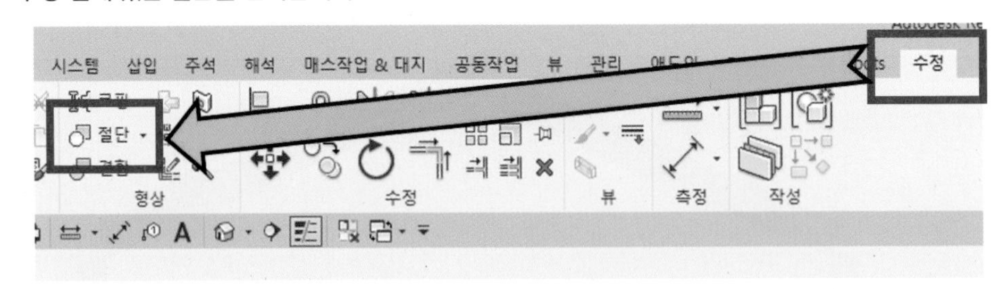

- 절단 명령이 실행 상태에서 경사 면의 양 끝의 편집은 아래와 같이 (1) 구조 프레임을 선택합니다. (2) 참조 평면을 선택합니다. 우측에 있는 이미지와 같이 절단된 것을 확인할 수 있습니다.

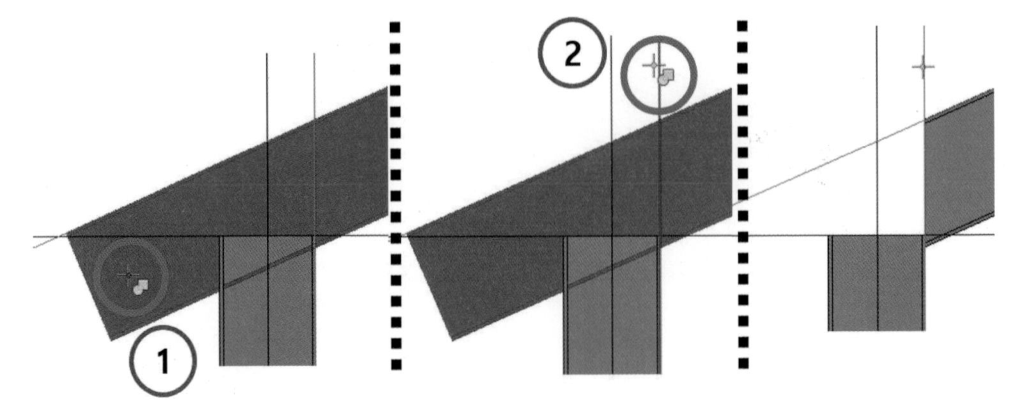

- 용마루 부분은 참조 평면 대신 그리드를 사용합니다. 방법은 위와 같은 방법으로 작업을 진행합니다.

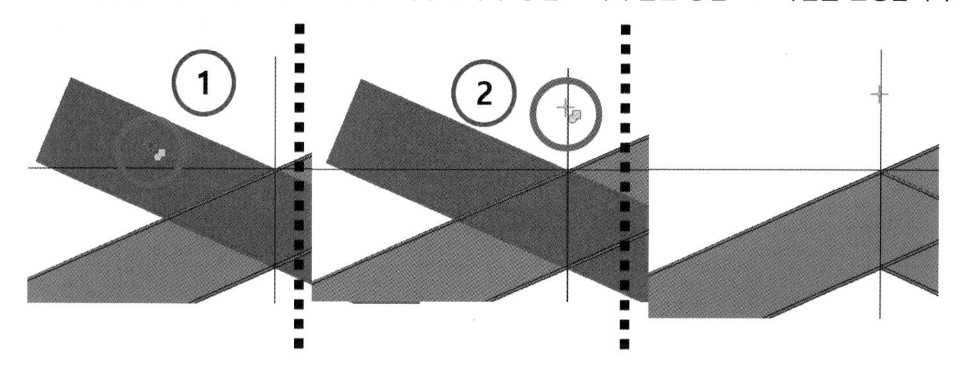

- 기둥은 선택 후 (1) 상단 베이스 부착 (2) 명령을 실행합니다. 이때 최대 교차를 반드시 선택합니다. 경사 면의 참조 평면을 선택하면 아래와 같이 결합이 되는 것을 확인할 수 있습니다.

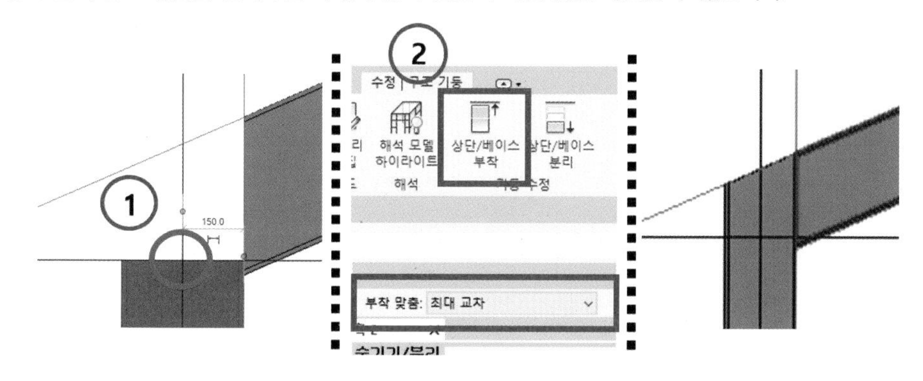

- 완성 작업

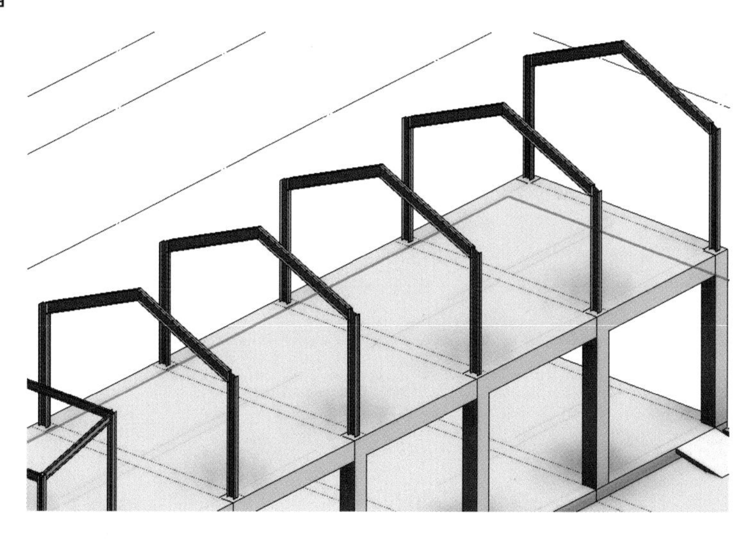

[구조 프레임 작성 방법]

① 구조 4층에서 보 명령을 실행합니다. 구조 프레임의 유형은 미리 작성한 G2를 선택합니다.

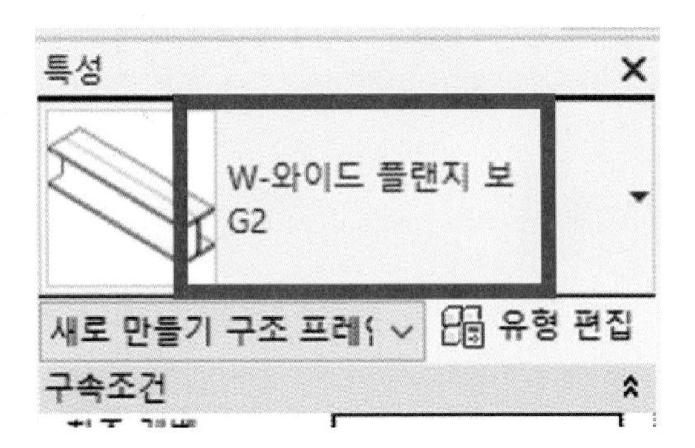

② 구조 기둥이 위치한 그리드 교차 지점을 이용해서 구조 프레임을 작성합니다.
시작점과 끝점 작성 시 반드시 기둥의 중심을 확인합니다.

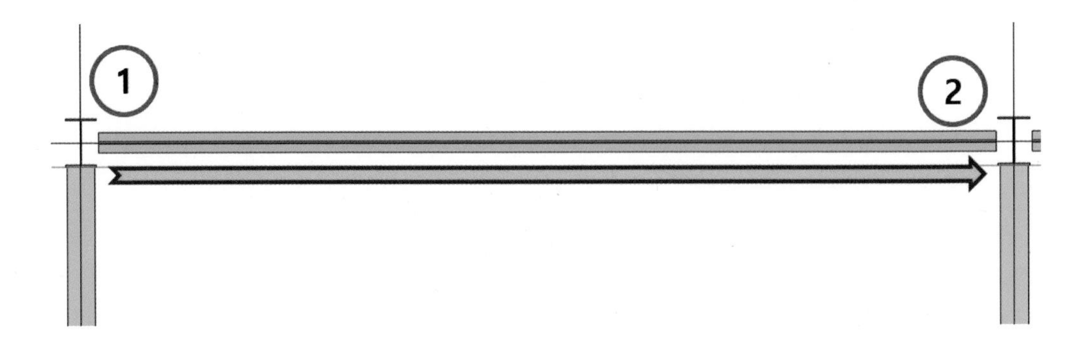

③ 같은 방법으로 아래와 같이 구조 프레임을 작성합니다.

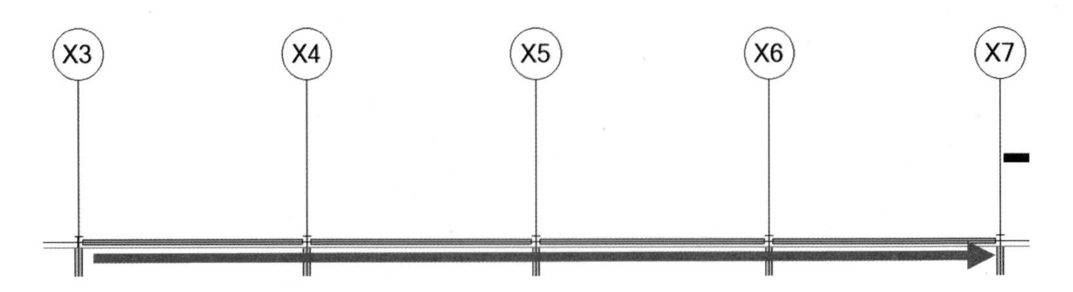

④ 작성이 완료되면 구조 기둥의 바깥 면을 기준으로 정렬(AL)시켜줍니다.

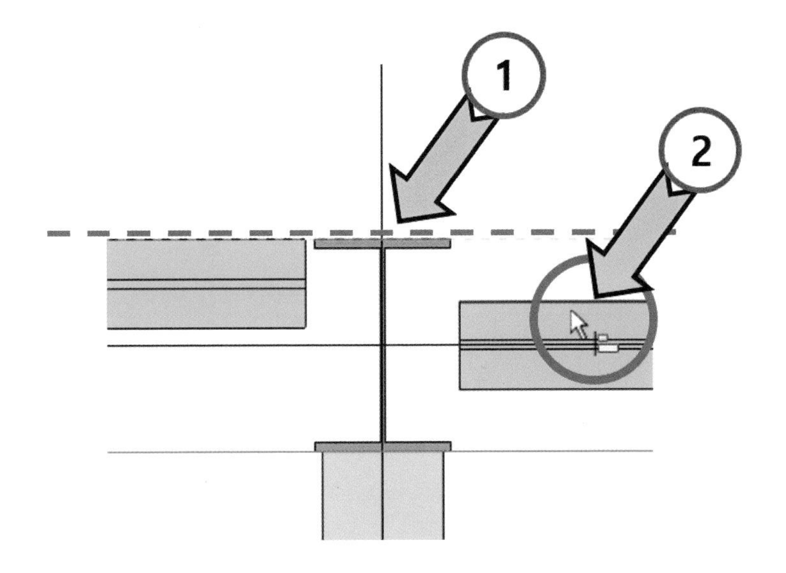

⑤ 정렬이 완료되면 작성한 구조 프레임을 반대쪽으로 대칭 복사(MM)를 합니다.
필터를 이용해서 구조 프레임만 선택합니다.

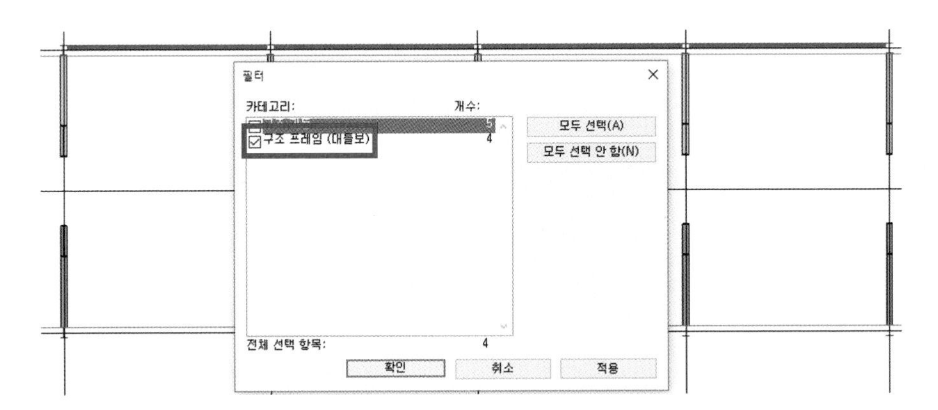

⑥ 대칭 복사 명령을 선택합니다.

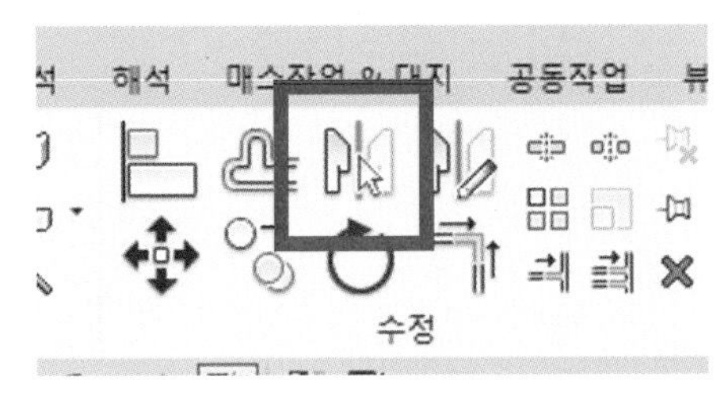

⑦ 그리드를 중심으로 선택합니다.

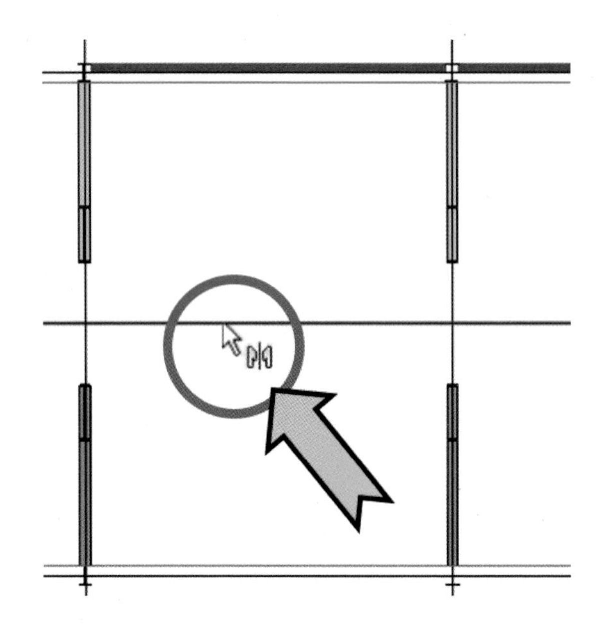

⑧ 대칭 복사를 완료하고 구조 프레임의 높이 조절을 위해서 단면도의 범위를 아래와 같이 넓혀줍니다. 범위가 넓어지면 객체 선택 시에 영역 안에 있는 모든 객체를 선택할 수 있는 장점이 있습니다.

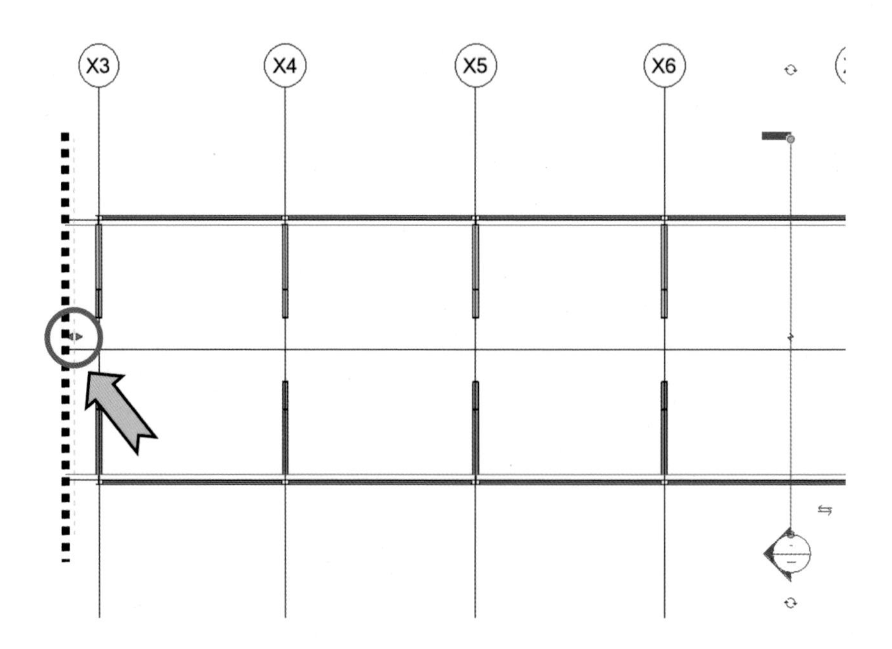

⑨ 단면도의 범위를 넓힌 후 단면도 뷰로 이동합니다.
아래와 같이 좌측 상단에서 우측 하단으로 드래그하여 선택합니다.
영역 안에 포함된 8개의 구조 프레임만 선택됩니다.

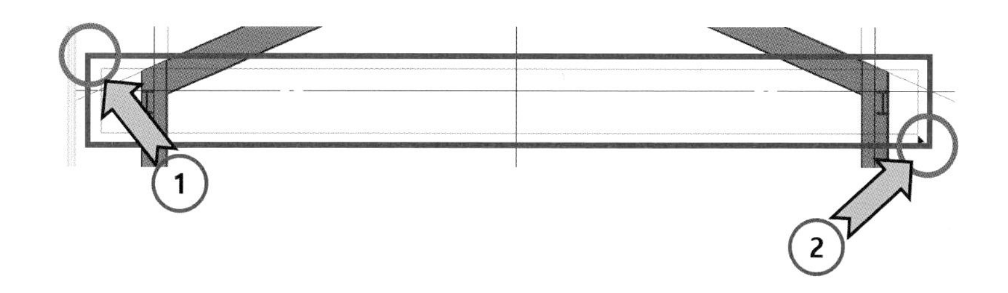

⑩ 이동(MV) 명령을 실행합니다.

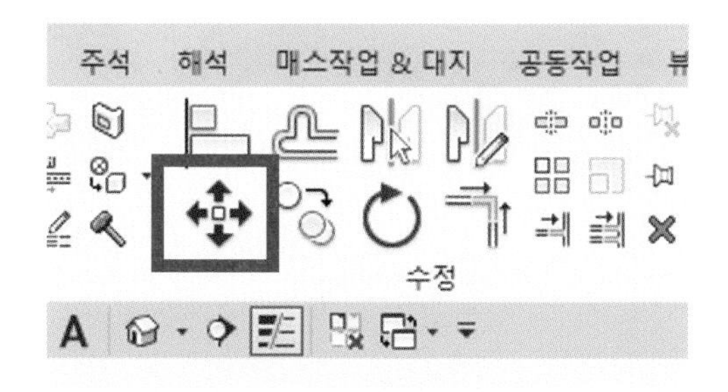

⑪ 아래의 이미지를 참고하여 좌측을 확대한 후 (1) 지점을 기준점으로 선택합니다.
수직으로 이동시키기 위해서 구속(2)을 풀어줍니다.
수직 이동시킨 후 (3) 지점을 선택하면 구조 프레임을 수직 방향으로 이동시킬 수 있습니다.

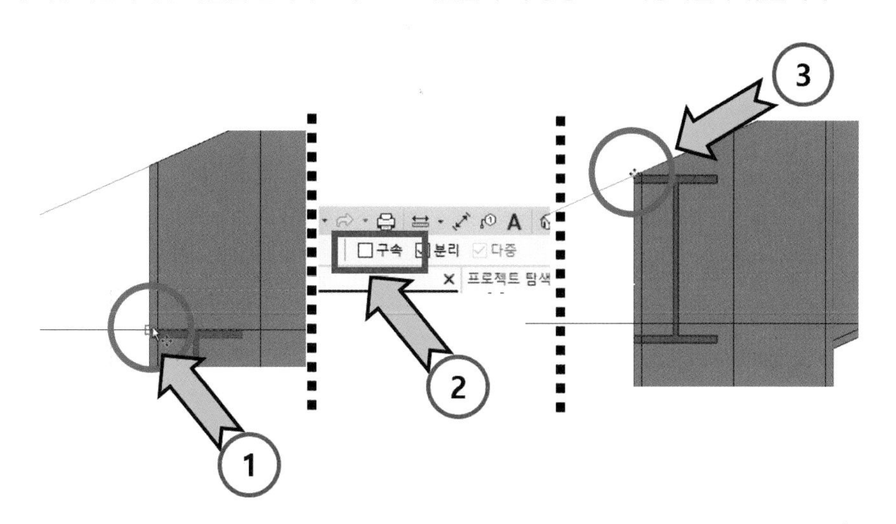

[등 간격 적용(EQ)]

- 프로젝트를 진행 할 경우 등 간격, 즉 같은 간격으로 객체를 작성해야 하는 경우가 있습니다. Revit에서는 정렬 치수(DI)를 이용해서 빠르게 작업을 할 수 있습니다.

① 단면도에서 임의로 두 개의 참조 평면을 수직으로 작성합니다.

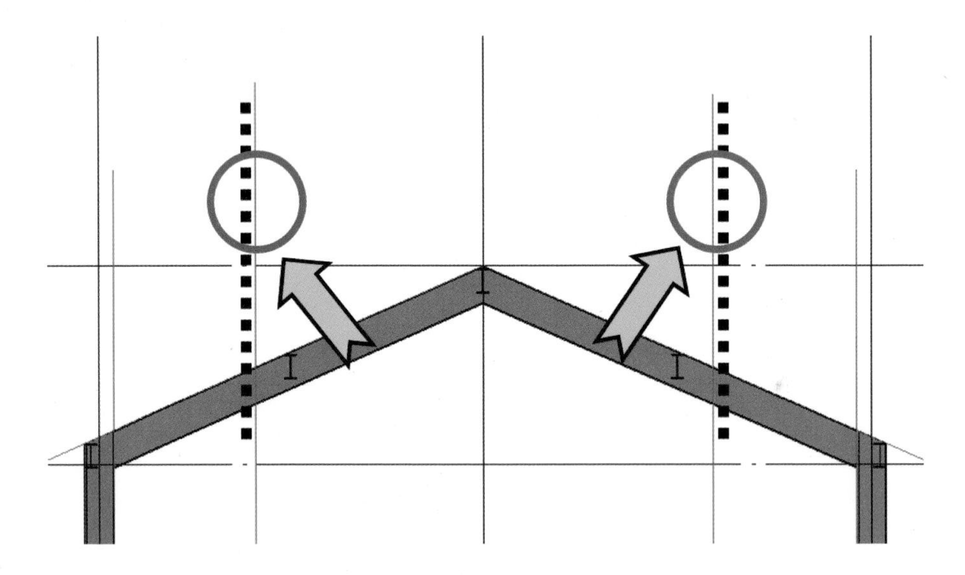

② 주석 탭에 있는 정렬 치수 명령을 실행합니다. 단축키는 DI입니다.

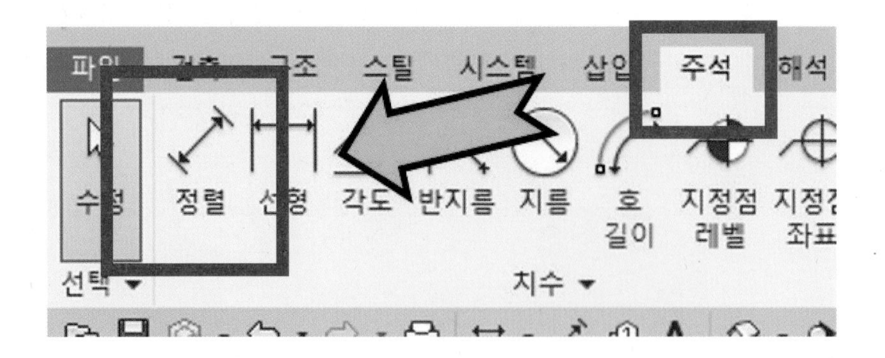

③ 아래와 같이 순서대로 치수를 기입할 객체를 선택합니다. 1, 3, 5번은 그리드 선이고, 2, 4번은 참조 평면입니다. 명령을 종료하기 위해서 객체가 없는 부분에 6번째 선택합니다. (객체가 있을 경우 연속 치수 기입이 됩니다.)

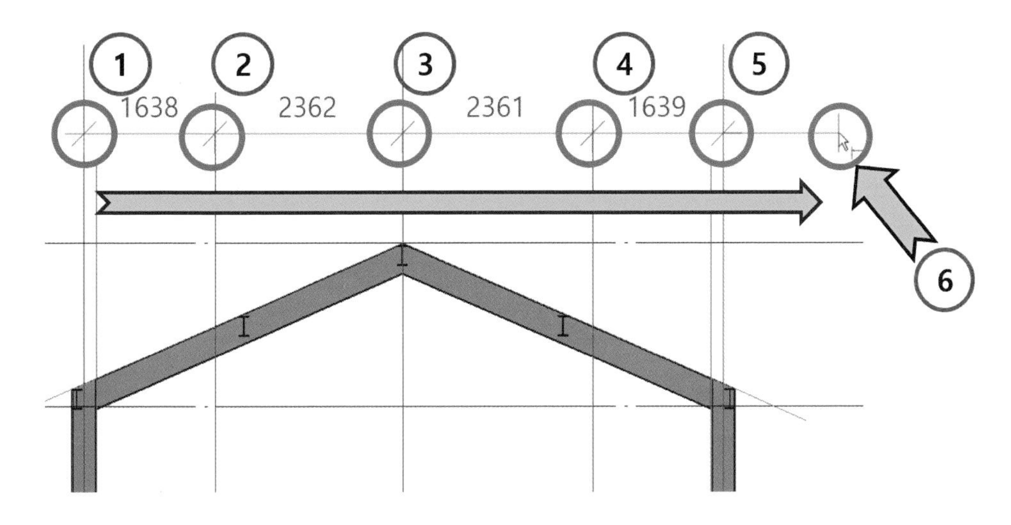

④ 치수 상단에 EQ 아이콘이 보이는 것을 확인할 수 있습니다.

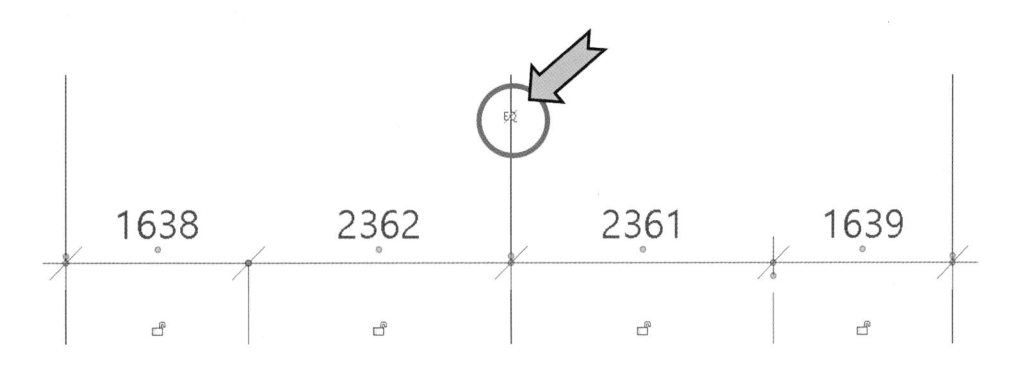

⑤ 이 EQ 아이콘을 선택하면 아래 그림과 같이 활성화되면서 기입된 치수가 EQ로 변경됩니다. 치수가 같은 간격으로 배열됩니다.

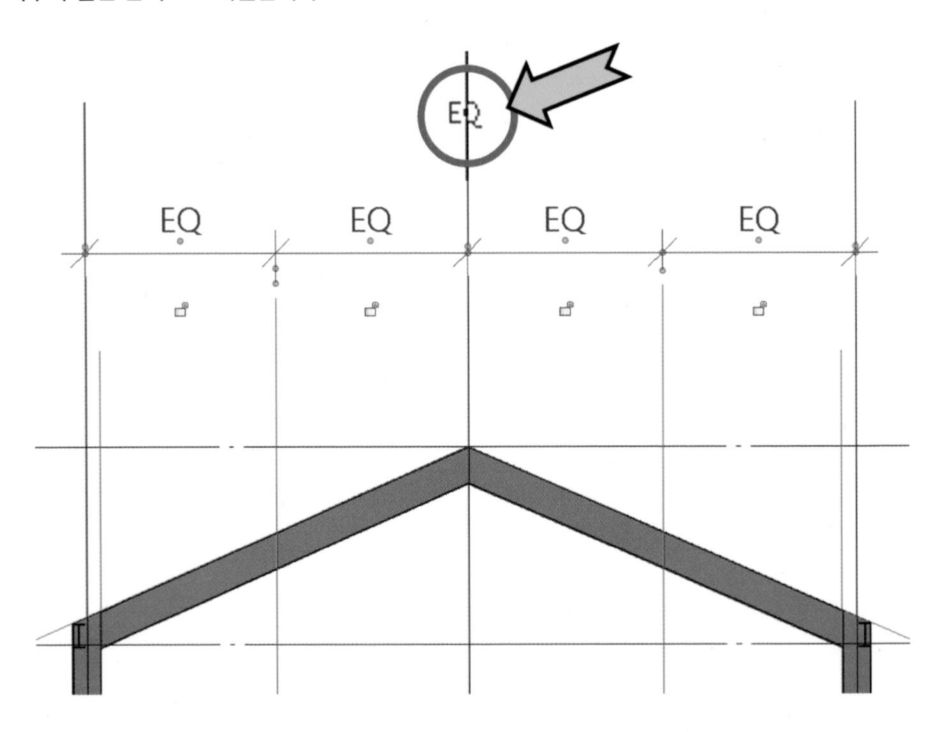

⑥ 완료되면 치수는 삭제합니다. 삭제 시에 아래와 같이 메시지창이 나타나면 확인을 누릅니다.

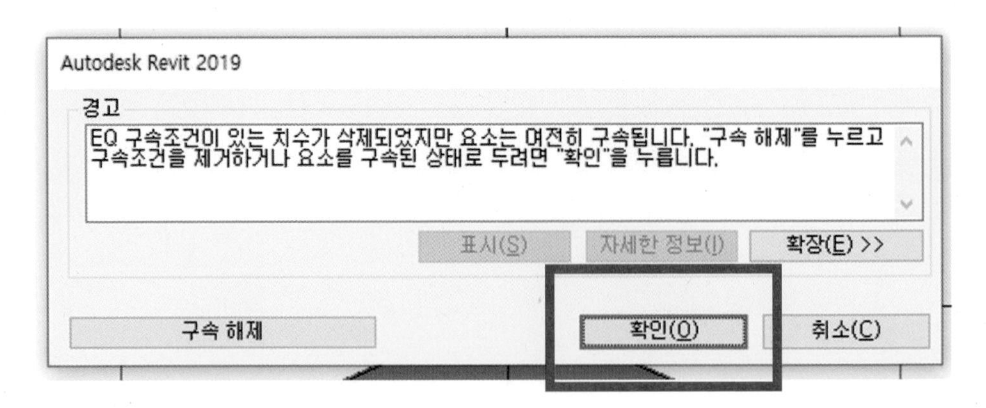

⑦ 참조 평면에 구조 프레임을 위치시키는 작업을 위해서 작성된 구조 프레임을 선택합니다.
선택할 경우 좌측에서 우측으로 드래그해서 선택합니다.
뒤에 있는 객체가 모두 선택이 될 수 있도록 합니다.

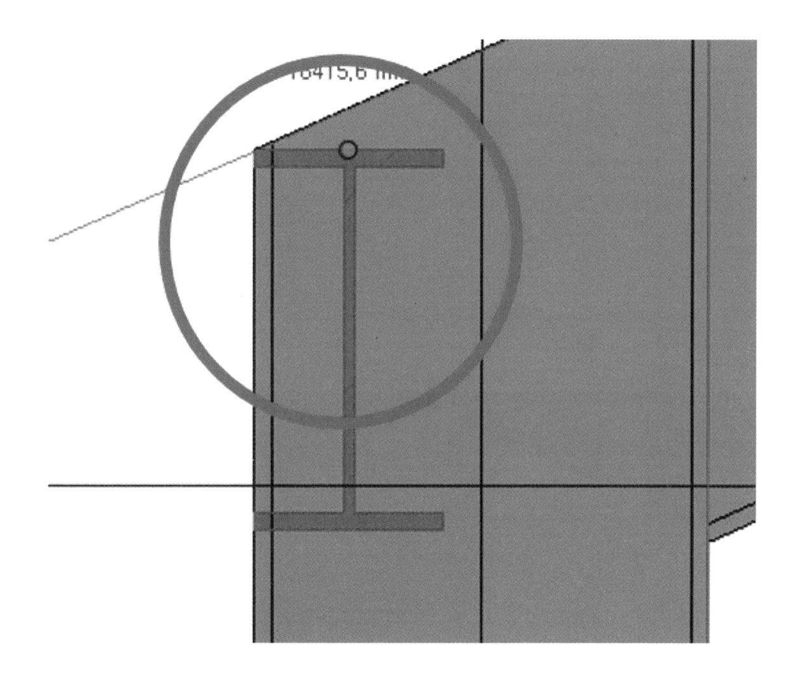

⑧ 이동이 아닌 복사(CO) 명령을 실행합니다.

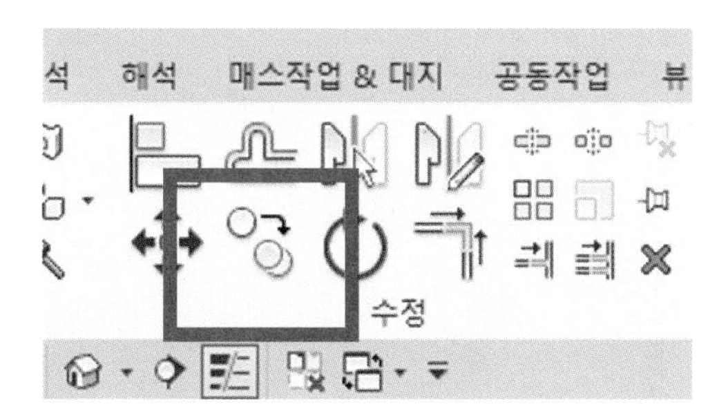

⑨ 복사의 경우도 구속을 풀어주어야 합니다.

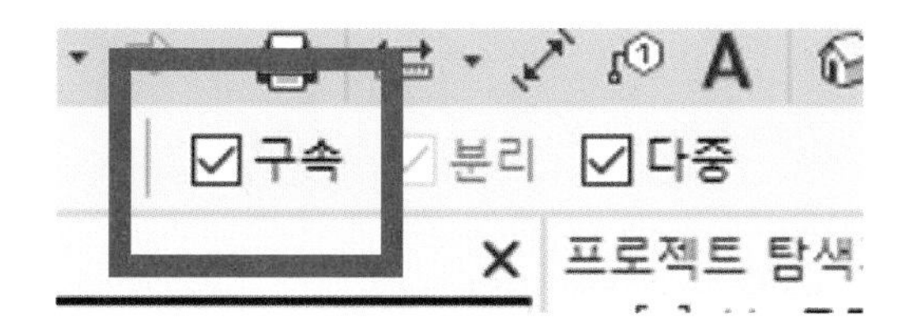

⑩ 참조 평면의 교차 지점에 구조 프레임을 복사합니다. 1번 지점을 베이스로 지정합니다. 2번 지점으로 이동해서 선택합니다. 복사 명령을 연속할 경우 구속을 반복적으로 해제해야 합니다.

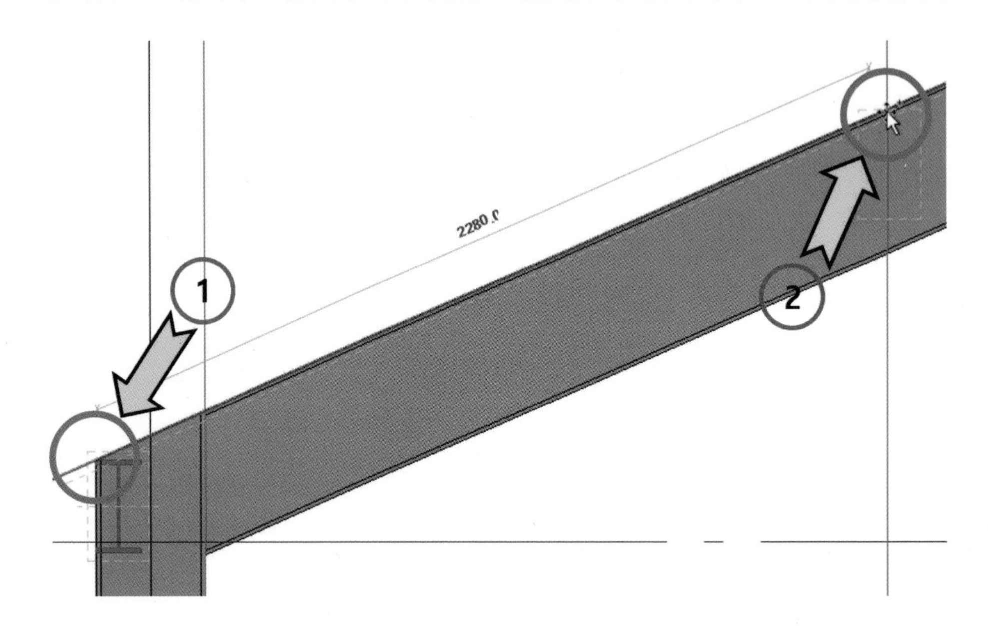

⑪ 완료된 모습입니다.

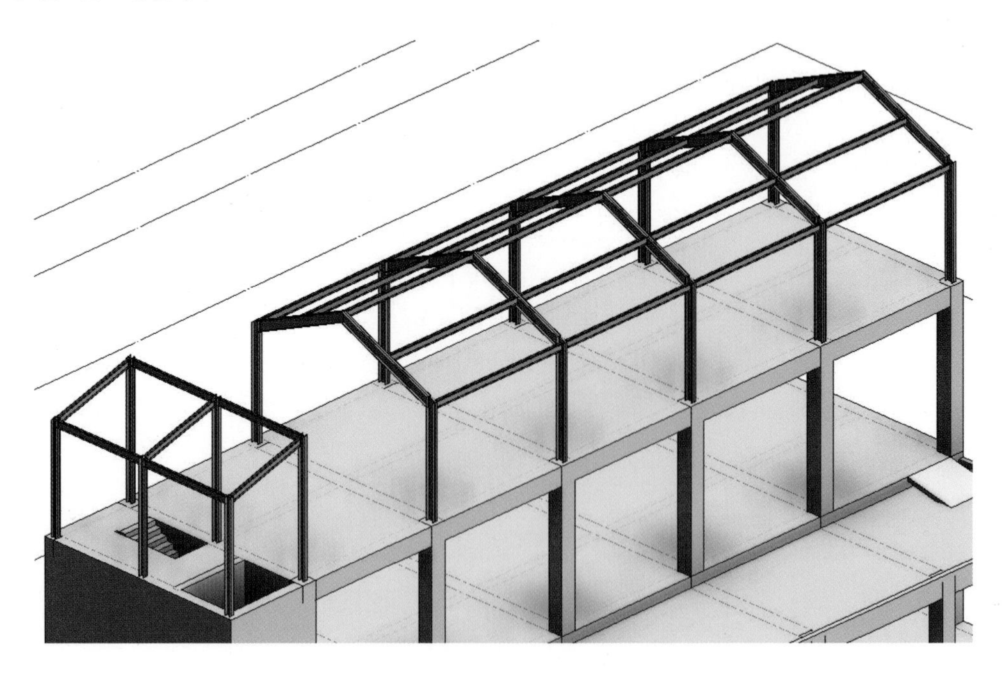

9.5.2 퍼린(Purlin) 및 가새(브레이스) 적용

[퍼린(Purlin)]

- 퍼린은 지붕에 위치한 구조 부재입니다.
- 작성 요령은 구조 프레임과 동일하지만 중심점의 이동과 각도 적용 부분에서 차이점이 있다고 할 수 있습니다.

[유형 작성]

① 삽입 탭의 패밀리 로드를 실행합니다.

② 구조 프레임 → 스틸 폴더로 이동합니다.

부재 중 [HSS-속 빈 구조 구획.rfa] 파일을 선택한 후 로드합니다.

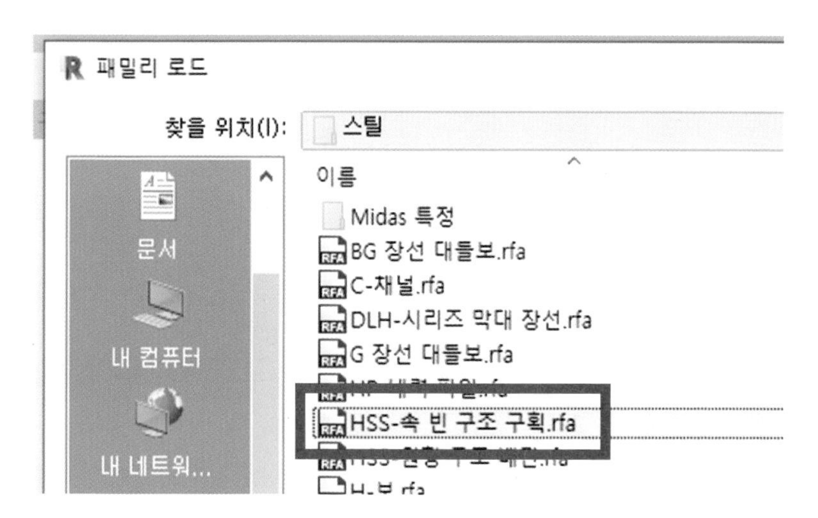

③ 구조 탭에 있는 보 명령을 실행합니다. 유형은 HSS 유형을 선택합니다.

새로운 유형 작성을 위해서 유형 편집을 선택합니다.

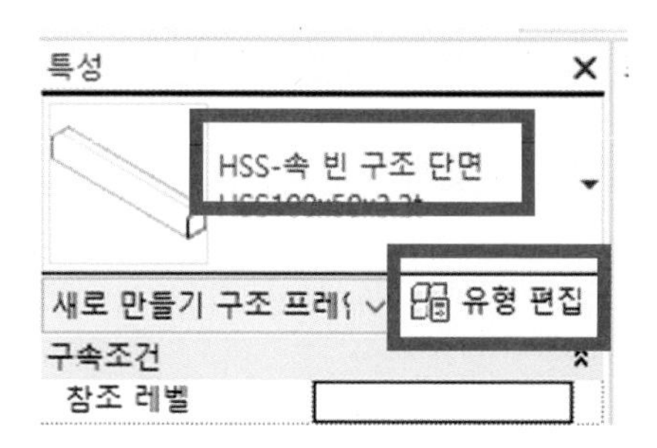

④ 복제를 실행 후 G3로 유형 명을 지정합니다.

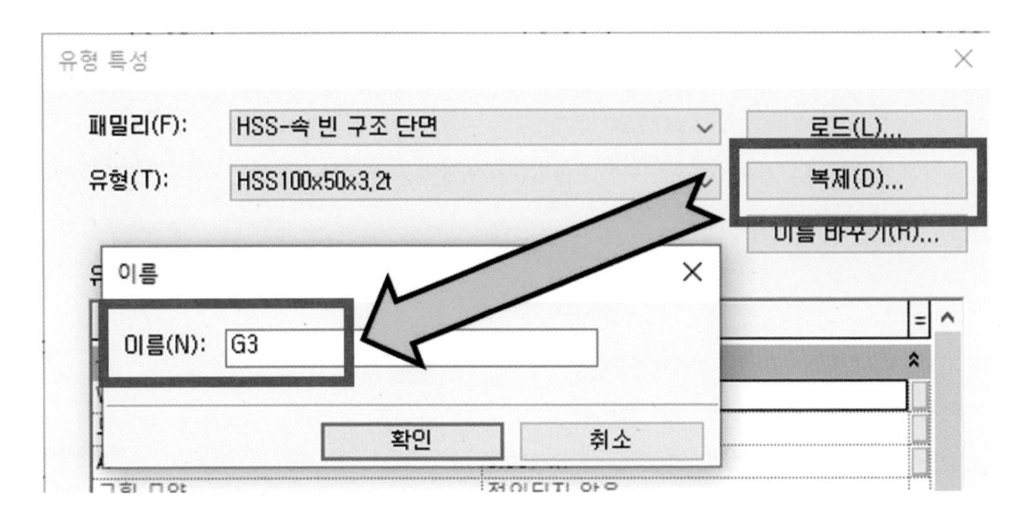

⑤ 아래와 같이 치수를 입력합니다.

[퍼린 작성]

① 구조 4층 평면 뷰로 이동합니다.

② 구조 보를 실행한 후 유형 G3를 선택합니다.

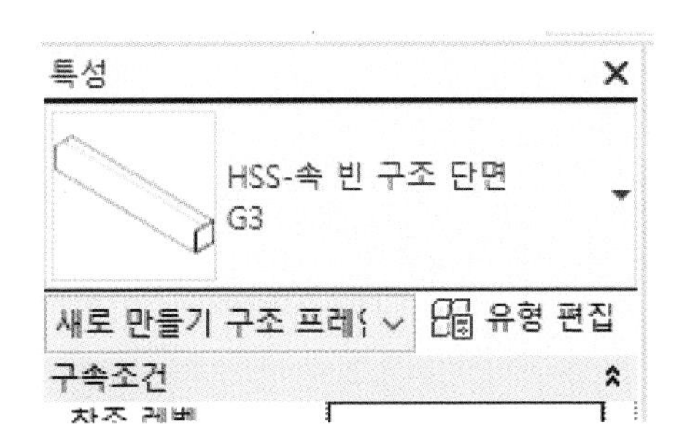

③ 아래와 같이 퍼린을 임의로 작성합니다. 1번 지점에서 2번 지점까지 한 번에 연결합니다.

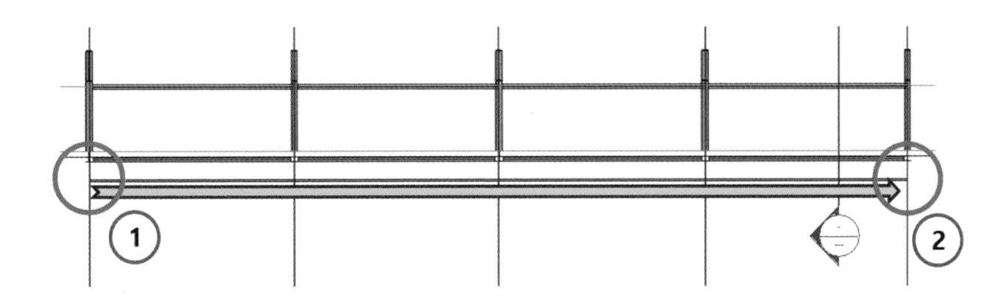

④ 단면도로 이동합니다. 회전 시 각도 기입을 위해서 작성된 퍼린의 기준점을 이동합니다.
퍼린을 선택한 후 특성 창에서 Z 맞춤 옵션을 하단으로 변경합니다.

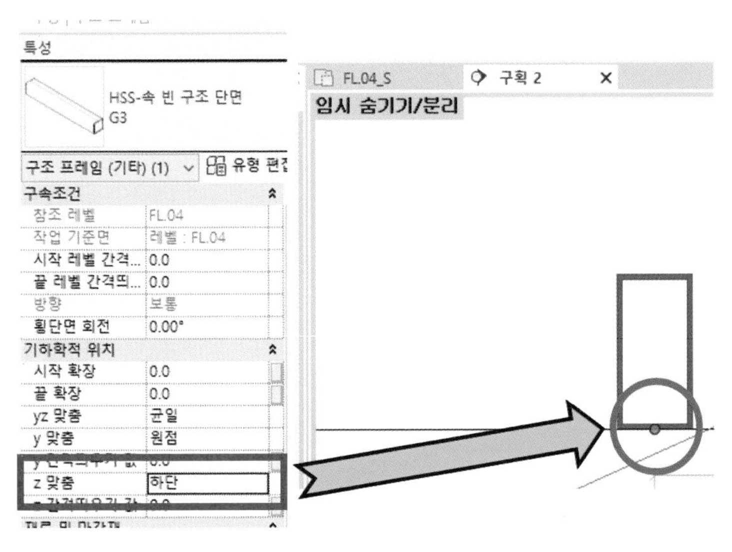

⑤ 각도는 주석 탭에 있는 각도 명령을 사용합니다. 레벨과 경사가 적용된 참조 평면을 연속으로 선택하면 아래와 같이 각도를 입력할 수 있습니다.

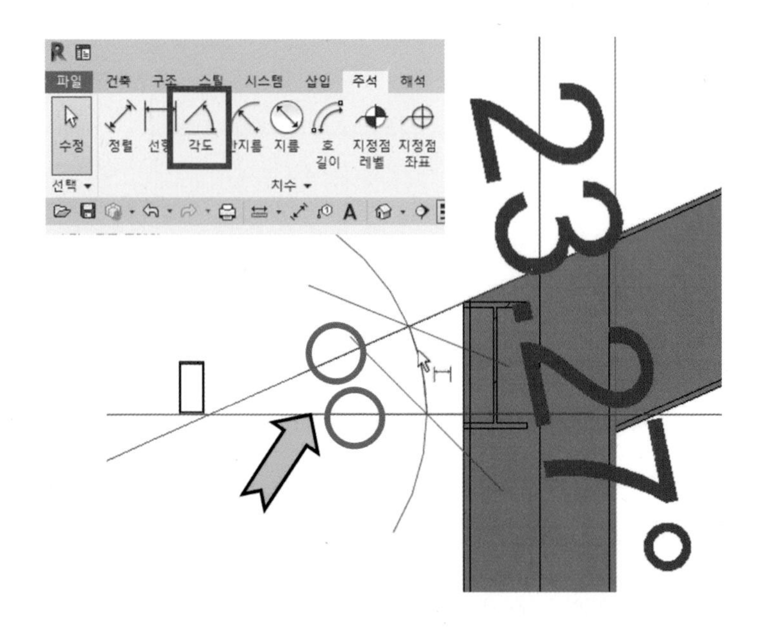

⑥ 퍼린을 선택하면 특성 창에서 횡단면 회전에 회전 각도를 지정할 수 있습니다. 회전 방향을 참고해서 각도를 입력합니다. 작성 방향에서 시계 방향은 (+) 각도이고 반시계 방향은 (-) 각도입니다.

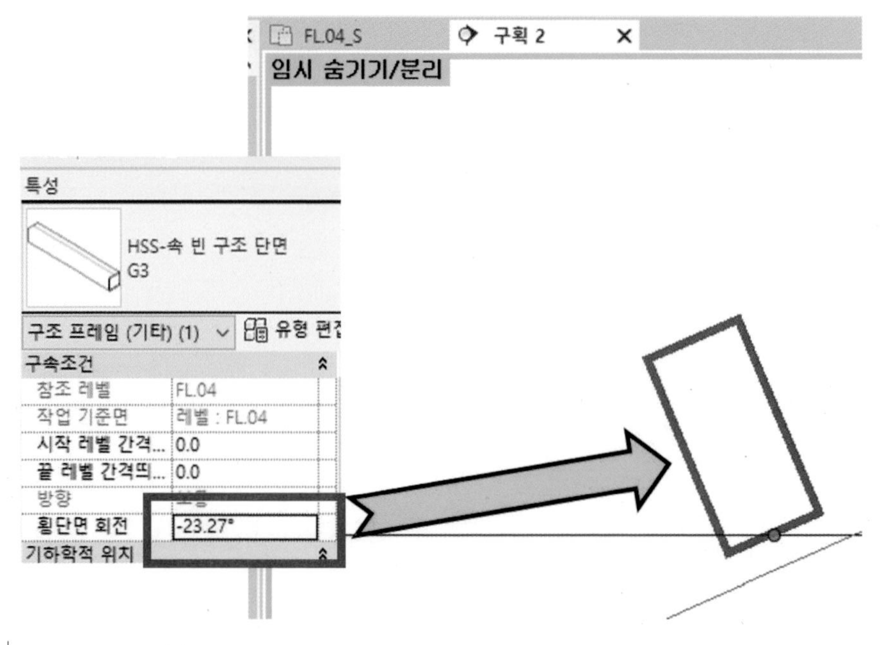

⑦ 이동(MV) 명령을 이용해서 아래와 같이 퍼린을 이동시킵니다.

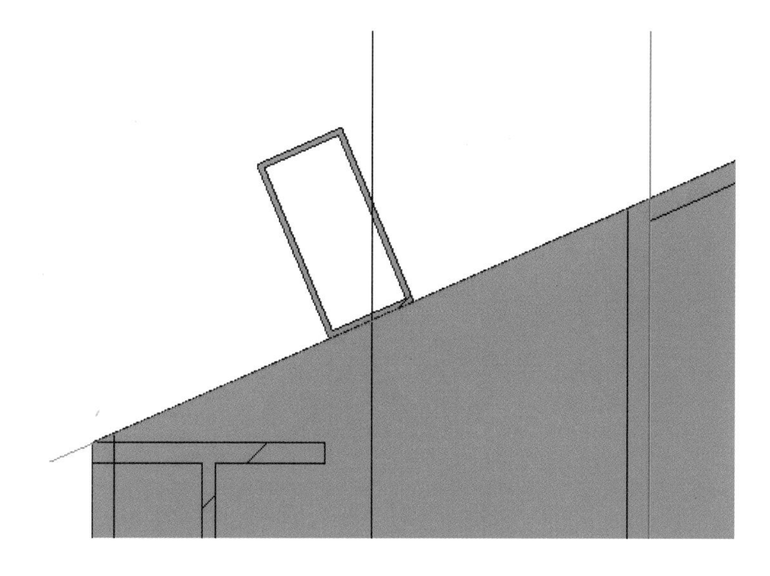

⑧ 복사하기 전에 구조 4층 평면 뷰로 이동합니다. 아래와 같이 퍼린을 선택한 후 삼각형 핸들을 드래그해서 끝 선에 정렬시킵니다. 반대쪽도 같은 방법으로 작업을 진행합니다.

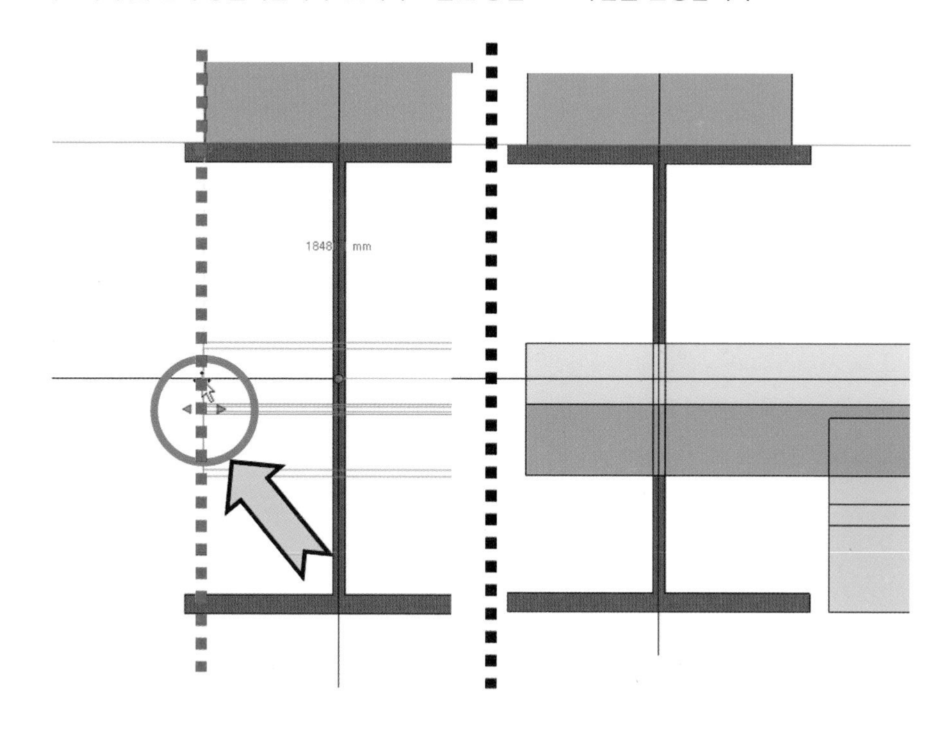

⑨ 단면 뷰로 이동한 후 퍼린 객체를 선택합니다. ARRAY 명령을 선택합니다. 개별 복사를 할 경우 시간이 많이 걸릴 수 있습니다. 같은 간격으로 빠르게 객체를 복사할 경우에 사용할 수 있는 명령으로 ARRAY가 있습니다.

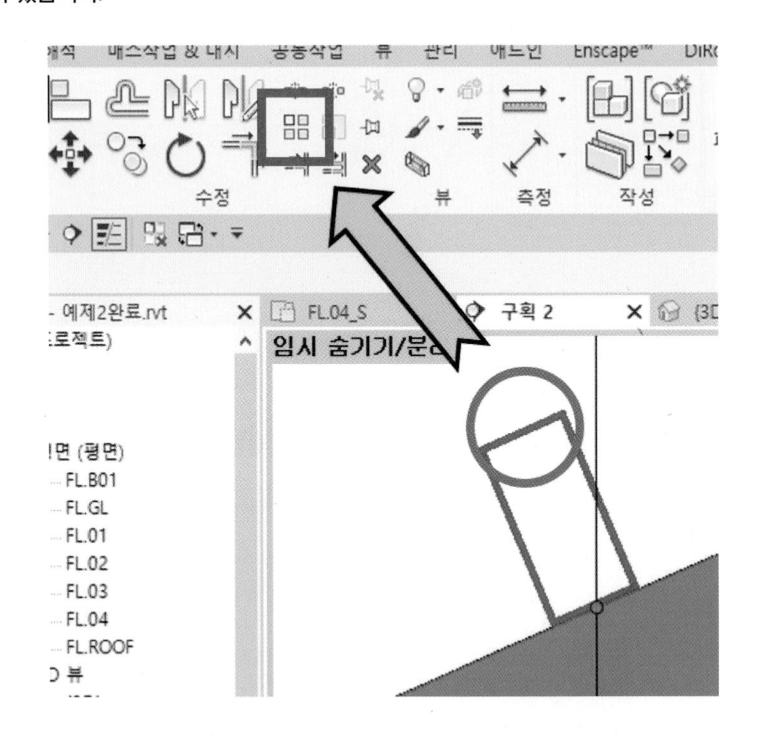

⑩ 명령을 실행한 후 아래와 같이 그룹 및 연관을 해제합니다. 복사할 항목의 숫자를 지정합니다. 항목 수는 원본을 포함하는 숫자입니다. 간격은 두 가지로 지정이 가능합니다. 이번 예제에서는 마지막을 선택합니다. 마지막이라는 옵션은 지정된 거리를 N만큼 나누어서 작성이 됩니다.

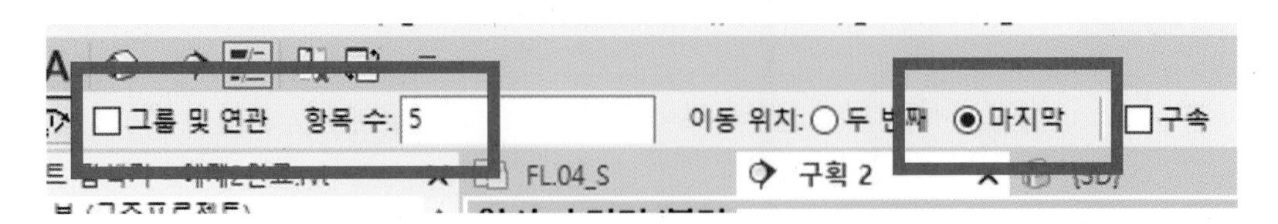

⑪ 아래에서 1번 지정을 첫 번째 기준점으로 지정합니다.

경사면의 끝 부분을 2번째 기준점으로 지정합니다.

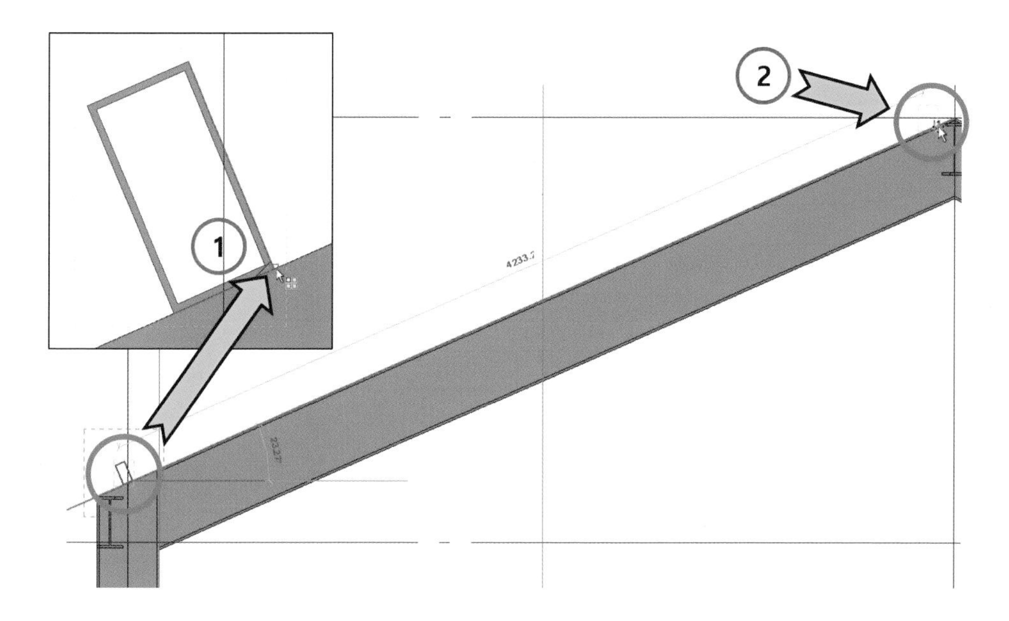

⑫ 아래와 같이 원하는 항목 수만큼 복사가 진행됩니다.

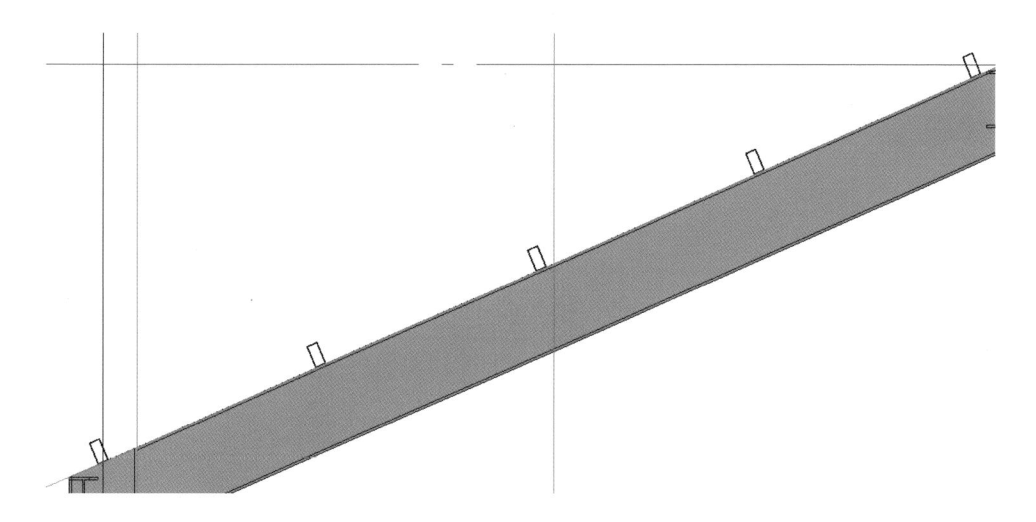

⑬ 작성된 퍼린은 양 끝 부분이 제대로 작성되었는지 반드시 확인해야 합니다. 지붕 층 뷰로 이동합니다.

⑭ 전체 모습을 확인하기 위해서 뷰 범위를 하단으로 -2000을 지정합니다.

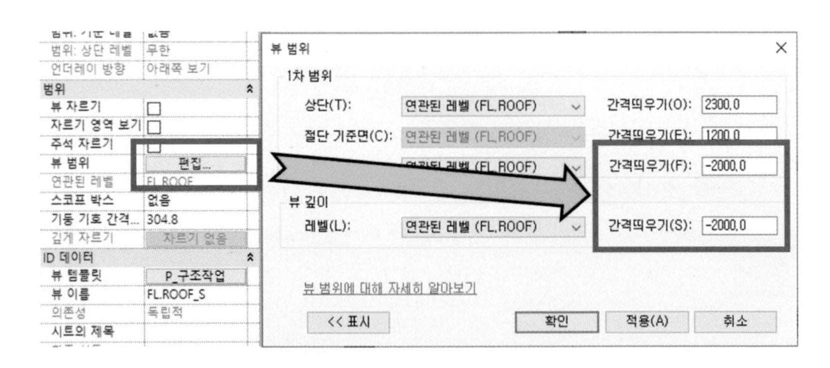

⑮ 아래와 같이 퍼린의 양 끝을 정렬시켜줍니다.

정렬이 끝나면 대칭 복사(MM)를 이용해서 반대쪽에 복사해줍니다.

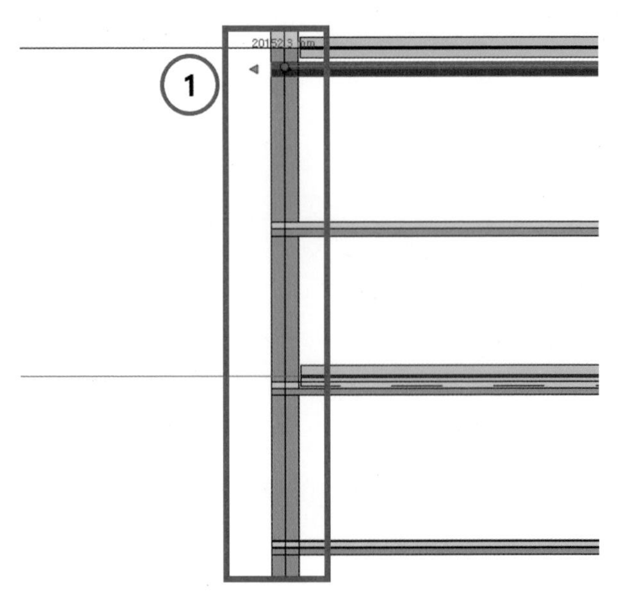

- 완성 이미지입니다.

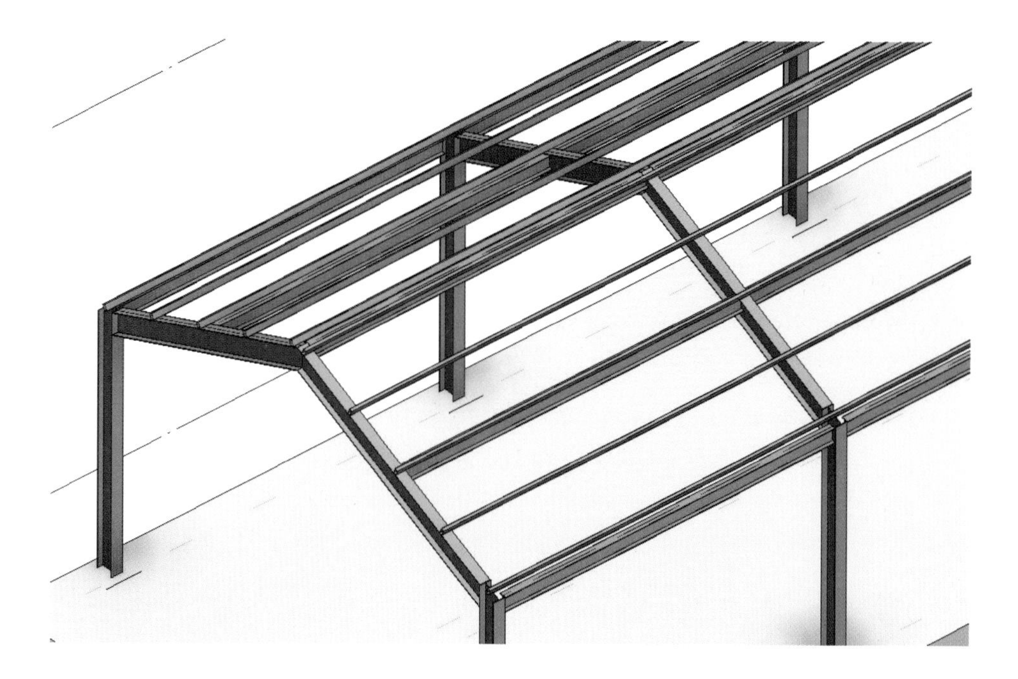

[가새(Brace)]

가새는 작업 방법에 따라서 두 가지로 분류합니다. 가장 기본적인 치수를 활용하는 방법은 다른 예제를 통해서 진행을 하겠습니다.

이 교재에서는 작업 면을 지정해서 작성하는 방법을 알아보도록 하겠습니다.

[기준면 선택 후 작성]

- 가장 많이 사용되는 방법으로 가새가 적용될 면을 작업 평면으로 설정 후 작성하는 방법입니다. 3D 뷰에서 작성이 되기 때문에 익숙해지기까지 시간이 조금 걸린다는 단점이 있습니다.

① 구조 탭의 우측 끝 부분에 설정이라는 명령이 있습니다.
정확한 명칭은 작업 기준면 설정으로 이해하시는 것을 추천합니다.

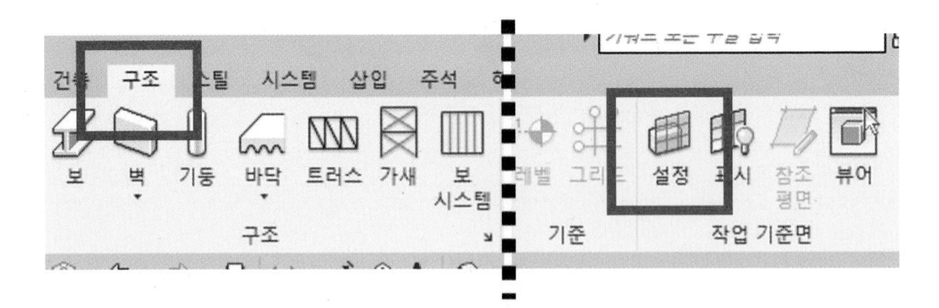

② 기준면 옵션에서 기준면 선택을 체크합니다.

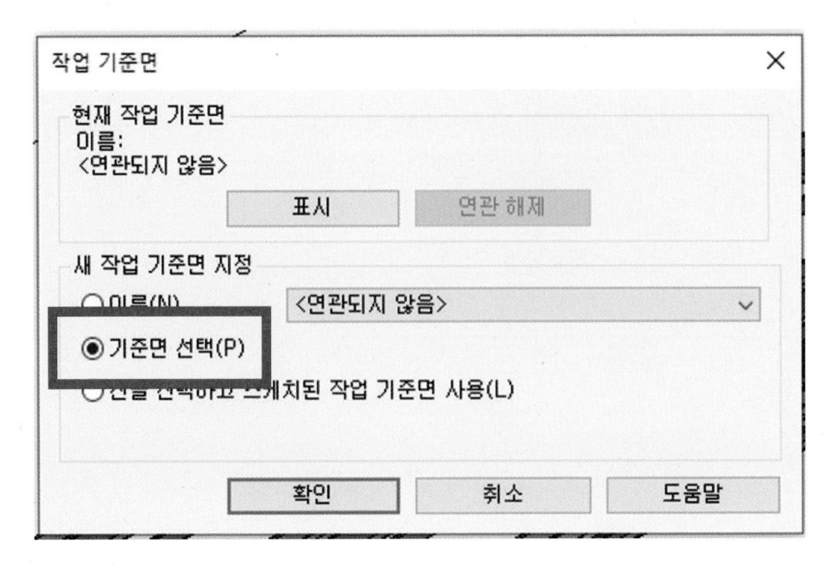

③ 지붕에 작성된 경사면을 클릭하면 작업면이 자동으로 설정이 됩니다.
원하는 작업면이 나오지 않는 경우 키보드의 탭 키를 누르면 설정을 할 수 있습니다.

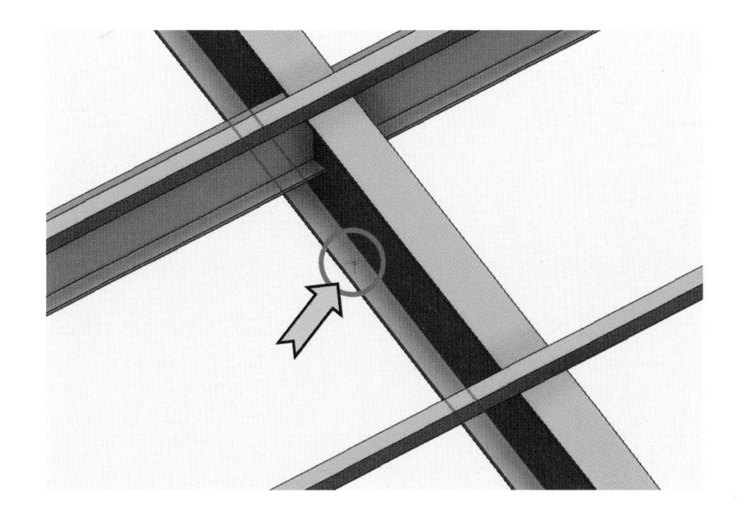

④ 화면 우측 상단의 뷰 큐브의 윗면 평면도를 선택합니다.

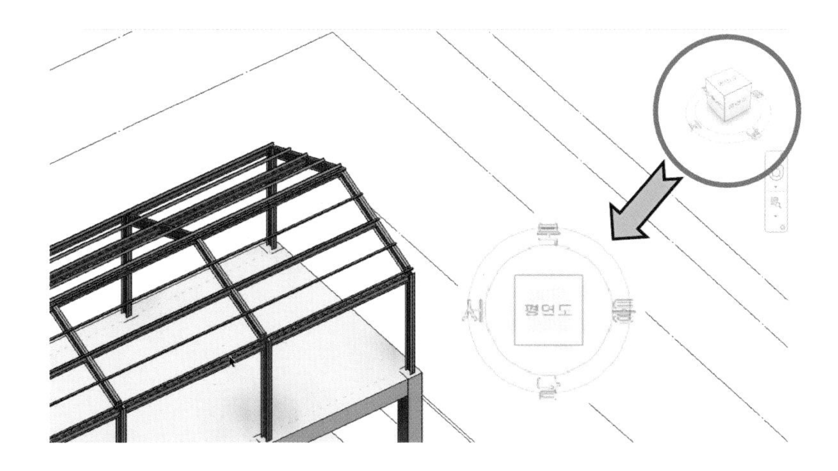

⑤ 가새 명령을 실행합니다. 유형은 G3를 그대로 사용합니다.

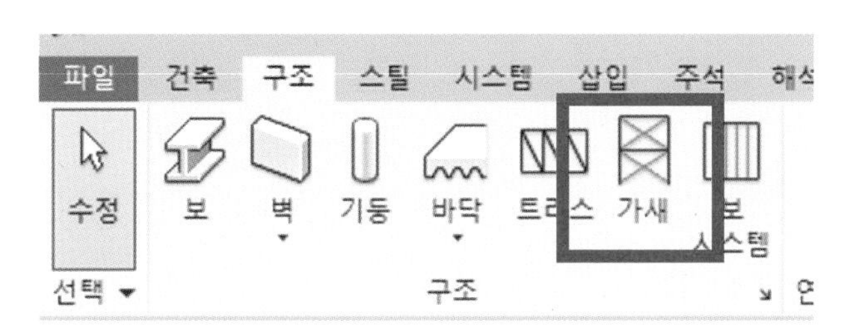

⑥ 뷰가 평면으로 변경되는 것을 확인할 수 있습니다. 아래와 같이 대각선으로 가새를 작성합니다. 정확하게 스냅이 걸리지 않습니다. 대략적인 위치에 작성합니다.

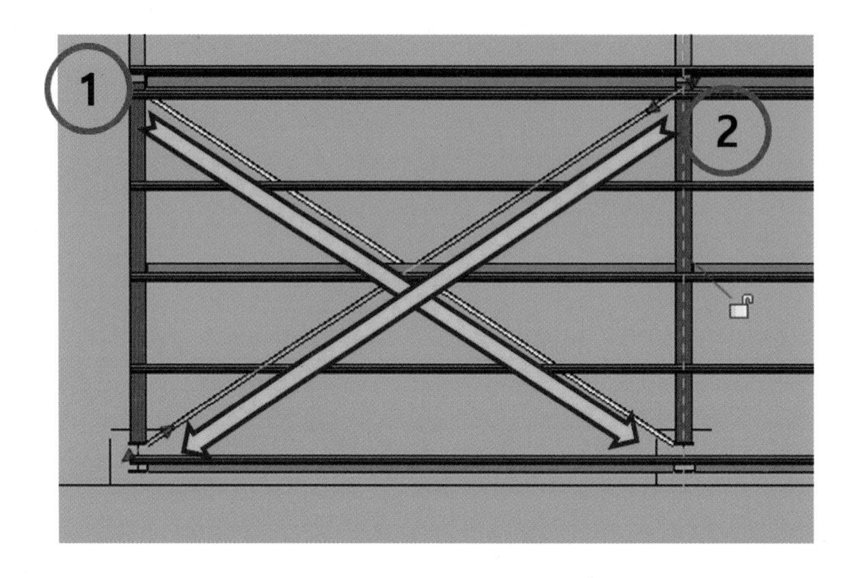

⑦ 가새 작성이 끝나면 반대쪽도 같은 방법으로 작성해주시기 바랍니다.

[수직면 작성]

- 수직면에 대한 가새는 그리드선을 이용합니다.
  Revit에서 그리드는 단순히 보조적인 선의 개념만 있는 것이 아니라 면에 대한 개념도 존재합니다.
- 즉 그리드선을 일종의 작업면 삼아 작성하는 방법입니다.
  이를 사용하기 위해서는 입면이나 단면에서 작성하는 것이 빠릅니다.

① 작업을 진행 하기 전에 먼저 평면도를 확인합니다. 여기서 확인할 부분은 가새가 그려질 그리드 라인의 넘버입니다. 아래에서 보면 Y1, Y2 라인에 가새를 작성하겠습니다.

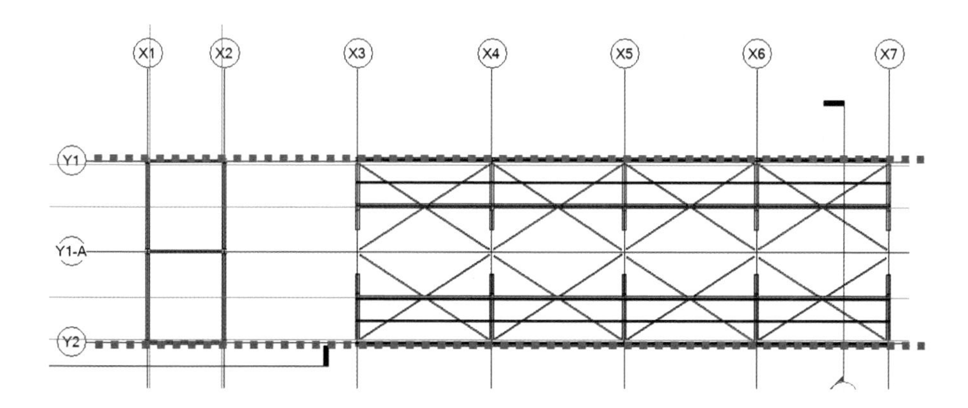

② 작업을 위해서 남측면도로 이동합니다.

③ 구조 작업 기준면 명령을 실행합니다.

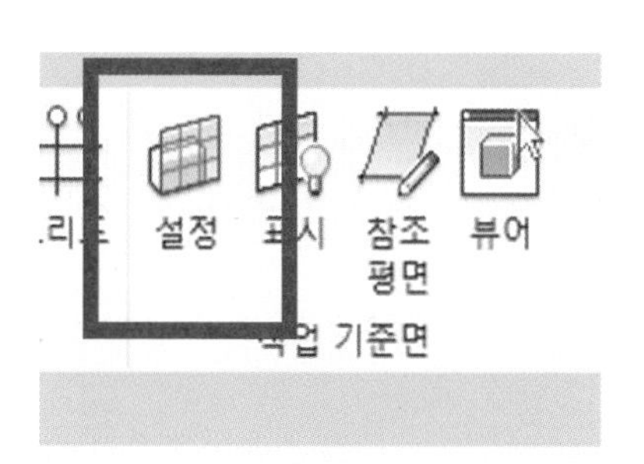

④ 선택에서 그리드 Y2를 선택합니다.

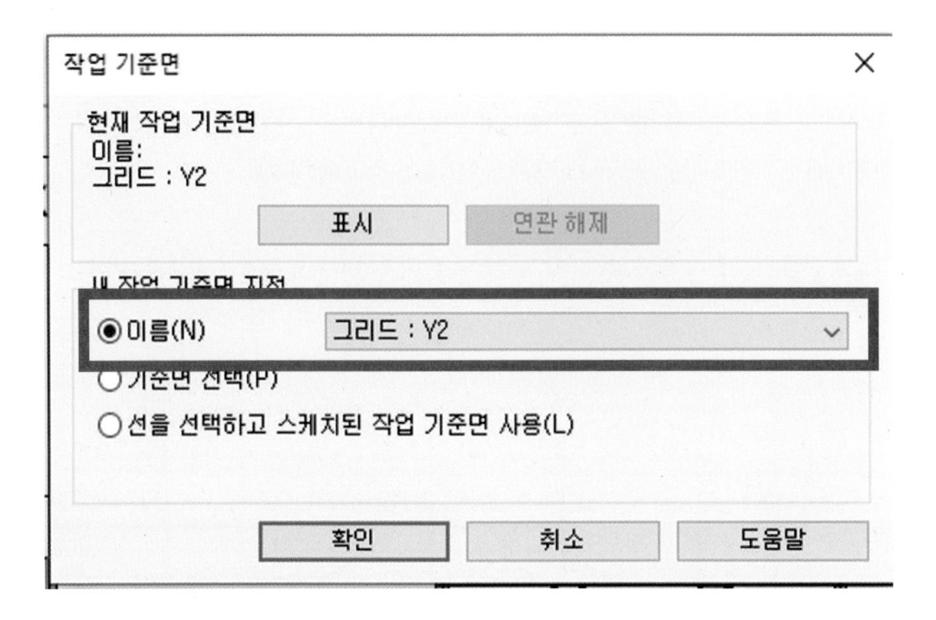

⑤ 가새 명령을 사용해서 작성합니다.

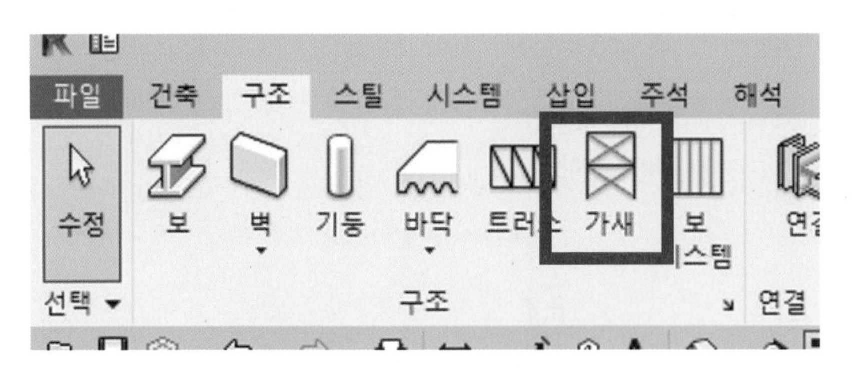

⑥ 대각선으로 순서에 상관없이 가새를 작성합니다.

정확하게 스냅이 잡히지 않는 경우도 있습니다. 대략적인 위치를 선택합니다.

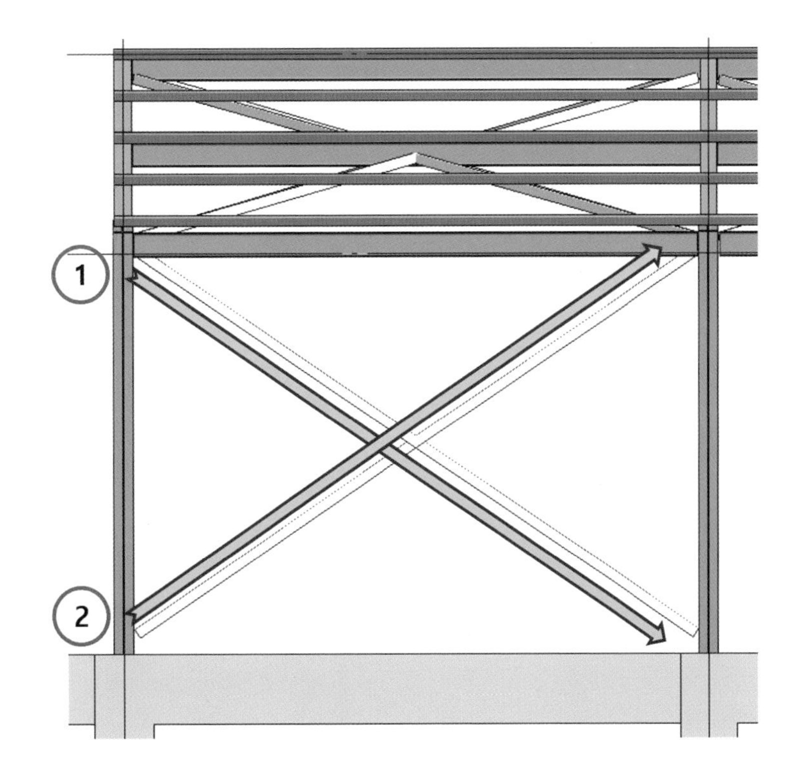

⑦ 지붕 모델이 완성 이미지입니다.

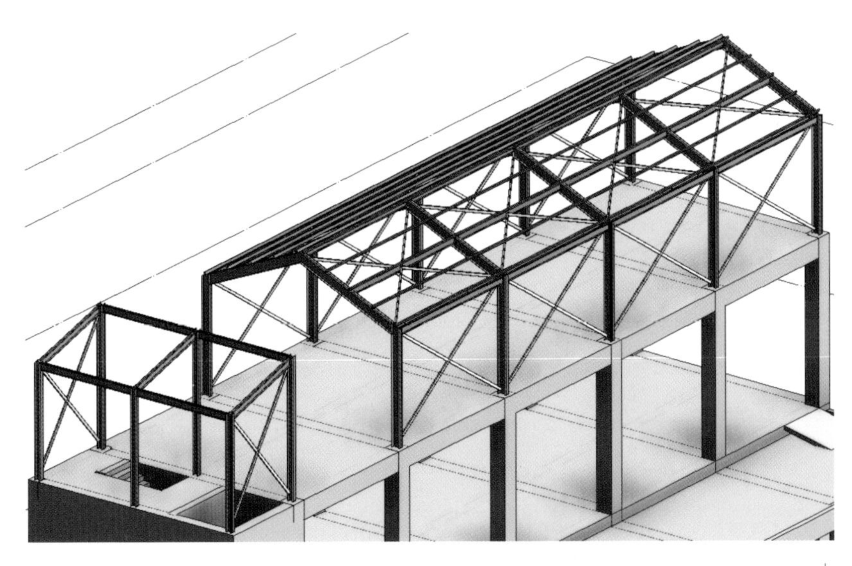

저자 소개 - 페이서 킴

CAREER

前 Yunplus Architecture Firm / BIM General Manager.
前 ㈜Green Art School in Gang-nam / NCS BIM A Positive Course
前 ㈜SBS Academy / BIM A Positive Course
前 한국 BIM 아카데미 / BIM A Positive Course
前 ㈜단군소프트 / Autodesk AEC Application Engineer
前 BIM-H, Inc. / BIM 사업부 본부장
前 (주)소프트뱅크커머스 코리아 / Autodesk PSEB Application Engineer

PROJECT EXPERIENCE

BIM Project

- 춘천 NHN 연수원 BIM 구조 모델링
- 순천시 수영장 BIM 모델링
- LH 김해 임대 아파트 BIM 모델링
- 부산 동래역사 BIM 구조 모델링
- GS 파르나스 호텔 커튼 월 구축 지원
- 신성 ENG 설계팀 BIM 교육 및 Family Library 구축
- H 기업 해외 공장 BIM 구축
- H 기업 멕시코 생산 공장 전환 설계

외 다수 프로젝트 참여

BIM 교육

- 건설기술교육원 BIM 양성 과정 강사
- 건설기술교육원 스마트 BIM 과정 강사
- (주)지아이티아카데미, 그린아트 역삼 BIM 국비과정 교육
- 경기도 안산 테크노파크 BIM 교육
- RNB BIM 과정 운영 및 강의
- 한국 BIM 아카데미 전임 강사
- 광주광역시 건축사 Revit 전문가 과정 교육 진행
- 삼성물산 BIM 기술, 교육 지원
- 창원 LG전자 Revit MEP Family 구축 및 교육
- LG 전자 중국 법인 사용자 BIM 교육

설계

- 전남 순천 까르푸 실시 설계 참여
- 전남 순천 성가롤로병원 실시 설계 참여
- 드림 씨티 리모델링 기획 설계
- 호텔 렉스 기획 및 설계
- 뉴 서울호텔 객실 리모델링 기획 및 설계
- 여수엑스포 홍보관 리모델링
- 여수국사산단내 금호 정밀 화학 본관동 리모델링
- 여수국가산단내 LG화학 내 휴게실 및 사무실 리모델링

기타 교육

- E4 AutoCAD 전임 강사
- 그린디자인아트스쿨 AutoCAD 강사
- 더 조은 컴퓨터 아트스쿨 AutoCAD 강사
- KCC 여주공장 AutoCAD 전문가 과정 교육
- 철도청 AutoCAD 교육
- 울산 삼성 중공업 AutoCAD 교육

전남 건축사 협회상 수상

easy BIM (구조편) 02

Revit 구조모델링

초판 1쇄 인쇄 2021년 4월 15일
초판 1쇄 발행 2021년 4월 20일

지은이 페이서 킴
펴낸이 김호석
펴낸곳 도서출판 대가
편집부 박은주
경영관리 박미경
마케팅 오중환
관 리 김소영, 김경혜

주 소 경기도 고양시 일산동구 장항동 776-1 로데오 메탈릭타워 405호
전 화 02) 305-0210 / 306-0210 / 336-0204
팩 스 031) 905-0221
전자우편 dga1023@hanmail.net
홈페이지 www.bookdaega.com

ISBN 978-89-6285-274-5 13540

- 책값은 뒤표지에 있습니다.
- 파본 및 잘못 만들어진 책은 교환해 드립니다.

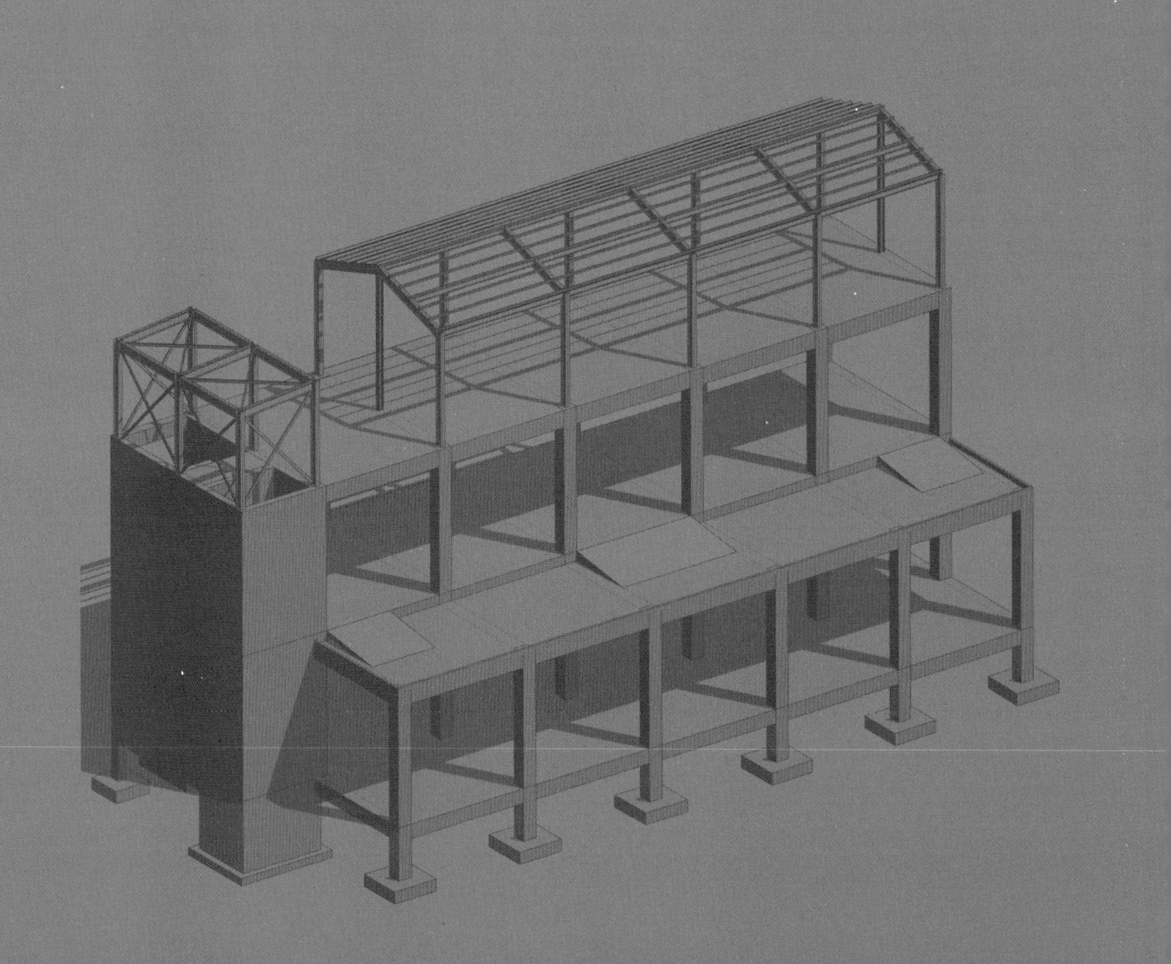